# 管理學

馬鶴丹、韓曉琳、沈璐
編著

財經錢線

# 前　言

　　互聯網技術、信息通信技術與人工智能技術的飛速發展改變了以往的資源配置方式、生產組織方式和價值創造方式，推動了管理的變革，促進了新的組織模式的誕生。面對已經發生、正在發生和即將發生深刻變化的外部世界，管理學教材應該對此做出一定的回應。

　　本書在編寫過程中，力爭做到密切關注國內外管理事件，通過現象分析本質，以求揭示出有價值的信息；注重激發學習者的自主學習，本書在章前設有學習目標與引例，在章中設有管理實踐、管理背景等學習指導內容，在章後設有本章小結、關鍵術語、複習與思考以及案例分析。

編者

# 目　錄

## 第一章　管理與管理者 …………………………………………（1）
　　第一節　管理 ……………………………………………（2）
　　第二節　管理者 …………………………………………（6）
　　第三節　管理工作的挑戰 ………………………………（11）
　　本章小結 …………………………………………………（12）
　　關鍵術語 …………………………………………………（13）
　　復習與思考 ………………………………………………（13）
　　案例分析 …………………………………………………（13）

## 第二章　管理環境 ………………………………………………（17）
　　第一節　管理的外部環境 ………………………………（18）
　　第二節　組織文化 ………………………………………（23）
　　第三節　管理道德與企業社會責任 ……………………（26）
　　本章小結 …………………………………………………（34）
　　關鍵術語 …………………………………………………（35）
　　復習與思考 ………………………………………………（35）
　　案例分析 …………………………………………………（36）

## 第三章　管理思想的演變 ………………………………………（38）
　　第一節　早期的管理思想 ………………………………（39）
　　第二節　古典方法 ………………………………………（41）
　　第三節　行為方法 ………………………………………（46）
　　第四節　定量方法 ………………………………………（49）
　　第五節　當代方法 ………………………………………（51）
　　本章小結 …………………………………………………（53）
　　關鍵術語 …………………………………………………（54）

復習與思考 ……………………………………………………… (54)
　　案例分析 ………………………………………………………… (54)

第四章　計劃與目標 ……………………………………………… (56)
　　第一節　計劃概述 ……………………………………………… (57)
　　第二節　計劃制訂的過程與方法 ……………………………… (63)
　　第三節　目標制定與目標管理 ………………………………… (68)
　　本章小結 ………………………………………………………… (81)
　　關鍵術語 ………………………………………………………… (82)
　　復習與思考 ……………………………………………………… (82)
　　案例分析 ………………………………………………………… (82)

第五章　戰略管理 ………………………………………………… (87)
　　第一節　戰略管理概述 ………………………………………… (88)
　　第二節　戰略環境分析 ………………………………………… (93)
　　第三節　企業戰略 ……………………………………………… (101)
　　第四節　企業競爭戰略 ………………………………………… (108)
　　本章小結 ………………………………………………………… (115)
　　關鍵術語 ………………………………………………………… (115)
　　復習與思考 ……………………………………………………… (116)
　　案例分析 ………………………………………………………… (116)

第六章　決策 ……………………………………………………… (119)
　　第一節　決策概述 ……………………………………………… (120)
　　第二節　決策的過程與影響因素 ……………………………… (124)
　　第三節　決策的方法 …………………………………………… (129)
　　本章小結 ………………………………………………………… (139)
　　關鍵術語 ………………………………………………………… (140)
　　復習與思考 ……………………………………………………… (140)
　　案例分析 ………………………………………………………… (141)

第七章　組織設計 ………………………………………………… (143)
　　第一節　組織設計概述 ………………………………………… (144)
　　第二節　組織設計的影響因素 ………………………………… (149)
　　第三節　常見的組織結構類型 ………………………………… (152)

本章小結 …………………………………………………………（156）
　　關鍵術語 …………………………………………………………（156）
　　複習與思考 ………………………………………………………（156）
　　案例分析 …………………………………………………………（157）

## 第八章　人力資源管理 ………………………………………………（158）
　　第一節　人力資源管理概述 ……………………………………（160）
　　第二節　人力資源管理職能——做好戰略規劃 ………………（162）
　　第三節　人力資源管理職能——選到合適的人員 ……………（165）
　　第四節　人力資源管理職能——促使績效最大化 ……………（168）
　　本章小結 …………………………………………………………（174）
　　關鍵術語 …………………………………………………………（175）
　　複習與思考 ………………………………………………………（176）
　　案例分析 …………………………………………………………（176）

## 第九章　組織變革與創新 ……………………………………………（178）
　　第一節　組織變革的一般規律 …………………………………（179）
　　第二節　組織變革的管理 ………………………………………（181）
　　第三節　組織的創新與管理 ……………………………………（185）
　　本章小結 …………………………………………………………（188）
　　關鍵術語 …………………………………………………………（188）
　　複習與思考 ………………………………………………………（189）
　　案例分析 …………………………………………………………（189）

## 第十章　溝通 …………………………………………………………（191）
　　第一節　溝通的本質和過程 ……………………………………（192）
　　第二節　人際溝通 ………………………………………………（195）
　　第三節　組織溝通 ………………………………………………（200）
　　第四節　基於網路的溝通 ………………………………………（205）
　　本章小結 …………………………………………………………（206）
　　關鍵術語 …………………………………………………………（207）
　　複習與思考 ………………………………………………………（207）
　　案例分析 …………………………………………………………（208）

## 第十一章 激勵 ……………………………………………………（210）

第一節 激勵概述 ……………………………………………（211）

第二節 激勵理論 ……………………………………………（213）

第三節 設計激勵性工作 ……………………………………（225）

第四節 當代激勵理論的整合 ………………………………（227）

本章小結 ……………………………………………………（229）

關鍵術語 ……………………………………………………（230）

複習與思考 …………………………………………………（230）

案例分析 ……………………………………………………（231）

## 第十二章 領導 ……………………………………………………（233）

第一節 領導概述 ……………………………………………（234）

第二節 領導特質理論 ………………………………………（238）

第三節 領導行為理論 ………………………………………（239）

第四節 領導權變理論 ………………………………………（242）

本章小結 ……………………………………………………（249）

關鍵術語 ……………………………………………………（249）

複習與思考 …………………………………………………（250）

案例分析 ……………………………………………………（250）

## 第十三章 控制 ……………………………………………………（251）

第一節 控制概述 ……………………………………………（252）

第二節 控制方法和技術 ……………………………………（260）

本章小結 ……………………………………………………（269）

關鍵術語 ……………………………………………………（269）

複習與思考 …………………………………………………（270）

案例分析 ……………………………………………………（270）

**參考文獻** ……………………………………………………………（272）

# 第一章
# 管理與管理者

## 學習目標

1. 掌握管理的含義
2. 理解管理的四大職能
3. 掌握組織的含義
4. 掌握管理者的含義、類型與應具備的技能
5. 理解管理者的角色
6. 瞭解管理工作的挑戰

## 引例

### 如何順利完成從員工到管理者的角色轉變？

對大部分人而言，第一次被提拔至管理崗位是一個苦樂參半的體驗：一方面，得到領導的肯定和提拔自然是一件讓人非常高興的事；另一方面，成為一名優秀的管理者所需要的技能組合與成為一名優秀的獨立貢獻者所需要的技能組合是完全不同的，這難免會讓那些第一次走上管理職的人感到困惑。如何順利完成從員工到管理者的角色轉變？

斯科特（Kim Scott）在谷歌、蘋果、Dropbox、Twitter和Square等知名公司都工作過。她將自己的管理經驗總結為以下四點：關心你的員工、殘忍的同理心、提供管理決策的方向、因材施「管」。

1. 關心你的員工

無法專心做自己的工作是她作為管理者經常面對的問題。她針對這個問題諮詢過她的創業導師：「我上班究竟是為了要打造一款偉大的產品，還是我真的就只是一個坐在椅子上像給病人看病一樣去關心團隊的成員？」她的導師的回答是：「這其實就是所謂的管理，關心你的團隊成員就是你的工作！」

要做到關心員工，最簡單的辦法就是去跟他們進行職業談話。這不是說要給他們指明一條升職的道路，而是真正地去瞭解他們。這實際上涉及兩個方面主題：他們的過去和他們的未來。

2. 殘忍的同理心

斯科特說，沒有人希望得到的反饋意見是不清不楚的。你擔心傷害這個人的感

情，所以你忍住不告訴他你真實的想法。但是如果你不說，他們就不會改進。最後你又把他們解雇了，這更糟糕。要把意見反饋給你的員工，讓他們做得更好，不要在乎他們是否喜歡聽。反饋是一件非常情緒化的事情，有時你會破口大罵，有時你氣得大哭。

斯科特說：即便是壞消息，也要如實反饋給你的員工。愛的責備是一種快速建立信任的方式。

3. 提供管理決策的方向

要提供管理決策的方向，最重要的事情就是，用耳朵，而不是用嘴巴。她本人和其他管理者犯過的最大錯誤就是，走進會議室，然後說：「這是我們本季度或年度要做的事情。」員工們對此的反應可能是：不，這可不是我們該做的。事實證明，我們並沒有聽取別人的意見、需要或者想法。

所以，首先你得傾聽，然後再做決定。為了確保每個人的聲音都會被聽到，你需要有一個辯論和說明的循環。辯論然後說明，辯論然後說明。這聽上去很乏味，但只有這樣才能做出正確的決定。把這個教給你的管理團隊，在沒有辯論和說明這個過程之前，就不要輕易決定說「這是我們要做的事」。接下來，你要溝通。「但不要花太多時間去說，因為如果你很好溝通的話，員工就會主動告訴你他們覺得不好的地方。」

4. 因材施「管」

對那些飛速成長的人，需要用一種非常特殊的方式進行管理。你得確保不停地給他們新的挑戰，確定他們的升職通道，使他們成為你的思想夥伴，不要忽視他們，因為他們很獨立。不要對他們進行瑣碎的管理，這些員工的標準比較高，他們不可能在一個職位停留太久。

成長軌跡較平緩的人，他們是那些會想在一個職位待很久的人。如果他們做得好的話，你得獎勵他們，因為他們得到獎勵和認可的機會是很少的。

資料來源：根據網路資料整理。

對所有實際從事管理工作的人而言，引例中斯科特所描述的管理問題是十分常見的。不論管理者在什麼樣的組織中，他們都會遇到許多的難題。管理的邏輯是始於問題，管理學的產生與發展則是源於我們對這些問題的識別與理解。

## 第一節　管理

### 一、管理的含義

什麼是管理？這是每個初學管理的人首先遇到的問題。學者們從不同的角度對管理進行了界定（如表1-1所示）。

表 1-1　學者對管理的定義

| 代表人物 | 定義內容 | 強調內容 |
| --- | --- | --- |
| 弗雷德里克‧泰勒 | 「管理就是要確切瞭解希望工人干些什麼，然後設法使他們用最好、最節約的方法去完成它。」這說明管理是一種明確目標，並授予被管理者工作方法，以求更好地達到目標的活動 | 強調專業管理、工作過程的研究和設計 |
| 亨利‧法約爾 | 「管理，就是實行計劃、組織、指揮、協調和控制。」這是從管理的基本職能出發，說明什麼是管理，同時也表明管理是一個過程 | 強調管理過程與內容 |
| 赫伯特‧西蒙 | 「管理就是決策。」決策貫穿於管理的全過程和管理的所有方面，管理的過程就是決策的過程，任何組織都離不開對目標的選擇，任何工作都必須經過一系列的比較、評價、拍板後才能開始 | 強調決策作用 |
| 詹姆士‧穆尼 | 「管理就是領導。」該定義的出發點是，任何組織中的一切有目的的活動都是在不同層次的領導者領導下進行的，組織活動的有效性，取決於領導者工作的有效性，所以管理就是領導 | 強調領導作用 |
| 哈羅德‧孔茨 | 「管理就是通過別人來使事情做成的一種職能。」為達成管理目的，要進行計劃、組織、人事、指揮、控制，管理由這幾項工作所組成 | 強調管理內容 |
| 彼得‧德魯克 | 「管理就是牟取剩餘。」所謂「剩餘」，就是產出大於投入的部分。任何管理活動都是為了一個目的，就是要使產出大於投入 | 強調管理作用 |

　　綜合學者關於管理的研究，結合管理學理論和實踐發展的最新成果，本書將管理（management）定義為：在特定的環境下，通過對組織資源的計劃、組織、領導和控制，有效實現組織目標的過程。這一定義包含著豐富的內涵。

　　1. 管理具有一定的目的性

　　管理作為組織的一種有目的的活動，必須為有效實現組織目標服務，離開組織目標的實現，管理就毫無意義，這是管理的基本出發點。

　　2. 管理依託於一定的環境

　　任何管理都是情景管理，都必須有特定的環境要求。環境給管理創造了一定的條件和機會，同時也對管理形成一定的約束和威脅。因此，管理者必須正視環境，識別環境的正反面。

　　3. 管理的對象是組織的資源

　　管理的實質是對組織擁有各項資源的協調和整合。組織擁有的資源包括人、財、物、信息、技術、時間、社會關係、組織的聲譽等。資源的有限性和組織對於績效目標的追求之間的矛盾，是管理需要解決的主要矛盾。

　　4. 管理由一系列相互關聯的職能構成

　　管理活動最終要落實到計劃、組織、領導和控制等一系列管理職能上，也是管理活動區別於一般作業活動的主要標誌。迄今為止人們對管理的研究仍然較多地集中在這幾項職能的應用上。

　　5. 有效性是衡量管理工作好壞的標準

　　管理的有效性包括兩個方面：效率和效果（圖1-1）。

效率（efficiency）是指以盡可能少的投入或資源獲得盡可能多的產出。效率強調的是工作方式方法或手段，就是要用比較經濟的方法來達到預定的目的。由於組織的資源常常是短缺的，資源的利用效率備受關注。因此效率常常被說成是「正確地做事」，即低資源投入。

效果（effectiveness）是指產出滿足目標的程度，即目標達成度。如果投入所獲得的產出並不是組織所需要的，那麼這種產出再多也毫無意義，這種管理就是無效的管理。因此效果常常被稱為「做正確的事」，即高目標達成。

效率與效果是相互聯繫的。在成功的組織中，通常高效率和高效果相伴。效率與效果相比，效果一定是第一位的。較差的管理往往表現在低效率無效果、高效率無效果或有效果但低效率。

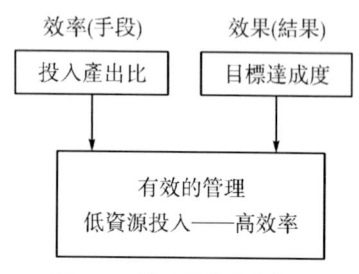

圖 1-1　管理的效率與效果

### 管理背景 1-1

#### 卓有成效是可以學會的

德魯克（Peter F. Drucker）在其《卓有成效的管理者》中指出，不僅要「把事情做好」，更需要「做對的事情」。有效性是一種後天的習慣，是一種實踐的綜合，是可以學會的。他進一步指出，要成為一個卓有成效的管理者，必須在思想上養成五種習慣：

知道自己的時間用在什麼地方。

重視對外界的貢獻。

善於利用自己的、上司的、同事的和下屬的長處。

集中精力於少數重要的領域。

善於做有效的決策。

### 二、管理的基本職能

當管理者在明確組織的發展方向、指派人手、檢查工作時，他們執行的是特定的活動或者職能。亨利·法約爾（Henry Fayol）在 20 世紀早期提出所有管理者都在執行五大職能：計劃、組織、指揮、協調和控制。如今，管理學者和作者仍在廣泛地使用這個分類系統，用四種職能來描述管理者的工作：計劃、組織、領導和控制。

#### 1. 計劃職能

計劃是對未來活動所做的事前預測、安排和應變處理，意味著管理者要明確組織所要達到的績效目標，並確定實現這些目標所需要完成的任務和使用的資源。計

劃工作首先要研究組織環境。分析組織外部環境的不確定性，預測環境可能呈現的狀態，同時也要對組織內部資源和能力進行準確的評估。在此基礎上制定經營決策，確定組織在未來某個時期內的總體目標與方案。然後要編製具體的行動計劃，將總體目標層層分解落實，對每個單位和每個成員的工作提出具體要求。任何有組織的集體活動，都需要在一定的計劃指引下進行，無論組織規模大小，是新成立的還是成立時間較長的公司，計劃都很重要。

2. 組織職能

為確保制訂出來的計劃能夠順利完成，管理者需要分解落實任務，將任務歸類分派給各部門，並分配資源、下放職權，這就是組織。當今世界充滿了不確定性和模糊性，組織這種管理職能的目的就是試圖給組織帶來秩序。具體而言，一是要設計組織結構，通過工作專門化、部門化、指揮鏈、集權與分權等因素的考量界定組織中所進行活動的分工與協作關係，並確保這一結構服從於組織整體的戰略方向。二是要根據各崗位（職位）所從事工作活動的要求，將適當的人員安置在適當的崗位上。三是通過任務的分配、權力的下授使組織按設計的方案運行起來。四是根據組織內外部環境變化的情況，適時進行組織變革。

3. 領導職能

為了有效地實現組織目標，不僅要設計出合理的組織結構並配備合適的人員，同時還要設法使組織中的每一個成員都以充分的熱情投入到組織活動中去，這便是領導工作的任務。領導者要為組織設立共同願景，要瞭解他們所帶領的每個員工，與員工建立有效的關係，並在自己的權限範圍內採取與員工績效掛勾的獎勵方式，把實現組織目標與滿足個人需要有機結合起來，激發員工實現更高績效的慾望。

4. 控制職能

在設置好目標和計劃方案，設計好任務結構，安排好人員，激勵下屬努力工作後，要評估事情是否按計劃來進行，這就是控制。控制是一項必要且重要的管理職能。該職能實質上是監管員工的行為，判斷組織是否朝著既定的目標前進，並且在必要時進行糾正。管理者可以通過多種不同的方式進行控制，包括提前為員工設置績效標準，即時監控績效管理，評估員工已完成工作的績效。隨後，這些評估結果將反饋到管理者的計劃過程中，可能促使計劃的修訂或重新制訂。

上述各項管理職能是普遍存在的，所有管理者不論其是什麼頭銜、在何崗位、處於哪一管理層次，都要執行這些基本管理職能。從理論上說，這些職能之間存在某種邏輯上的先後順序關係，即這些職能通常是按照「先計劃，繼而組織，然後領導，最後控制」的順序發生。但從實際管理過程來看，管理工作過程中各項職能並不總是按照這個順序發生，它們相互聯繫，有機地融合成一體，共同實現組織目標，如圖 1-2 所示。

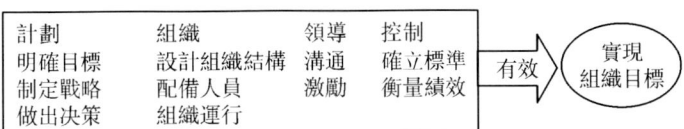

圖 1-2　管理職能關係

### 三、組織的含義

組織是非常重要的一個概念，只有組織才能將知識、人才、原材料聚集起來為戰略提供支撐，這是個人無法做到的。如果沒有組織，戰略就無法落地，也就生產不出好的產品，也無法行銷出去。組織（organization）是為了實現某個特定目標而對人員的精心安排。組織滲透到生活的方方面面，大學、政府、醫院、超市、酒店、學生會、騰訊等都是組織。它們有三個共同特點：

1. 具有明確的目標

組織的存在是為了獲得一些成果，比如營利型企業組織存在的目標是獲取利潤、大學存在的目標是使學生獲得知識和技能、公益性組織的目標是保護和爭取更多的權益。

2. 由人組成

人是構成組織的基本要素。人之所以能夠聚集在組織中就是為了實現共同目標，而且人是組織資源中唯一具有創造性的資源。

3. 具有清晰的結構

組織結構是組織存在的載體，是職、責、權明確的一個分工協作體系。結構可能是傳統的，有著明確的分工、清晰的報告關係、高度的正規化、較多的管理層級等；也可能是靈活的、很少的規則、更多的分權、較寬的管理幅度等。不論是何種類型的組織，都需要精心設計的結構來完成工作。

## 第二節　管理者

### 一、管理者的含義與類型

管理者（manager）是協調和監管其他人的工作，以實現組織目標的人。一方面，管理者的工作是協調，或是協調本部門人員的工作，或是協調部門之間的工作，也可能協調組織間的工作；另一方面，管理者的工作是監管，監督下屬完成工作，必要時提供幫助。

組織中的管理者可根據層次劃分為高層管理者、中層管理者和基層管理者，如圖1-3所示。這三個層次管理者的工作是不同的，關注點也有區別。基層管理者面對的是非管理性雇員，最關心的是如何提高員工個人的績效水準；中層管理者則更關心資源分配、團隊建設、計劃執行等方面的問題；高層管理者最關注的是組織的發展戰略、生存、成長等總體性的問題。

高層管理者（top managers）處在層級的最頂端，是一個組織的高級執行者，負責整個組織的全面管理工作，如公司的總裁、首席執行官、首席營運官、副總裁等。高層管理者負責制定影響整個組織的目標和計劃，做出影響組織全局的決策。他們注重於組織的長遠發展，能夠勾勒出組織的願景。

中層管理者（middle managers）處在層級中高層管理者和基層管理者之間，是

高層和基層之間的溝通紐帶，起到上情下達、下情上達的作用。他們的職位通常是地區經理、事業部負責人等。中層管理者通常會有兩個或兩個以上的管理層級，我們稱之為中高層或中低層。中層管理者一方面會將高層管理者制定的目標與計劃分解為更為具體的目標與實施方案，將高層管理者的戰略意圖向下進行傳達和說明；另一方面將綜合一線的信息並向上匯報。優秀的中層管理者擁有能使公司持續運轉的執行能力和解決實際問題的能力。

隨著組織結構日趨扁平化，中層被大幅削減，使信息能夠快速從高層向底層傳達，提高決策速度。此外，技術也取代了以前由中層管理者做的很多工作，如高層信息的發布往往不需要層層傳遞，一封全員郵件轉瞬間就可以做到。

基層管理者（first-line managers）是監督組織運行的低層管理者。他們通常的頭銜是主管、值班經理、辦公室主任等。基層管理者直接面對組織中的非管理性雇員，實施中層管理者制訂的具體計劃。這個層次在組織內是非常關鍵的，它將管理者與非管理者連接起來。多數人的第一個管理職位就屬於這一層。而且隨著組織的扁平化，基層管理者擁有了越來越大的自主決策權。

項目經理（project managers）或團隊負責人（team leaders）是一種相對較新的管理者類型，主要負責組建團隊並確立其團隊目標，尋找資源來完成任務。由於團隊和項目在組織中的不斷應用，項目經理的地位也不斷提升。參與其中的員工可能來自組織的不同職能部門及不同層級，也可能來自其他公司。項目經理相對於傳統意義上的基層或中層管理者，其工作更具有挑戰性。

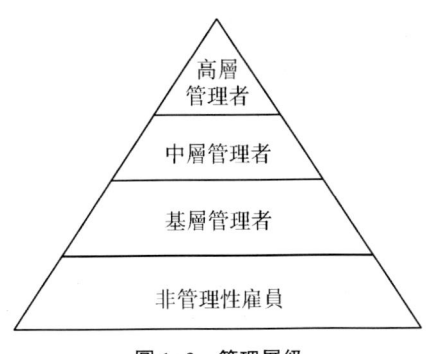

圖 1-3　**管理層級**

## 二、管理者的角色

對於管理者在一個組織中所扮演的角色，亨利·明茨伯格（Henry Mintzberg）在 1973 年出版的《管理工作的本質》一書中曾有過詳細的描述。他認為管理者在管理過程中扮演著三個方面的 10 種角色（表 1-2）。

表 1-2　管理者的角色

| 角色 | 描述 | 特徵活動 |
| --- | --- | --- |
| **人際關係方面** | | |
| 1. 掛名首腦 | 象徵性的首腦，履行許多法律性的或社會性的例行義務 | 迎接來訪者，簽署法律文件 |
| 2. 領導者 | 負責激勵和動員下屬實現組織目標 | 從事所有的有下級參與的活動 |
| 3. 聯絡者 | 代表組織建立和保持與外界其他組織之間的聯繫，以取得外部各方面對本組織的理解和支持 | 發感謝信，從事外部委員會工作和其他有外部人員參加的活動 |
| **信息傳遞方面** | | |
| 4. 發言人 | 作為組織所在產業方面的專家，向外界發布有關組織的計劃、政策、行動、結果等信息 | 舉行董事會議，向媒體發布信息 |
| 5. 監聽者 | 尋求和獲取組織內外部的信息，以便透澈地瞭解組織環境，是組織內部和外部信息的神經中樞 | 閱讀期刊和報告，保持私人接觸 |
| 6. 傳播者 | 將組織或外界的信息通過會議等形式及時傳遞給下屬，以便下屬清楚地開展工作 | 舉行信息交流會，傳達信息 |
| **決策制定方面** | | |
| 7. 企業家 | 尋求組織和環境中的機會，制訂「改進方案」以發起變革，監督某些方案的策劃 | 制定戰略，檢查會議決議執行情況，開發新項目 |
| 8. 資源分配者 | 負責分配組織的各種資源，批准所有重要的組織決策 | 調度、詢問、授權、從事涉及預算的各種活動和安排下級工作 |
| 9. 危機處理者 | 當組織面臨重大、意外的危機時，負責補救行動 | 制定混亂和危機時的應對策略 |
| 10. 談判者 | 在主要談判中作為組織的代表 | 參與工會的合同談判 |

資料來源：H. Mintzberg. The Nature of Managerial Work [M]. New York：Harper & Row, 1973：93-94.

　　人際關係方面。組織作為一個社會存在體，內部之間、內外部之間有著千絲萬縷的聯繫，這一任務主要是由管理者來承擔。具體而言，管理者充當著掛名首腦、領導者和聯絡者的角色。

　　信息傳遞方面。在組織中，管理者要收集、接受和傳播信息，主要扮演發言人、監聽者和傳播者三個角色。管理者不僅代表所在組織，作為組織發言人向外界傳遞信息，也要扮演監聽者的角色，通過聯絡者和領導者的身分收集組織內外的信息，並作為信息傳播者及時向下屬傳遞。

　　決策制定方面。管理者在一個組織的決策活動中，首先，充當著企業家角色，尋求組織和環境中的機會，制定戰略、發起變革；其次，作為資源分配者，負責分配組織的各種資源，批准所有重要的組織決策；再次，作為危機處理者，在組織面臨重大、意外的危機時，負責補救行動；最後，在組織與其他組織發生衝突時，扮演談判者帶領組織成員參加各種正式或非正式的談判。

**管理實踐 1-1**

**王石說登山**

2009 年 1 月 7 日，我在北京中金公司（中國國際金融有限公司）演講。現場有人向我提出這樣一個問題：「王總，絕大多數人的人生都是為了工作，尤其像您，一個大公司的董事長，在這個市場千變萬化、競爭瞬息萬變的時代，公司做得再大都要面臨各種各樣的挑戰，決策者要隨時隨地待命做出應對。那麼，是什麼讓您放得下心去登山呢？更何況，登山那麼危險。您有沒有想過萬一出意外怎麼辦？」

我想了想，用很簡單的一句話回答了他：「因為我不喜歡做生意，不喜歡當生意人；我賺錢，是為了讓我的生活更美好。」

我一登山股票就跌。

是的，我喜歡做冒險的事情，不能因為我的地位高了、錢賺多了，反而成為我的束縛。當我在事業上無法得到滿足的時候，偶然發現原來登山挺具挑戰性的，於是，便開始登山。我登山的目的是什麼呢？沒有特殊的目的，就是喜歡挑戰。假如硬要說有什麼目的的話，就是我可以借由登山遠離我的公司。如果我不遠離它，就會折騰它，折騰我的員工。折騰員工是不對的。公司的任何決定，或對或錯都是相對而言的，我的決定未必對，別人的決定未必錯。所以我要出走，遠離公司，遠離員工。

可是，當我宣布我要去登山的時候，出於安全方面的擔憂，公司管理層有人反對。他們的理由是：「你不應該去登山，你去登山是對我們股東不負責任，因為你可能會摔死。你回不來了，我們的股價就會跌。」我說：「第一，我不能為了你而損失我自己，我首先是我自己，而不是董事長，這是個人主義角度的考慮；第二，從道德上講，我登山前已經告訴過你，我不是偷偷摸摸去登山的，那就沒問題了。」然而，不容否認，我的行為對股價確實是有影響的。1999 年登珠峰之前，只要我一「進山」，股價就微跌；只要我一「出山」，又恢復到原來的水準。換言之，市場對我的登山行為是不認可的。直到 2003 年出現一個例外——那年鬧「非典」。我們登珠峰期間，全國很多地方都不上班、不上學了，人們沒事做就在家裡看電視，看登珠峰的現場直播，隊員中有萬科的董事長王石。當時有個笑話：目前有兩種死法，一種是感染「非典」而死，是「等死」；還有一種是去登珠峰而死，是「找死」，萬科的董事長就是在「找死」。但是在「非典」期間，大家認為登珠峰很勇敢，能鼓舞士氣，我登珠峰的行為對萬科投資者產生了正面影響。所以在那時，整個市場都不好，萬科的股票卻在升，一直到我下山，還在升。

資料來源：王石口述，時代記錄整理. 王石說：影響我人生的進與退 [M]. 杭州：浙江大學出版社，2012.

### 三、管理者應具備的技能

管理者要履行管理職能，必須具備一定的素質和技能。羅伯特·卡茨（Robert L. Katz）提出了三種管理人員所需的技能，即技術技能、人際技能和概念技能。

1. 技術技能

技術技能（technical skill）是指熟練完成工作所需的特定領域的知識和技術。

技術技能包括掌握不同領域的方法、技術和設備，也包括專門知識、分析能力、工具的熟練使用以及用某種規則解決問題的技巧。具備這種技能是對基層管理者或一線工作人員的基本要求，很多管理者因為擁有卓越的技術技能得以晉升到他們的第一個管理崗位上。對於一個管理者來說，雖然沒有必要成為精通某一專業領域或專業技能的專家，但仍需要掌握與其管理的專業領域相關的基本技能，否則管理者就很難與其所主管的組織內的專業技術人員進行有效的溝通，從而也就難於對自己所管轄的業務範圍內的各項工作進行有效的指導。

但是隨著管理者往更高層級晉升，技術技能相對於概念技能和人際技能而言越來越不重要。擁有紮實技術技能的高管有時不得不把自己的技術技能擱置一邊，這樣有助於其他人更加高效地完成他們的工作。

2. 人際技能

人際技能（human skill）是與他人及團隊良好合作的能力，是管理者應當掌握的最重要的技能之一。所有管理者都要和人打交道，理解、激勵與他人融洽相處非常重要，因此，人際技能對於不同層次的管理者而言都非常重要。

**管理實踐 1-2**

怎樣才能成為更好的管理者？谷歌的高管研究了績效評估、反饋調查以及獎項提名，試圖找出哪些品行能夠成就優秀的管理者。以下是他們發現的「八種優秀品行」，按照重要性排序如下：

1. 做一個優秀的教練；
2. 給你的團隊放權並且不要管頭管腳地監控；
3. 關心團隊成員的成功和個人福祉；
4. 不可懦弱，要關注效率和結果導向；
5. 做一個優秀的溝通者並且善於聆聽團隊的心聲；
6. 促進你的員工的職業發展；
7. 團隊應有明確的願景和戰略；
8. 擁有能夠指導團隊的關鍵技術技能。

資料來源：Adam Bryant. Google's Quest to Build a Better Boss [J]. New York Times, March 12, 2011.

3. 概念技能

概念技能（conceptualskill）是管理者用來對抽象、複雜的情況進行思考和概念化的能力。基於這種能力，管理者可以把握大局，預測本行業未來發展趨勢，並在此基礎上做出正確決策，引導組織發展。對於管理者而言，概念技能是最難培養的，管理者要把組織看成一個系統，對組織中各個部分間關係能夠充分的認知，它意味著戰略性思考的能力，識別、評估、解決複雜問題的能力。

卡茨同時指出，這三種技能對各個不同管理層次的管理者來說，重要程度不同，如圖 1-4 所示。對基層管理者來說，技術技能最為重要，人際技能在同下屬的頻繁交往中也非常有用，概念技能通常對基層管理人員不那麼重要；對中層管理者來說，

技術技能的要求有所下降，人際技能仍然很重要，概念技能的要求則有所提高；對高層管理者而言，概念技能最為重要，人際技能也很重要，技術技能的要求則不那麼重要。

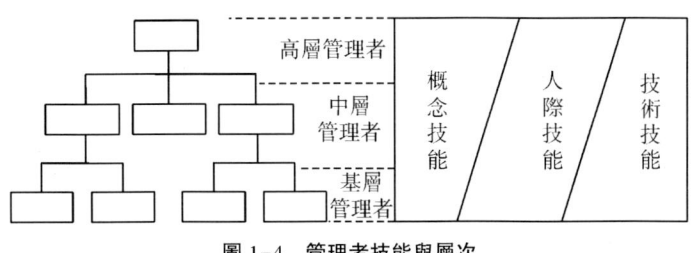

圖 1-4　管理者技能與層次

## 第三節　管理工作的挑戰

在當今世界，管理者必須應對全球經濟與政治的不確定性、道德問題、技術變化等現實所帶來的挑戰。我們將從以下幾個方面去探討管理者工作的變化。

### 一、勞動力的變化

當前全球勞動人口正發生著巨大的變化，出現極度年輕化和極度老齡化兩個極端，同時也更加多樣化。在當下中國，「90後」即將跨入30歲階段，這意味著職場的主力軍就是他們。在巨大社會轉型背景下成長起來的這一代人，貼著自我、特立獨行、腦洞大開等一系列標籤。大量研究表明，他們對自己的職業發展的期望是：一個能持續學習的工作環境；一段有意義且目標明確的工作經驗；一條動態且有價值的職業發展路徑。循規蹈矩的工作方法已經完全與這代人脫節，家長式管理對這個群體而言更是適得其反。勞動力的變化迫使管理者做出轉變。管理者試圖更加深入瞭解職場的這股新生力量，很多企業正將其組織結構從傳統的、層級式的組織轉變為更靈活和聯繫更緊密的團隊。

### 二、管理中的道德困境

道德困境正日益成為管理的一個難題。在多個原則、價值觀中，界限看上去似乎是清晰的，但事實上所有管理者都會面臨著艱難的道德困境。基本的道德標準有多個維度，標準相互之間會存在衝突，這樣就使得問題複雜化。在當下中國，企業家們在特定情境下的道德選擇，很多時候難以定論。在商業活動中，總有一些因素導致相關企業或管理人的道德責任得到一定程度上的「豁免」。管理者也認識到，堅持道德準則固然會遇到一些困難，但也會讓企業的價值得到提升。

### 三、變弱的員工敬業度

蓋洛普諮詢公司在2013年進行了全球雇員敬業度調查，在2014年針對亞洲公

司做了領導層敬業度調查，調查結果表明我們國家員工和管理者的表現不容樂觀。低敬業度將給企業造成巨大的損失，不敬業的員工不願意付出必要的努力，不能有效地執行戰略，將極大阻礙企業的發展。人才是企業間競爭的關鍵因素，如果沒有技能熟練、動機強烈的員工為組織的整體目標努力，企業將很難勝出。因此管理者應轉變管理思維，投入精力解決員工敬業度問題，提升員工對於工作的興趣度，進而提高員工工作績效。組織高層管理者在甄選管理層候選人的標準與辦法方面要加以改進，並給管理層多提供提升領導力的培訓。

### 四、新技術的發展

新的技術也對管理者提出了不同以往的要求。技術的發展改變了組織信息獲取的方式，改變了交易的方式，打破了地域的界限，擴大了管理者活動的範圍，增加了工作的彈性，但同時也增加了管理者決策的難度。如快遞公司的管理者正面臨一種未曾預料到的威脅，即 3D 打印。由於很多製造企業可以現場打印部件或產品，因而空運、海運和陸運量都急遽下滑。據估計，多達41%的空運業務、37%的海運集裝箱業務以及 25%的陸運業務都將為此而受到影響。這就是新技術給管理者帶來的挑戰。工業 4.0 時代對管理者而言也是巨大的挑戰，面對著生產設備的智能化、車間的自動化、企業管理的網路化與生產要素的社會化，管理者如何轉變思維，如何調整管理模式，這都是需要面對並亟待解決的問題。

### 五、管理中的變革與創新

當今企業的成功需要創新。創新意味著開發新技術、新產品、新商業模式。幾乎所有的企業都致力於創新，因為如果你停滯不前，一些可能你從未聽過的公司就會通過創新搶占你的市場份額。愛彼迎之所以能夠以更少的資源成功挑戰行業巨頭，主要因為通過聚焦被忽視的細分市場，以更低的價格提供更合適的功能；隨後聚焦高端市場，但在交付客戶所需要的產品時，仍保留了早期的低成本優勢。因此，管理者要構建創新型組織，建設鼓勵創新的組織文化，各個層次的管理者都要致力於創新，要有創新的思維，持續變革的韌性，而且還能將個體的創造力產生的價值彼此共享，適時進行組織變革。

# 本章小結

1. 管理是指在特定的環境下，通過對組織資源的計劃、組織、領導和控制，有效實現組織目標的過程。這一定義包含著豐富的內涵：管理具有一定的目的性；管理依託於一定的環境；管理的對象是組織的資源；管理由一系列相互關聯的職能構成；有效性是衡量管理工作好壞的標準。

2. 管理的有效性包括兩個方面：效率和效果。效率是指以盡可能少的投入或資源獲得盡可能多的產出。效果是指產出滿足目標的程度。

3. 管理的四項基本職能是計劃、組織、領導和控制。組織中所有層次、所有部門的管理者都在執行這些職能。

4. 組織是為了實現某個特定目標而對人員的精心安排。組織有三個特點：具有明確的目標、由人組成、清晰的結構。

5. 管理者是協調和監管其他人的工作，以實現組織目標的人。組織中的管理者可根據層級劃分為高層管理者、中層管理者和基層管理者。

6. 明茨伯格從研究中得出結論，管理者在三個方面扮演著 10 種角色：人際關係方面（掛名首腦、領導者、聯絡者）；信息傳遞方面（發言人、監聽者、傳播者）；決策制定方面（企業家、資源分配者、危機處理者、談判者）。

7. 一般來講，管理者需要具備三種基本技能：技術技能、人際技能和概念技能。

## 關鍵術語

管理（management）　　　　　效率（efficiency）
效果（effectiveness）　　　　組織（organization）
管理者（manager）　　　　　　高層管理者（top managers）
中層管理者（middle managers）基層管理者（first-line managers）
概念技能（conceptual skills）人際技能（human skills）
技術技能（technical skills）

## 複習與思考

1. 管理的定義和內涵是什麼？
2. 效率和效果之間有什麼關係？
3. 如何理解組織的含義？
4. 如何理解管理的基本職能？
5. 管理者應掌握哪幾個方面的技能？各項技能的掌握程度對不同層次的管理者來說有無差別？

## 案例分析

### 張小龍與他的微信

2010 年 10 月，一款名為 Kik 的 App 因上線 15 天就收穫了 100 萬用戶而引起業內關注。Kik 是一款基於手機通訊錄實現免費短信聊天功能的應用軟件。騰訊廣州

研發部總經理張小龍注意到了Kik的快速崛起。

一天晚上，他在看Kik類的軟件時，產生了一個想法：移動互聯網將來會有一個新的即時通信（Instant Messaging, IM），而這種新的IM很可能會對QQ構成很大威脅。他想了一兩個小時後，向騰訊CEO馬化騰寫了封郵件，建議騰訊做這方面的東西。馬化騰很快回復了郵件表示對這個建議的認同。張小龍隨後向馬化騰建議廣州研發部來承擔這個項目的開發。「反正是研究性的，沒有人知道未來會怎麼樣，」張小龍回憶說，「整個過程起點就是一兩個小時，突然搭錯了一根神經，寫了這個郵件，就開始了。」

### 騰訊廣州研發部與張小龍其人

2005年3月，騰訊收購了國內知名電子郵件客戶端Foxmail。Foxmail創始人張小龍及其研發團隊20餘人在不久後進入騰訊。2005年4月騰訊廣州研究院（後改稱廣州研發部，以下簡稱為「廣研」）成立，主要負責郵件相關業務的研發和營運。經過三年打磨，QQ郵箱以其簡潔易用、安全穩定的特點獲得用戶歡迎，並於2008年3月成為國內使用人數最多的郵箱產品。在這一過程中，廣研團隊經歷了從做客戶端產品到做web產品的艱難轉型，在他們看來，「少即是多」的設計理念，對用戶體驗的極端重視，團隊磨合和梯隊建設，技術能力的累積和敏捷開發的經驗，都是團隊在QQ郵箱開發過程中的收穫。

張小龍則經歷了從程序員到產品經理再到管理者的角色轉換。在不斷與郵箱用戶互動的過程中，他對於產品和用戶的理解不斷加深。在不斷提高QQ郵箱易用性和穩定性的基礎上，他將郵箱平臺作為產品理念的試驗田，做出了閱讀空間、QQ漂流瓶等產品。

2011年，廣研分設「郵箱產品中心」和「微信產品中心」，開始獨立運作QQ郵箱和微信兩款產品。張小龍既是廣研的總經理，也是微信產品團隊的第一負責人。

### 微信的開發歷程

2010年11月19日，微信項目正式啟動。最初的人員基本都來自廣研的QQ郵箱團隊，開發人員沒有什麼做手機客戶端的經驗，唯一做過的手機產品是在S60平臺上做的「手中郵」。

2011年1月21日，微信1.0的IOS版上線。微信對廣研而言是個全新的領域，很多人一開始都並不看好這個項目。團隊內部許多成員對於微信的發展都抱有著一種非常不確定的心態。張小龍回憶起當時的情景說：數據不好還不是最困難的，最困難的是他們老是跟我說，「我們做這麼多都是沒有意義的，因為我們所有做的事情手機QQ可以做，並且手機QQ有更強的渠道、更多的用戶覆蓋量，而我們是沒有渠道的。我們沒有任何優勢……我們做微信沒有前途……」

對於這些質疑，張小龍堅持他的想法。「我願意嘗試，做失敗了沒什麼，我認為更多的是承擔一種義務去阻擊騰訊潛在的對手。微信對我來說是新產品、新體驗，我的技術能力也會提升。我不會因為沒有希望就保留精力，我會拼盡全力做，也願意這樣鼓勵我的同事。」

1. 語音版——讓微信活了下來

4月份，Talkbox突然火爆起來，張小龍敏銳地抓住這個機會，當機立斷在微信

中加入語音功能。微信 2.0 使微信成了一個有一定影響力的產品,也使微信在競爭中占據了一個相對有利的位置。

2. 附近的人和「搖一搖」——附近的人成微信最大增加點

2011 年 8 月 3 日,微信 2.5 版本發布,支持查看附近的人。「對於微信而言,有三個重要的增加點,」張小龍說,「語音是一個,附近的人是最大的一個增加點,搖一搖也是一個增加點。」查看附近的人功能出來之後,微信新增好友數和用戶數第一次迎來爆發性增長。

2011 年 10 月 1 日,微信發布 3.0 版本,支持「搖一搖」和漂流瓶。「搖一搖」一推出就迅速成為許多微信用戶非常喜愛的一個功能,現在「搖一搖」的日啟動量已經超過 1 億次。提到「搖一搖」的創意過程,張小龍說:

「我記得當時有一天我和 Harvey、Justin 在吃飯,我提起我們下個版本到底做什麼還沒確定,挺痛苦的。聊到為什麼不能直接搖一下手機,可以搖到陌生人呢,那不就每個人都可以使用了麼。回家以後我一直想,想到很晚就睡不著了。當我仔細地把體驗過程一想,這個的影響力和層面絕對是遠遠超過 Bump(註:Bump 是由 Bump 科技公司為蘋果 IOS 和谷歌 Android 操作系統創造的應用程序。智能手機用戶只需要互相碰撞就可以相互交換聯繫信息、照片等)的。當時甚至還想到聲音的效果啊,整個體驗全面的過程……然後我第二天跑過去跟大家說,嗯,這個東西一定會很火,你們現在就給我出方案,我要一個這樣的畫面,然後要有什麼樣的聲音,什麼樣的動畫。有些人理解,有些人還不太理解,因為這個必須從整體來考慮,腦袋裡面想像出這樣一種極簡自然的體驗意味著什麼。花了半天時間,跟大家把這個細節確定了一下,比如說這個搖的手勢應該是怎麼樣的,是這樣搖還是那樣搖,確定了一些這樣的細節,然後大家就開始做了。

「當時我記得馬化騰發郵件說,這個東西看起來挺火,非常好,但是你們要不要再細化一下,免得競爭對手會做同樣的功能。我當時就回了一個郵件,說我們已經做到了最簡化,加任何東西都是減分的,我們也做到了最自然化,最符合自然本性的一個體驗,所以競爭對手無法超越我們,因為一變化就要增加東西,加東西就是不對的了。」

2011 年 12 月 20 日,微信推出 3.5 版本,其中一個最重要的功能,是加入了二維碼。同時,微信也推出了名為 WeChat 的英文版。

3. 朋友圈——社交化平臺嘗試

2012 年 4 月 19 日,微信 4.0 的 IOS 版發布,其中「朋友圈」功能引起業界頗多注意,有評論認為這是微信「社交平臺化」的一種嘗試。微信 4.0 版本支持把照片分享到朋友圈,讓微信通訊錄裡的朋友看到並評論;同時,微信還開放了接口,支持從第三方應用向微信通訊錄裡的朋友分享音樂、新聞、美食等。

**微信團隊**

微信團隊在成立初期張小龍就堅定地採用敏捷開發,時刻關注組織的「敏捷」性。張小龍說:「關於敏捷開發,我特別希望大家能夠多去做一些嘗試,我們可以想一些與眾不同的點子,很快把它上線,然後再去驗證。如果不對就下線,如果還

有改進餘地，下個星期再去改它。這是一個能夠持續實現你的想法的過程。」這其實就是「敏捷」的原理，既滿足產品開發過程中需求的動態變化，又能通過短迭代管理監控項目的即時效果。

「微信團隊從開始成立到現在從來沒有瞄準 KPI 去奮鬥過，但是並不妨礙團隊越做越好。對於團隊來說，大家養成了一個習慣，就是思考並回答我們自己做每個功能、每個服務背後的意義，或者說一個夢想在裡面到底是什麼？如果一個功能純粹是為了一個流量來做的，而想不出它給用戶帶來什麼樣的價值，這個功能一定是有問題的，或者它是不長遠的。我認為正是這樣的，每次都去想它背後一絲一毫的意義，這是支撐起我們整個團隊走到今天一個很重要的理由，並且幫助我們做出一個正確的選擇。這是產品和功能背後我們所思考的意義。」

資料來源：根據網路資料整理。

**思考題：**
1. 作為管理者，張小龍承擔了哪些角色？
2. 作為管理者，張小龍具有哪些技能？
3. 張小龍如何通過微信團隊實現組織目標？

# 第二章
# 管理環境

**學習目標**

1. 掌握外部環境的含義與構成
2. 理解外部環境的不確定性
3. 理解組織文化
4. 理解管理道德和企業的社會責任

**引例**

**管理者：萬能還是象徵**

　　管理者的行為在多大程度上影響組織表現，管理學理論和社會上的主流觀點是管理者對組織的成敗負有直接責任。我們稱這種觀點為管理萬能論。組織表現的差異當然是管理者的決策和行為造成的。好的管理者預測變化、利用機會、糾正糟糕的表現並領導他們的組織。當利潤上升時，功勞歸於管理者，管理者還獲得獎金、期權和其他獎勵。當利潤下降時，人們認為新鮮血液可以帶來更好的成果，因此往往選擇換掉主管。管理萬能論認為，無論何種原因造成的組織表現不佳，都需要有人負責，這個人就是管理者。當然，當情勢好轉時，管理者也會得到獎勵，即使他們與取得積極成果並無關係。管理者萬能論與掌權的高管克服種種困難最終實現組織目標的固有印象是一致的。這種觀點並不局限於商業組織。它也能用於解釋大學教練和專業運動教練的變更，他們同樣被認為是團隊的「管理者」。贏少輸多的教練往往會被解雇，並由被期望可以糾正不佳表現的新教練取代。

　　相反，另外一些人認為組織的成敗很大程度上歸因於管理者可控範圍之外的因素。這種觀點稱為管理象徵論。管理象徵論認為管理者影響組織表現的能力受到外部因素的限制。根據這個觀點，期望管理者能夠顯著影響組織表現是不合理的。相反，績效被那些管理者幾乎無法控制的因素所影響，例如經濟狀況、顧客、政府政策、競爭者行為、行業狀況和前任管理者決策。這種觀點被稱為「象徵性的」，因為它認為管理者是管理和控制的象徵。如何實現呢？通過提出計劃、做出決策和參與其他管理活動來弄清楚隨意的、令人困惑的和模棱兩可的狀況。然而，根據這個觀點，管理者在組織成敗中所發揮的實際作用是受到限制的。

　　資料來源：斯蒂芬·羅賓斯，等. 管理學[M]. 13版. 劉剛，等，譯. 北京：中國人民大學出版社，2017.

事實上，我們都知道，管理者既不是萬能的，也不是象徵的。但是，他們的決策和行為的的確確會受到限制，外部限制就是來自組織環境，內部限制則是來自組織文化。這就是本章將要重點介紹的兩部分內容：管理的外部環境與組織文化。除此之外，我們還將討論管理道德與企業的社會責任。

## 第一節　管理的外部環境

任何組織都是在一定外部環境中從事活動的，外部環境是組織生存的土壤，它既為組織提供生存與發展的條件，又對組織的活動產生制約。

### 一、外部環境的含義與構成

外部環境（external environment）是指組織外部影響組織績效的因素。具體又可以將其劃分為兩個組成部分：一般環境和具體環境。一般環境（general environment）是間接影響組織績效的外部因素，它包括經濟因素、政治因素、社會文化因素、自然因素、法律因素、技術因素等，這些因素對一定時空內存在的所有組織都會產生影響。目前，中國經濟發展已進入新常態階段，這一變化不會直接改變組織日常的經營，但從長期來看肯定會對組織產生影響。具體環境（specific environment）則是直接影響組織績效的外部因素，它與組織的關係更密切，通常包括競爭對手、供應商、顧客等因素。具體環境對每一個組織而言是不同的，並隨著條件的變化而變化。

1. 一般環境

一般環境包括政治（political）、經濟（economic）、社會文化（socioculture）、技術（technological）、自然（environmental）、法律（legal）等因素，很多教科書將一般環境的構成總結為 PEST 或者 PESTEL。

（1）經濟因素。經濟因素既包括國民收入、國民生產總值等經濟總量的變化情況，也包括企業所在地區消費者的收入水準、消費偏好、儲蓄情況和就業程度等因素，還包括全球經濟的發展變化情況。今天，很多組織都處在全球化的環境，因此，經濟因素變得更加複雜。就中國的經濟狀況而言，目前中國經濟運行較為平穩，但是外部環境的變化和供給側結構性的矛盾將導致經濟在平穩運行中面臨著下行壓力。以中國的汽車產業為例，受經濟環境的影響，自主品牌汽車的國內市場份額自 2010 年起不斷下滑，轎車的市場佔有率更是出現大幅下滑，從 2010 年的 30.89%，下降到 2017 年的 19.87%。吉利和上汽兩家汽車公司是中國自主品牌汽車的兩個核心，但是銷售增速也在大幅下降。

（2）政治與法律因素。政治和法律因素泛指一個國家的社會制度，執政黨的性質，政府的方針、政策、法令、法規以及國際政治局勢等。政治環境對組織績效的影響主要表現為各級政府所制定的方針政策，如能源政策、物價政策、財政政策、稅收政策、貨幣政策等，都會影響企業的經營。例如，自 2019 年 1 月 1 日開始，中

國個人所得稅起徵點調為5,000元,並且增加了專項附加扣除,這一稅收新政策的實施影響著消費者的收入,繼而影響消費水準。在國際貿易中,不同的國家也會制定一些相應的政策來干預外國企業在本國的經營活動,如進口限制、外匯管制、稅收政策等。近年來,中國陸續制定和頒布了一系列法律法規,例如《中華人民共和國產品質量法》《中華人民共和國企業法》《中華人民共和國經濟合同法》《中華人民共和國涉外經濟合同法》《中華人民共和國商標法》《中華人民共和國專利法》《中華人民共和國廣告法》《中華人民共和國食品衛生法》《中華人民共和國環境保護法》《中華人民共和國反不正當競爭法》《中華人民共和國消費者權益保護法》《中華人民共和國進出口商品檢驗條例》等。這些法律法規就是企業進行各種經營決策的底線。

**管理實踐 2-1**

### 科學認識「一帶一路」

「一帶一路」倡議是習近平總書記提出的當代中國在新的歷史條件下實行全方位對外開放、推行互利共贏的重大舉措。這一倡議體現了中國新時期全面對外開放的方針,也完全符合「一帶一路」周圍區域國家的根本利益與要求。其核心內容是提倡「包容性全球化」,即通過秉持共商共建共享的原則,形成合力,共創發展新機遇,實現共同繁榮,並維護世界和平。這個合作理念和模式得到了世界上許許多多國家和廣大地區人民的支持,反應了當今世界的客觀需求與願望。實施這一倡議,將營造一個各國間經濟、貿易、技術、文化交流合作的大平臺,也將能遏制戰爭勢力,構建一個全球地緣政治安全的大格局。同時,也將為中華民族實現偉大復興的中國夢鋪平廣闊的道路。

經過30多年來改革開放的發展,今天中國已經完全具備實施「一帶一路」發展目標的各項條件。「一帶一路」所涉及的國家與地區,其發展歷史及第二次世界大戰後的社會制度和地緣政治傾向各不相同,他們的投資環境也差別很大。大部分國家與地區經濟發展水準總體上不高,基礎設施較差,管理水準不高。相當一部分地區生態環境相當惡劣,社會結構複雜,宗教和民族問題較多等。其中,海上絲綢之路必須經過中國南海。中國通往南美、歐洲、非洲、中東和南亞、澳大利亞的幾大國際航線是中國的國家生命線,而中國南海正好處於這條生命線的咽喉區段。150多年前德國地理學者拉採爾(Ratzel)就認為:「只有海洋才能造就真正的世界強國。跨過海洋這一步在任何民族的歷史上都是一個重大事件。」

為了支撐更大規模的經濟貿易合作和相關的工程建設,減少大規模投資和貿易的風險,需要對「絲綢之路經濟帶」沿線國家,特別是中亞和西亞、中東地區的自然結構、經濟地理、自然災害、社會安全等基礎性情況進行綜合研究;對「21世紀海上絲綢之路」所涉及海域的自然特徵、全球主要航線海況以及沿線國家的社會經濟特徵、政治傾向等進行綜合研究,對未來中國的國外海上支點、海軍基地的選取和建設、航行航線安全等進行評估。推進「一帶一路」建設迫切需要開展空間路線圖的研究,在重要線路、節點和重大工程的規劃建設中加強科學論證,統籌協調「一帶一路」建設的資源、生態、環境目標,規避可能產生的環境、社會風險,構建生態環境保護視角下的新時期綠色絲綢之路建設空間路線圖,為整個「一帶一路」建設順利推進提供決策依據。在新階段,隨著越來越多國家參與「一帶一路」

建設，如何研究建立「一帶一路」建設機制與框架，讓沿線國家能夠在政策溝通、項目對接、經貿合作、設施聯通、生態環境保護等方面均有可以參考、依照的長效合作機制，是當前推進「一帶一路」建設面臨的迫切問題。

資料來源：陸大道. 科學認識「一帶一路」[J]. 地理教育，2019 (4).

(3) 社會文化因素。社會文化因素包括一個國家或地區的人口統計特徵、社會規範、風俗習慣及價值觀等。其中人口統計特徵是非常重要的一個因素，是指人口地理分佈和人口密度、年齡和受教育程度。今天的人口統計特徵就是明天的勞動力和消費者的基礎，人口結構也是消費興衰的經濟基礎。管理者要深入理解和洞察這些特徵，將其納入組織的戰略層面去思考，這樣才能領導組織走向成功。目前中國人口老齡化程度持續加深，2018 年中國人口從年齡構成來看，60 週歲及以上人口近 2.5 億人，佔總人口的比重為 17.9%，首次超過了 0~15 歲的人口，成為是世界上唯一老年人超過 2 億人的國家。老年消費者的生活習慣、消費偏好將對組織決策產生巨大的影響。

**管理實踐 2-2**

**老年消費群體的特徵**

最近幾年，老年消費群體從關注醫療、家庭日常採購等方面的消費開始明顯地轉向提升生活品質的精神消費，比如旅遊和廣場舞。廣場舞之於老年人就如同游戲之於年輕人，也是要升級裝備的。從最基礎的衣服、鞋子、化妝品等基礎用品到音響、折扇、平板電腦等設備，而且除了置辦裝備，還要修煉技能。廣場舞甚至還延伸出很多老人的聚會社交。騰訊研究院的《吾老之域》報告，描述了一個有趣現象：奶奶們的好友以線下歌友、舞友及家人、街坊為主，爺爺們則願意將自己退休前的社交結構在微信上「複製」一遍，如同事、學生、生意夥伴等。在社交電商裡面，老年消費者也是一個主力。拼多多 50 歲以上的消費者數量是其他電商平臺的好幾倍。這些廣場舞阿姨們表面上是愛湊熱鬧的一群人，換個角度又是各路商家進入中老年市場的「入口」。

目前，老年消費群體的品牌認知能力處於較低水準，老年消費品牌處於一個「0—1」的發展初期。未來的 10 年，尤其是隨著「70 後」逐漸步入老齡階段，老年市場將會迎來更大的爆發，一定會誕生一批新的服務老年人的零售業態和消費品品牌。目前，國內有很多無良好商在處心積慮地騙走老年人手裡的錢。通過所謂「公益」講座、「江湖名醫」、「免費」旅遊、「萬能」保健品……來逐步蠶食老人們手中的積蓄。老年消費者買單的一個核心就是「信任」，商家不能一而再地辜負他們的信任，而是應該把心思放在開發和改善適用於老年消費者的商品和服務上，讓品牌和產品配得上他們的信任，這樣才能真正打開這扇通往第二個分水嶺的大門，有機會誕生出更多新時代的老年消費品牌。

資料來源：根據網路資料整理。

(4) 技術因素。技術因素包括整個社會的科學技術發展以及某個行業的科學技術發展。當前，在全球人工智能飛速發展的浪潮中，中國在人工智能技術領域取得了令人矚目的成績。製造業是受其影響較大的行業，很多製造企業在大規模生產環

節用大量的工業機器人取代人類勞動者，大大降低了製造業的勞動力密度，例如，富士康公司已經部署4萬臺機器人，來緩解人口紅利消失給其帶來的壓力。不光如此，人工智能技術在製造業的研發、行銷環節都會產生相當大的效率提升，增加製造企業的柔性化程度，滿足低成本大規模定制的需求。從組織管理來看，現代信息和通信技術不僅在各項專業管理工作中得到應用，而且使各方面管理系統實現了集成化和一體化，乃至企業與外部關係上出現了網路化聯結，極大提高了管理效率。

（5）自然因素。自然因素是地球上自然產生的所有要素，包括植物、動物、岩石以及空氣、水和氣候等資源。自然因素與一般環境中的其他因素不一樣，因為它對組織決策影響力的施加往往來自其他因素的作用，如政府出抬的政策、法規、媒體輿論、民間組織的行動等。保護自然環境現已成為世界各國政府和人民的共同行動和主要任務之一。近年來，中國政府大力推動綠色發展，深入實施大氣、水、土壤污染防治三大行動計劃，是世界上第一個大規模開展PM2.5治理的發展中大國，有著全世界最大的污水處理能力，並率先發布《中國落實2030年可持續發展議程國別方案》，實施《國家應對氣候變化規劃（2014—2020年）》，向聯合國交存《巴黎協定》批准文書。中國消耗臭氧層物質的淘汰量占發展中國家總量的50%以上，成為對全球臭氧層保護貢獻最大的國家。2017年，同聯合國環境署等國際機構一道發起，建立「一帶一路」綠色發展國際聯盟。同時，還制定和修改環境保護法、環境保護稅法以及大氣、水污染防治法和核安全法等法律，從法律層面防止生態環境的破壞。

2. 具體環境

具體環境主要包括顧客、競爭者、供應商、政府及特殊利益團體。

（1）顧客。顧客是企業產品和服務的接受者，主要包括出於直接使用目的而購買的個人或組織和為再加工或再銷售而購買的個人和組織。顧客是非常重要的一個因素，組織能否成功，關鍵在於產品或服務能否滿足顧客的需求，能否促成顧客的購買行為。因此，管理者必須理解顧客的消費偏好，關注顧客需求的變化，並能夠做出快速反應。

（2）競爭者。競爭者是處於同一個產業內的組織或者為同一群顧客提供產品或服務的一類企業，如汽車行業中的各個汽車企業，尤其是面對同樣客戶群的汽車企業。競爭者之間主要表現為爭奪顧客和市場的關係，因此，沒有管理者會輕視其競爭者。一個有趣的現象是，隨著互聯網、物聯網技術的飛速發展，跨界競爭不斷出現，可能組織會發現，與其競爭的不再是傳統意義的同行，而是跨界競爭者。就像順豐創始人王衛所說，「順豐最大的競爭對手肯定不是來自同行，而是跨界企業」，長期打磨B2B供應鏈體系製造業巨頭富士康可能就是順豐的競爭對手。

（3）供應商。供應商泛指為組織活動提供所需各類資源和服務的個人或組織。例如，手機的生產可能需要全球的供應商為其提供芯片、攝像頭模組、深度傳感器、指紋識別等技術和產品服務。供應鏈是由眾多企業和個人組成的網路，它們通過產品或服務的流動連接在一起。今天很多行業的競爭，不再是單獨某項技術或產品的競爭，已經發展到供應鏈管理層面的競爭，供應商的考核和管理是非常重要的一環。

（4）政府及特殊利益團體。政府機構作為社會經濟的管理者，往往通過出抬某些具體的產業政策，以鼓勵扶持新興產業的發展或者抑制存在產能過剩風險的產業

的發展，這些產業政策對於該產業中的企業而言無疑會直接影響到它們的組織績效。特殊利益團體是代表某一群體特殊利益的組織，如工會、消費者協會、環境保護組織、綠色和平組織等。它們雖然沒有行政管理部門那麼大的權力，但同樣可以對企業施加較大的直接影響。這類組織可以直接向政府部門反應情況，並借用各種媒體引起公眾對於事件的關注。前面我們提過，很多法律法規的出抬就是源於特殊利益團體的持續的反應。

## 二、外部環境的不確定性評估

環境不確定性（environmental uncertainty）是指外部環境的變化程度和複雜程度。

根據變化程度，外部環境可分為動態環境和穩定環境。如果環境因素持續變化，則為動態環境；如果環境因素變化不大，則為穩定環境。在穩定的環境中，可能沒有新的競爭者進入，現有的競爭者技術很難有新的突破，特殊利益群體也不會對組織的運行施加壓力。在中國，一些實行專營制度的行業有著較為穩定的環境，因為極高的行政壁壘使得潛在的進入者很難進入其中，如2016年以前的鹽業企業所處的外部環境。但是隨著2016年《鹽業體制改革方案》的出抬，原來穩定的環境逐漸被打破，環境變化程度大大增加，鹽企開始進入動態環境。

根據複雜程度，組織環境可分為簡單環境和複雜環境。環境的複雜程度與構成要素的數量多少及組織對這些要素的瞭解程度相關。組織面對的競爭者、供應商、顧客、政府及特殊利益群體越少，則環境越趨於簡單。組織很容易瞭解環境的各個構成因素，也意味著環境較為簡單。

由環境的變化程度和環境的複雜程度，可形成四種典型的組織環境，如表2-1所示，每個單元代表變化程度和複雜程度的不同組合。狀態1（穩定、簡單的環境）代表最低程度的環境不確定性，狀態4（動態、複雜的環境）則代表最高程度的環境不確定性。管理者的影響力應該在狀態1的環境中得到了最大程度的發揮，對組織績效的影響最大，在狀態4的環境中影響最小，因此，管理者更樂於處在不確定性程度低的環境中開展經營活動。但是，今天越來越多的行業面對的是更加動態、更加複雜的環境，管理者要能夠深入瞭解環境，並能夠對環境變化做出快速的回應。

表2-1 組織環境的不確定性

| | | 變化程度 | |
|---|---|---|---|
| | | 穩定 | 動態 |
| 複雜程度 | 簡單 | 狀態1 穩定、簡單的環境<br>環境因素較少<br>環境因素變化不大<br>環境因素容易瞭解 | 狀態2 動態、簡單的環境<br>環境因素較少<br>環境因素持續變化<br>環境因素容易瞭解 |
| | 複雜 | 狀態3 穩定、複雜的環境<br>環境因素較多<br>環境因素變化不大<br>環境因素需要深入瞭解 | 狀態4 動態、複雜的環境<br>環境因素較多<br>環境因素持續變化<br>環境因素需要深入瞭解 |

## 第二節　組織文化

組織環境除了包括組織外部環境以外，還包括組織內部環境。組織內部環境就是企業內部所有相關的因素，如管理者、員工、各種資源、組織文化等，其中，組織文化是我們本節討論的內容。

### 一、組織文化的含義與構成

正如我們每個人有每個人的個性，組織也一樣，每個組織也會表現出自己的個性，有的公司注重創新和產品質量，有的公司注重人性化管理。這種個性，就是文化，它影響著組織成員的行為方式。組織文化（organizational culture）是由組織成員共享的一系列價值觀、信仰和規範。在大多數組織中，這些共享的價值觀和慣例影響著組織成員的行為方式，決定著「任務該如何完成」。

艾德佳·沙因（Edgar Schein）提出組織文化可以從三個層次來分析（圖2-1）。第一層次：物質層，例如一些可以看得見、摸得著、聽得到的東西，員工制服、辦公場所陳設、儀式、故事等屬於這一層次，雖然看似容易解釋，但要想理解清楚這些組織文化的表象，往往需要一定的時間。第二層次：表達出來的價值觀。價值觀是無法直接看到的，但可以通過組織的表達、組織成員的表達、符號、行為來體現，如我們在各大公司的官網上所看到的組織文化的描述。第三層次：基本原則和假設。這是組織文化的核心，早已在深深植入人們頭腦中，以致組織成員不會意識到他們的存在，所以相對於第二層次而言更難被看到。然而，正是由於它們的存在，我們才得以理解每一個具體事件為什麼會以特定的形式發生。有些組織的基本假設可能是利益是最重要的，因此，在巨大利益面前，道德、社會責任，甚至法律都是可以忽略不計的。比如，持有這樣基本假設的汽車企業之所以去研發生產新能源汽車，不是因為企業在官網上所標榜的致力於環境改善，而是在於政府所提供的高額補貼。

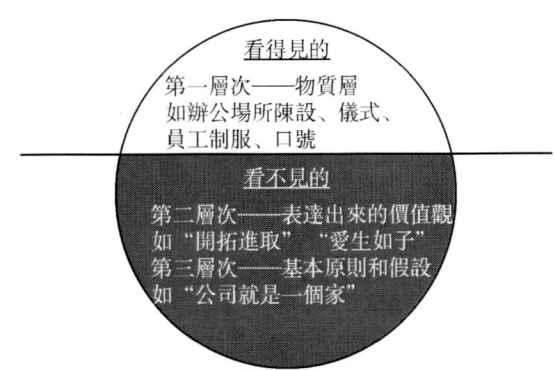

圖2-1　組織文化的層次

**資料來源**：E. H. Schein. Coming to a New Awareness of Organizational Culture [J]. Sloan Management Review, 1984（25）：3-16.

## 二、組織文化的來源與持續

組織文化的最初來源通常與組織創立者的願景相關。作為組織的創立者，他清楚自己想要什麼，想要組織成員關注什麼，做到什麼程度，然後通過獎勵、控制等方式引導員工達到自己的願景。組織初創期較小的規模也有助於創立者願景的灌輸。一旦組織的價值標準已經確立，就要通過各種管理實踐強化員工的認同（組織文化的建立與持續如圖 2-2 所示）。

高層管理者的言傳身教、率先垂範對組織文化的塑造有著主要的影響。美國西南航空公司的創始人凱萊赫（Kelleher）創立公司的本意是打造一個給乘客帶來最大方便的廉價航空公司，為了能讓員工和他一起實現目標，他選擇了欲取先予的方式。凱萊赫極少待在辦公室裡，頻繁隨著航班到處飛。所以，他的員工經常可以看到他們的董事長出現在停機坪上，出現在服務櫃臺旁，出現在他們身邊，使得他們感受到領導者對公司、對每一個員工的付出，在此影響下，逐漸建立起美國西南航空公司獨特的組織文化。

社會化是協助員工適應組織文化的過程。組織通過對員工的各種培訓和教育，使其瞭解公司歷史、公司理念、公司決策的方式等，不斷進行強化，使其認同組織的價值觀。

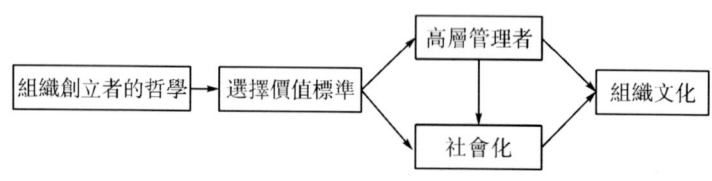

圖 2-2　組織文化的建立與持續

## 三、組織文化對管理的影響

所有的組織都有其組織文化，但並非都同等程度地影響員工的行為。組織文化也有強弱之分，即強文化和弱文化（兩者的對比如表 2-2 所示）。強文化是價值觀被廣泛和深度共享的文化，相對於弱文化，它可以極大地影響員工的思維方式和行為。研究表明，強文化與良好的組織績效相關，原因在於如果組織價值觀清晰並被廣泛接受，員工知道什麼重要，應該做什麼，就可以快速地完成任務。相反，如果組織中不同的人有不同的價值觀，就會造成組織目標混亂，指導決策的原則不清晰。大多數管理者都希望建立強文化，以此來引導員工做出組織所倡導的行為。

表 2-2　強文化與弱文化

| 強文化 | 弱文化 |
| --- | --- |
| 價值觀廣泛共享 | 價值觀局限於小部分人（通常是組織高層） |
| 組織文化傳遞出關於「什麼重要」的一致信息 | 組織文化傳遞的關於「什麼重要」的信息不一致 |
| 大多數員工可以講述公司歷史或代表人物的事跡 | 員工對公司歷史或代表人物知之甚少 |
| 員工對組織文化的認同度高 | 員工對組織文化的認同度低 |
| 共享價值觀與行為之間存在強連接 | 共享價值觀與行為之間不存在什麼聯繫 |

　　一個組織的文化，尤其是強文化會影響管理者的決策，影響管理者計劃、組織、領導和控制的方式。因為組織文化影響和限制了員工可以做什麼、不能做什麼以及怎樣管理，這都與管理者的決策相關（表 2-3）。

表 2-3　組織文化對管理者決策的影響

| | |
| --- | --- |
| 計劃 | 計劃應包含的風險度<br>計劃應由個人還是群體制訂<br>管理者參與環境掃描的程度 |
| 組織 | 成員工作中應有的自主權程度<br>任務應由個人還是小組來完成<br>部門經理間的相互聯繫程度 |
| 領導 | 管理者關心成員日益增長的工作滿意度<br>哪種領導方式更為合適<br>是否所有的分歧都應當消除 |
| 控制 | 是允許成員控制自己的行為還是施加外部控制<br>成員績效評價中應強調哪些標準<br>個人預算超支將會產生什麼後果 |

### 四、組織文化的學習

　　員工學習組織文化有多種方式，最為常見的能讓員工有直觀感受的方式包括故事、儀式、語言。

　　故事。故事是對重要事件或任務的陳述。每一個組織，都會有一些先進事跡，這些事跡能夠以生動的形式說明組織看重的是什麼，體現出組織的價值觀。順豐速運公司有著我們多數人所熟知的故事：一位順豐快遞員因與一輛轎車發生剮蹭，被車主連扇數個耳光，順豐創始人王衛在朋友圈發文稱，「如果這事不追究到底，我不再配做順豐總裁！」在順豐上市敲鐘的儀式中，被打的快遞小哥再次現身，這一次他是被王衛邀請而來，成為敲鐘的嘉賓之一。這個故事向員工、向外界傳遞出的就是順豐的價值觀——關愛員工。

**管理實踐 2-3**

COSTCO 的故事

在 COSTCO 的超市裡，賣著卡爾文‧克萊因的牛仔褲，當時的定價是 29.99 美元。後來，公司採購了另外一批同樣的牛仔褲。由於採購量大，成本非常低，如果 COSTCO 繼續賣 29.99 美元，全部賣出去應該沒有任何問題。因為當時牛仔褲風靡一時，而且它的競爭對手也賣相同的價格。

但是，COSTCO 當時對客戶承諾的加價策略是：最高加成幅度不能超過 14%。如果按照 14% 來算，這批牛仔褲只能賣到 22.99 美元。其實，客戶是不知道採購成本的，賣 29.99 美元沒有任何問題。但是，COSTCO 還是履行了對客戶的承諾，每一條牛仔褲少賣了 7 美元，總體上少賺了 2,800 萬美元。這是關於信守承諾的故事。

COSTCO 公司最早創立於 1983 年，總部設在美國西雅圖，1993 年和另一家會員制批發零售連鎖店 PRICE CLUB 合併。2009 年，COSTCO 成為美國最大的零售連鎖店，銷售額達到 710 億美元，純利潤達到 10 億美元；2019 年，COSTCO 在《財富》世界 500 強企業裡排行第 35 位。2019 年 COSTCO 實體店正式入駐中國內地，註冊商標並不是我們熟悉的「好市多」，而是「開市客」。

資料來源：根據網路資料整理。

　　儀式。儀式是在一個特殊時點進行的有計劃的活動。儀式是一個特殊的場合，通過形式選擇、程序安排進一步強化了組織看重的行為，用激動人心的方式傳遞組織的價值觀。2018 年華為在深圳總部舉行了盛大莊重的儀式熱烈歡迎來自土耳其的貴賓——5G 極化碼（Polar 碼）之父阿里坎（Erdal Arikan）教授並為之頒獎。在儀式開始之前，包括任正非在內的華為最高管理層，為了迎接阿里坎，在原地足足站了十分鐘。這不僅僅是對阿里坎教授本人的尊重，更是對科學技術的尊重。

　　語言。在很多組織中，語言成為識別和團結成員的方法。每個組織都會有其表達特殊意義的口號、符號、行話、縮略語等。口號是一個短語或句子，如華為的口號「做民族通信企業的脊梁」，簡潔地表達出華為公司的一個關鍵價值觀，向員工傳遞出特殊的意義。符號可以被視作一種豐富的、非語言的「語言」，行話、縮略語則是組織的專有語言，他們都能生動傳達出組織成員相互聯繫、打交道的方法。

# 第三節　管理道德與企業社會責任

　　一個營利性的組織，其活動目標就是獲得競爭優勢賺取利潤，沒有利潤也就無法生存。不同的組織在尋追求利益的過程中，在自身利益和他人利益之間做著不同的選擇。有的組織專注於利益目標，並不在乎是否對其他組織的利益造成影響；有的組織則在追求自身利益的同時，也會顧及消費者、供應商以及公眾的利益。有人可能認為專注於利益目標的組織是不道德的，雖然實際情況不是那樣，但所有組織的管理者的確都會面臨道德問題與困惑。例如，醫藥行業往往處於「救世」與「利益」之間的矛盾：醫藥企業前期投入了大量的資源用於新藥開發，但新藥的專利期

都是有限的，自然導致企業必須要通過制定一個較高的新藥價格來獲取可持續發展的資金和利潤。同時，很多中低收入的人群希望通過藥物來延長壽命提高生存質量，幾片化學藥片用「天價」來賣的企業對於他們而言自然是不道德的。對於管理者而言，需要他們在利益和道德之間做出權衡。

## 一、利益相關者

利益相關者（stakeholder）是受到組織決策和行為影響的組織環境中的各個群體。這些群體的利益會受到組織決策的影響，反之，它們也會影響到組織。利益相關者和組織之間存在著相互交換的關係。例如股東為組織活動提供資金支持，承擔著財務風險，他們要求的是組織通過持續盈利帶來投資回報；員工為組織提供知識、技能與服務，期望獲得薪酬、職位、穩定的工作等；政府為組織提供行政服務、法律保障，為的是讓企業守法經營、增加就業、繳納稅款。一個組織常見的利益相關者如圖2-3所示。

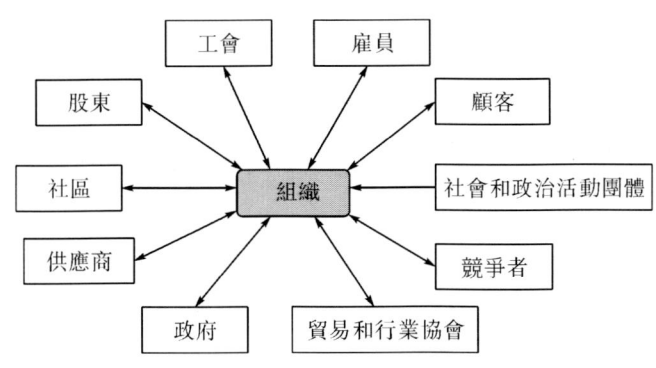

圖2-3　組織的利益相關者

管理者應重視利益相關者的利益，將利益相關者的要求和期望體現在組織的決策過程中，這樣做的結果是組織環境趨於穩定、利益相關者更大程度的信任、更多成功的創新等。如果組織忽視了或破壞了利益相關者的期望，這些群體可能會採取背離組織的行為，引起雙方或多方的衝突，破壞組織的活動，損害組織的績效。研究表明，高績效公司的管理者在做決策時傾向於考慮所有利益相關者的利益。

## 二、管理道德

道德（ethics）是一套關於是非原則和價值觀的準則。當個人或組織的行為使其他人受益或受損時，道德問題可能就產生了。圖2-4將道德行為與法律行為、自主決策行為進行了對比。根據受支配的對象不同，人的行為可以分成三種類型：法律類型、自主決策類型和道德類型。法律類型是由法律支配著個人和組織的決策，如個人需要繳納個人所得稅，企業需要繳納增值稅。自主決策類型是指行為不在法律規定的範圍內，個體或組織完全可以自主選擇。個人可以有權決定選擇哪家公司就職，公司也有權決定接收哪個應聘者。前兩種類型中間的部分就是道德類型。這一

部分的行為雖然沒有明確的法律規定，但有關道德行為的共同準則和價值觀會指導個人和組織的行為。例如，「3Q 大戰」事件中，兩家公司各自採取的打擊對手的行為都沒有對用戶進行意見徵詢，儘管沒有觸及法律，卻是與公司道德相違背的。因此，個人或組織的行為沒有觸及法律並不意味著符合道德準則。

```
    ┌─────────┬─────────┬──────────┐
    │ 法律類型 │ 道德類型 │ 自主決策類型│
    │(法律標準)│(社會標準)│ (個人標準) │
    └─────────┴─────────┴──────────┘
    ←―――――――――――――――――――→
    高         顯性控制的數量        低
```

圖 2-4 人的行為類型

管理道德（managerial ethics）即指在管理領域內所涉及的是非規則和準則。道德問題多數情況下都十分複雜，因為人們對於道德程度高低的判斷不盡相同，有時往往相去甚遠。儘管大部分的組織都有行為準則，但關於行為對錯的分歧大量存在，此時，就出現了道德困境（ethical dilemma）。例如，一名公司的銷售經理在餐廳中無意識聽到了關於公司潛在大客戶的個人隱私，為此他深深糾結於是利用該信息爭取這位客戶還是忽略這信息。該如何選擇就涉及我們接下來要闡述的道德決策的判斷原則和影響道德決策的因素。

### 三、管理道德決策的判斷原則

大多數的道德困境均涉及部分需要與整體需要的衝突，具體表現在組織內部員工與企業之間，組織與整個社會之間。例如，通過搜索競價排名進行醫療信息的推廣對於百度公司的業績而言是有利的，但是醫療信息可以被推廣嗎？由於患者沒有能力辨別醫療信息真偽，完全依賴於搜索引擎以及其他外在信息判斷，加之搜索引擎推廣醫療信息不需要核查其真偽，這兩點必然導致大量品質低劣的醫療服務提供者奔向搜索引擎以提升知名度。這是百度公司所面對的管理道德問題。面對道德問題的決策，管理人員所持有的道德決策的判斷原則起著指導作用。道德決策的判斷原則就是通常我們所說的倫理觀，一個組織的道德決策判斷原則通常都能較為清晰地反應出在該組織文化中所蘊藏的價值觀、態度、信念、語言以及行為模式等。與管理人員有關的四種道德決策判斷原則分別是功利主義觀、道德權利觀、公正合理觀及實踐觀。

功利主義觀。19 世紀哲學家杰里米·邊沁（Jeremy Bentham）和約翰·斯圖爾特·密爾（John Stuart Mill）支持的功利主義觀（utilitarian approach）認為，能為最多數的人帶來最大的好處是合乎倫理的行為。簡單來說，功利主義觀支持根據利益最大化原則來制定決策。接受功利觀的管理者可能認為解雇 20% 的工人是正當的，因為這將增強組織的盈利能力，使餘下的 80% 工人的工作更有保障及符合股東的利益。

道德權利觀。道德權利觀（moral rights approach）認為，人類享有不能被個人決策所剝奪的基本的權利和自由。因此，合乎管理道德的決策應尊重和保護組織成員的基本權利，包括隱私權、自由選擇權和言論自由。持有道德權利觀的管理者不

太可能在員工的電腦上安裝監控軟件，不會限制員工對組織決策進行批評。

公平合理觀。公正合理觀（justice approach）認為，合乎管理道德的決策必須建立在公平、公正原則的基礎上。一般而言，應該公平地分配收益，公正地執行規則，並補償那些因為不公平或歧視所受到的損失。管理者應該注意三個方面的公正：一是分配公正。強調基於績效公平地進行獎勵和處罰。但這並不意味著每個人都會得到相同或平等的獎賞或懲罰，而是根據他們對組織目標貢獻大小給予公平的獎懲。合乎管理道德的決策應該是對兩個做同樣工作，且工作效果沒有差別的員工，不能因為性別、年齡、宗教或種族等不同而在薪酬上差別對待。二是程序公正。管理者應獲得受決策影響的人對決策過程與規則的認可，並且要公正地貫徹執行規則。與分配公正一樣，同樣不能有所歧視。三是補償公正。強調如果分配公正與程序公正沒有做到或者沒有很好執行，那麼受到這種不公正分配或程序傷害的人應該得到補償。這種補償常常採用金錢的形式，但也可以採取其他形式。

實踐觀。前述的三種道德觀都告訴我們，從道德層面什麼是「正確的」。但實際上，道德問題通常沒有明確的、眾口一詞的解答。實踐觀（practical approach）迴避對錯爭論，而是根據盛行的專業和社會標準來做決定。在應用實踐觀時，管理者會同時運用其他多種道德觀，如功利主義觀、道德權利觀以及公正合理觀來進行決策。一位商業道德領域的專家建議管理者在遇到道德困境時，就以下五個問題思考自己的答案。問題包括：這麼做對我有意義嗎？什麼樣的決策能為最多數的人謀得最大的福利？這個決策應用了哪些規則、政策或社會規範？我對他人負有哪些責任？這對我以及重要的利益相關者有什麼長期影響？這些問題就涵蓋了剛剛討論的多種道德觀。

## 管理背景 2-1
### 亞當‧斯密的道德情操論

亞當‧斯密（Adam Smith）一生都認為他的《道德情操論》比《國富論》更重要，更能代表他一生的追求。他在書中論述，道德感是人類本能，其基礎是他所定義的 compassion（同胞感情）：看到別人痛苦，我們自己也會感同身受；看到別人幸福，我們也會為別人的好運而高興起來。人是社會生物，有能力分享別人的快樂、悲哀、愉悅和傷痛。compassion 其實就是孟子所說的四端：「惻隱之心，仁之端也；羞惡之心，義之端也；辭讓之心，禮之端也；是非之心，智之端也」。道德的緣起，東西同理。

按照亞當‧斯密的論述，良心的來源是心裡有一個旁觀者在小聲告誡自己，這個旁觀者就是社會屬性的自我：「當我努力審視自己的行為，當我努力對自己的行為做出判斷並表示讚許或譴責的時候，在這種場合，我設想自己被分成了兩個人，一個我是觀察者與評判者，另一個我是被觀察和被評判者」。具有道德感的人類本質上是分裂的自我，通過良心的連接作用，分裂的自我結合成為一體，成為一個真正完整的人。

亞當‧斯密認為政府與法律的首要職責是懲惡，「讓那些人服從官方機構的權威而不敢互相侵害或破壞別人的幸福」。懲惡之後，才談得上揚善：「即使在沒有適

當的法律提供保護的情況下，無論在什麼方面都不侵害、不破壞我們鄰人的幸福，這種神聖而虔誠的尊重，構成了完全清白而正直的人格……如果在某種程度上還表現出了對他人的關懷，就會獲得高度的尊重甚至崇敬，並且幾乎必定伴隨其他各種美德，例如對他人的深切同情、人道的慈善和高尚的仁愛」。

資料來源：根據網路資料整理。

### 四、影響管理道德決策的因素

當組織成員面臨道德困境時，中間需要經歷一個非常複雜的過程，有許多因素會影響其道德選擇，具體包括道德發展階段、個人特徵、組織結構、組織文化、問題強度等（圖2-5）。

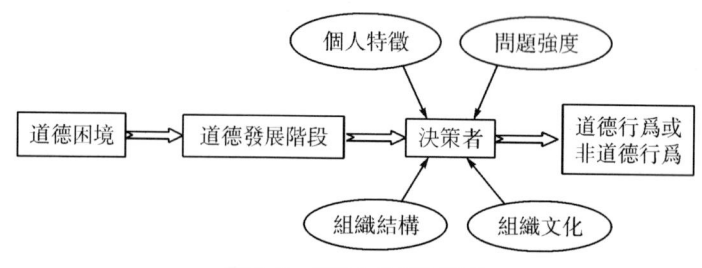

圖2-5　影響人的行為類型

1. 道德發展階段

現有的研究將道德發展分為三個層級。第一層級是道德前慣例水準，對錯選擇的出發點是個人的利益，人們會考慮外部的獎勵和懲罰，往往會趨利避害。第二層級是道德慣例水準，人們會按照同事、家人、朋友和社會的期望來行事，履行社會義務。第三層級是道德後慣例水準。在這個水準上，人們的行為受內在的價值觀和標準支配，這些價值觀和標準建立在普遍的公正和正確原則的基礎上。個人價值觀比他人的期待更為重要，當價值觀有悖於規則和法律時，也會做出合乎道德的決策，甚至不論這些行為給組織帶來的結果如何。絕大多數的管理者處於第二層級，這就意味著他們的道德決策在很大程度上受到上級、同事以及其他重要人物的影響。還有部分管理者迄今還沒有超越第一層級，少數管理者處於第三層級。

2. 個人特徵

每個人都有著自己的價值觀和人格。每個人在進入組織時，都有一套相對穩定的個人價值觀。個人價值觀是習得的結果，是家庭教育、學校教育和社會教育的結果，因此，組織成員通常擁有不同的價值觀。自我強度和控制點是兩個重要的人格變量。自我強度用來度量個人的信念強度。一個人的自我強度越高，遵守內心信念的可能性越大，更加可能會做他們認為正確的事。控制點用來衡量人們相信自己主宰自己命運的程度。根據控制點的位置，可將人的人格分為內控型和外控型。內控型相信自己的能力，選擇權在自己手中；外控型則是認為運氣或機遇影響著事情的進展，而不是自己的力量。因此，內控型的人更可能對後果負責並依據自己的是非標準來指導其行為。

3. 組織結構

組織的結構設計也會影響道德決策。組織通過明確的規則、工作流程、匯報關係告訴員工什麼行為是對的，以此促使道德行為的產生。除此之外，組織目標、組織績效考核系統與組織的評價系統都會影響著組織成員的道德決策。如果組織績效評價更注重於結果，不注重手段的話，組織成員可能會迫於壓力，採取非道德的手段去實現高績效的目標；如果組織的獎賞制度與績效考核目標緊密關聯，可能會加大決策中的道德風險。

4. 組織文化

組織文化的內容和強度也會影響道德決策。組織文化是由共享的價值觀組成，這些價值觀構成了組織成員進行道德決策的內部環境，尤其是當組織文化是強文化時，價值觀對於員工的道德行為將產生強大的作用，因此，很多組織都在進行基於價值觀的管理，利用組織的價值觀引導員工的行為方式。

5. 問題強度

前文提到之所以存在道德困境，是因為人們在很多問題及其結果上看法並不一致。分歧主要在於是否涉及道德問題或問題強度大小。問題強度就是指人們把一個問題看成是道德問題的程度。問題強度由六個因素組成，包括傷害的巨大性、對錯誤的共識、傷害的可能性、結果的即時性、與受害者的接近度和影響的集中度。當六個因素分別表現為被傷害的人會更多、對行為錯誤的共識會更多、傷害的可能性會更大、行為後果會更快速顯現、感覺距離受害者更近、行為對受害者的影響更集中，那麼問題強度就更高，員工更可能會做出合乎道德的決策。

**五、企業社會責任的含義與層次**

企業有各種各樣的利益相關者，包括現有的股東、顧客、員工、特定的社區以及社會組織等。一般來講，這些利益相關者都對企業有所期望，但彼此很難保持一致。在許多情況下，這些期望甚至是相互衝突的。例如，股東可能希望企業能給予自己最大的投資回報，而當地社區則可能希望企業更多地參與公共事務，增進社區的福利。企業到底對股東或其置身的社區有多大的義務呢？企業是否必須關注除了自身經濟利益之外的事務？企業參與社會事務是否影響企業的收益？企業對非經濟事務負多大的責任？類似這些問題都聚焦在企業社會責任上。企業社會責任（corporate social responsibility）是指企業在做出管理決策時有責任保護和促進整體社會福利。

社會責任可具體分為四個層次，如圖 2-6 所示。第一層次為企業的經濟責任。商業機構是社會最基本的經濟單元，它的責任就是為它的所有者和股東實現利潤最大化。這一觀點最著名的倡導者是經濟學家和諾貝爾獎獲得者米爾頓·弗里德曼（Milton Friedman）。他認為管理者的首要責任是以最符合股東利益的方式經營企業，而股東主要考慮的是財務利益，他沒有說組織不應該對社會負責，但是之所以承擔責任，還是為了股東利益。第二層次為法律責任。企業應當在法律框架內達成它們

的經濟目標，如果企業明知故犯，那它在法律責任方面就不是一個好的踐行者。第三層次是道德責任，是為了滿足那些並沒有寫在法律條文中的社會期望。正如本章之前所提到的，要做到合乎道德，組織決策者必須公平、公正地行事。第四層次是自主決策責任，這是社會責任的最高層次。企業按規定的價值觀和社會的希望而採取的額外行動，例如投入慈善事業、改善社區環境等。

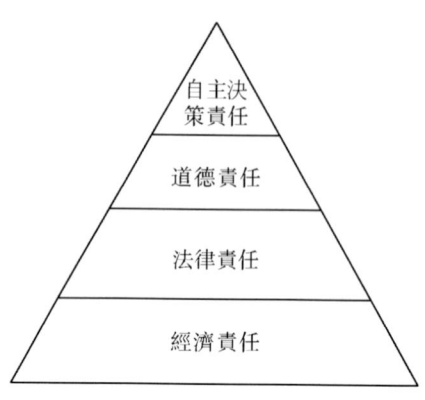

圖 2-6　企業社會責任的層次

### 管理背景 2-2

美國天普大學（Temple University）教授商業道德的羅伯特·賈卡隆（Robert Giacalone）認為，21世紀的教育必須幫助學生超越自我利益。他說，真正的教育是給學生留下一份高於底線的遺產，這才是卓越的教育。卓越的教育（transcendent education）有五個更高的目標，以平衡自身利益和對他人的責任：

1. 同理心——從潛在受害者的感受來審視你的決定，獲得智慧。
2. 普適性——學習如何給予和接受，包括對當下其他人和將來的後代。
3. 互惠——視成功為共同成就，而非僅是個人的。
4. 公民意願——不僅要思考「不可以」（例如謊言、欺騙、偷盜、殺戮），更要思考積極貢獻。
5. 對非人性零容忍——公然反對不道德行為。

資料來源：R. Giacalone. A Transcendent Business Education for the 21st Century [J]. Academy of Management Learning & Education, 2004（4）：415-420.

### 六、企業參與社會活動的利弊之爭

雖然有很多人支持企業參與社會活動，但反對者也大有人在，如表 2-4 所示。現在越來越多的企業都投身於社會活動中，整個社會的期望也越來越傾向於企業這樣做。因此，考慮到社會參與的政治和社會壓力，管理者可能需要在計劃、組織、領導和控制時把社會問題和目標納入決策的範圍。

表 2-4　企業參與社會活動的利弊

**支持企業參與社會活動的理由**

1. 公眾的需求發生變化，導致期望值的改變。因此建議，既然企業經營得靠社會的認可，那麼它應該對社會的需求做出反應。
2. 創造更好的社會環境對社會與企業雙方都有利。社會因良好的鄰里關係和就業機會而獲益；企業則從一個良好的社區中得益，因為社區既是企業勞動力的來源，又是享用其產品與服務的顧客來源。
3. 企業參與社會活動抑制了政府法規和干預，其結果是使企業決策有更多的自主權和靈活性。
4. 企業擁有大量的權力，本應承擔相應的責任。
5. 現代社會是一個相互依存的系統，企業的內部活動對外部環境會產生影響。
6. 企業參與社會可能符合股東利益。
7. 問題有可能轉化為利潤。那些一度被視為廢品的東西（如軟飲料盒、空罐）可以變廢為寶。
8. 企業參與社會活動塑造出一個好的公眾形象，使其能吸引顧客、員工和投資者。
9. 企業應該設法去解決其他機構無法解決的問題，畢竟企業是與創新思路一起成長起來的。
10. 企業擁有各種資源，應該利用其人員，尤其是有才干的經理人員和專家以及資金資源去解決一些社會問題。
11. 通過企業的參與來防止社會問題的發生，這比有了問題再治理更好，對長期失業人員進行幫助比對付社會騷亂更容易些。

**反對企業參與社會活動的理由**

1. 企業的首要任務是嚴格從事經濟活動以實現利潤的最大化，企業的社會化有可能降低經濟效益。
2. 歸根究柢，社會必須因企業的社會參與付出很高的代價。參與社會活動可能會使企業負擔過量的成本，從而使企業無法調配資源用於社會性活動。
3. 企業參與社會活動可能造成國際收支平衡能力下降。按照推論，企業實施社會計劃的費用會被加到產品價格中去，這樣，在國際市場上從事銷售的公司就會處於不利地位，而與它們競爭的其他國家的公司卻不必承擔這類社會成本。
4. 企業擁有足夠的權力，而額外的社會參與會進一步增強其權力與影響。
5. 企業界人士缺乏處理社會問題的技能，他們所接受的培訓和經驗與經濟密切相關，因此，他們的技能不一定適用於處理社會問題。
6. 目前缺乏企業對社會應負的相關責任，除非這些社會責任得到完善，否則，企業不應該參與社會活動。
7. 缺乏對參與社會活動的權力支持，因而，持有不同觀點的團體組織間會產生摩擦。

資料來源：孔茨，等. 管理學：國際化與領導力的視角：精要版［M］. 9 版. 馬春光，譯. 北京：中國人民大學出版社，2013：36.

## 管理背景 2-3

### 企業社會責任的衡量

1. 社會責任投資（SRI）

社會責任投資（Socially Responsible Investment, SRI）為因應永續經濟發展而生，指在投資過程中，除了傳統的財務指標外，整合社會正義性、環境永續性、財

務績效等道德性指標，穩定利潤分配的持續性與社會貢獻程度，讓 SRI 能夠同時達到財務性與社會性的利益目標。

在 SRI 的考量之下，投資者不再只追求「金錢利潤」，還要將社會公義與環境正義等納入投資決策當中，以確保永續發展。近年來，全球的 SRI 蔚為風潮，除了聯合國，還有全球永續投資聯盟（GSIA）的積極推動。

2. 環境、社會與公司治理原則（ESG）

ESG 原則或 ESG 因素意指「環境、社會和公司治理」（Environmental, Social and Corporate Governance, ESG），可視作評估企業健全狀態與穩定程度的指標。

過去，企業多是以財務表現進行評估，而在環境意識高漲的今日，人們對於經濟發展與資本主義的反思，也使得企業經營者開始關注公司經營上不同層面的問題，並將其納入考量——包括環境、社會文化與公司內部治理等各個面向，ESG 原則也愈來愈受重視。現在，ESG 原則不僅對於企業經營的聲譽有一定的影響，更是投資者在判斷企業穩定程度以及選擇投資對象時的重要參考，期許企業在參與公益與慈善活動之外，更能在投資之始就將其對於環境的衝擊、員工與利害關係人的福祉以及可能對社會帶來的外部成本納入評估。

3. GRI 永續報告綱領

GRI 為「全球報告倡議組織」（Global Reporting Initiative）的縮寫，成立於1997年，由美國的非政府組織「喜瑞士」（Coalition for Environmentally Responsible Economies, CERES）和聯合國環境規劃署（United Nations Environment Programme, UNEP）共同發起。

全球報告倡議組織（GRI）自 2000 年發布第一個版本的《永續報告指南》(Sustainability Reporting Guideline) 之後，便成了企業與上市公司每年在編製企業社會責任報告書的主要準則。目前，GRI 永續報告綱領已成為標準化準則（GRI Standards）。

4. 美國道瓊斯永續指數（DJSI）

美國道瓊斯永續指數（Dow Jones Sustainability Index, DJSI）為目前在國際上最具公信力的企業永續評比，以 ESG 為原則，衡量企業的「可持續性」，評估企業能否在創造商業利益的同時，隨著環境調整計劃與決策方向，兼顧公司治理、環境正義與社會公義。

道瓊斯永續指數每年評比全球 26 個國家的 2,500 家公司，在 59 個產業類別中找出表現最佳的前 10% 企業。

# 本章小結

1. 外部環境是指組織外部影響組織績效的因素，具體又可以將其劃分為兩個組成部分，即一般環境和具體環境。一般環境是間接影響組織績效的外部因素，包括經濟因素、政治因素、社會文化因素、自然因素、法律因素、技術因素等。具體環

境則是直接影響組織績效的外部因素，與組織的關係更密切，通常包括競爭對手、供應商、顧客等因素。

2. 環境的不確定性取決於環境的變化程度和複雜程度。穩定和簡單的環境是相當確定的，越是動盪和複雜的環境，其不確定性越大。

3. 組織文化是由組織成員共享的一系列價值觀、信仰和規範。組織文化可以分為三個層次：物質層、表達出來的價值觀、基本原則和假設。

4. 組織文化也有強弱之分，即強文化和弱文化。強文化是價值觀被廣泛和深度共享的文化，相對於弱文化，它可以極大地影響員工的思維方式和行為。

5. 利益相關者是受到組織決策和行為影響的組織環境中的各個群體。管理者應重視利益相關者的利益，將利益相關者的要求和期望體現在組織的決策過程中。

6. 管理道德是指在管理領域內所涉及的是非規則和準則。與管理人員有關的四種道德決策判斷原則分別是功利主義觀、道德權利觀、公正合理觀及實踐觀。

7. 有許多因素會影響管理者的道德選擇，具體包括道德發展階段、個人特徵、組織結構、組織文化、問題強度等。

8. 企業社會責任是指企業在做出管理決策時有責任保護和促進整體社會福利，具體分為四個層次，即經濟責任、法律責任、道德責任和自主決策責任。

## 關鍵術語

外部環境（external environment）　環境的不確定性（environment uncertainty）
組織文化（organizational culture）　利益相關者（stakeholder）
管理道德（managerial ethics）　企業社會責任（corporate social responsibility）

## 複習與思考

1. 分析某一產業的外部環境。
2. 試對某一產業的環境進行不確定性分析。
3. 組織文化對管理有什麼影響？
4. 如何學習組織文化？
5. 影響管理道德決策的因素有哪些？
6. 你認為企業應該如何承擔社會責任？

# 案例分析

## 美團的首份企業社會責任報告

截至 2018 年年底，美團服務 4 億用戶，涵蓋餐飲、外賣、酒店旅遊、休閒娛樂、共享單車等 200 多個品類，業務覆蓋全國 2,800 個市縣區。2019 年年初，基於「交易型超級應用」這一開創性的商業模式，美團榮登美國知名商業雜誌《Fast Company》「2019 年全球 50 家最具創新力企業」榜單首位。這也是亞洲企業首次獲得此殊榮。數據顯示，2018 年，平均每兩位中國網民中，就有一位通過美團的平臺進行消費。美團的使命是「幫大家吃得更好，生活更好。」公司創始人兼 CEO 王興表示，美團的發展離不開時代的眷顧，因此更應當責任在肩，為中國經濟的高質量發展貢獻一分力量。

### 創新是美團的核心

美團外賣已成為中國老百姓離不開的一種就餐方式，數據顯示美團外賣日完成訂單量最高已突破 2,500 萬單。根據中國科學院大學網路經濟與知識管理研究中心的研究測算，美團外賣每單能夠為消費者節省餐廳往返的路途時間以及餐廳等餐時間約 48 分鐘。過去 5 年，外賣行業通過技術創新，將「民以食為天」變得越來越高效和便捷。美團外賣作為以「互聯網+餐飲」為基礎發展出來的新型業態，有效解決了居家養老、假期托幼等場景的就餐問題，讓大家吃得更好成為可能。

除了外賣，消費者還可以通過美團的在線訂位、掃碼自助點餐等功能，享受多種貼心便捷的消費體驗。大眾點評通過海量的分享信息推出的「必吃榜」「必逛榜」「必玩榜」「必住榜」，讓消費者能夠找到真正高品質的產品與服務。「黑珍珠餐廳指南」更將中國美食文化的傳承和創新發揚光大。

### 帶動 1,960 萬個就業機會

2018 年，美團帶動勞動就業機會 1,960 萬個，其中包括 270 萬個配送就業機會，也帶動商戶就業機會 1,600 多萬個。通過對傳統行業的服務和數字化改造，美團促進了外賣騎手、美業培訓師、育嬰師、汽車美容師、試吃官等新職業的出現，為生活服務業創造了大量的新就業崗位和形態。

2018 年，超過 270 萬騎手在美團外賣獲得收入，比 2017 年的 220 多萬增加近 50 萬。而這些騎手中，75% 來自農村，31% 的騎手來自去產能產業工人，這證明美團平臺有效地解決了產業轉型升級帶來的就業問題。

據美團外賣數據顯示，美團外賣騎手的工資收入也高於傳統製造業收入，而且時間上相對自由。其中美團外賣自營騎手收入最為可觀，收入多在 6,000~8,000 元。不錯的收入，也讓 54% 的騎手在 2018 年生活有了可喜的變化。

與此同時，美團還積極打造數字職業技能培訓公共服務平臺，開設了餐飲學院、袋鼠學院、美酒學院、麗人美業學院、親子商學院等多個職業培訓平臺，為生活服務業從業人員提供專業化、體系化的培訓資源。目前，美團擁有超過 700 位專業講

師，累計培訓超過1,100萬人次，提升了行業人才素質。

變化不僅僅出現在用戶和騎手身上，作為美團生態鏈的重要組成部分，580萬合作商戶也從美團的供給側數字化升級中得到新價值。美團提供行銷、配送、IT、供應鏈、經營和金融六大服務，提升商戶管理水準和盈利能力，促進實體經濟和數字經濟融合發展。

**多維度構建社會企業**

王興說：「上市意味著成為一家公眾公司，意味著更大責任。作為平臺型互聯網企業，我們不能僅僅用法律、義務這樣的底線來要求自己，而是要更加自覺、更加主動地承擔社會責任，創造社會價值，構建一家社會企業。」美團以科技創新的方式踐行這樣的理念。美團研發了「天網」「天眼」系統，即「入網經營商戶電子檔案系統」和「餐飲評價大數據系統」。目前，「天網」「天眼」系統已完成了與上海、深圳等多個重點城市監管部門的數據對接，通過大數據分析發現問題餐廳，同步移交給相關主管部門，準確率達90%以上，有效提升了食品監管部門的監管水準。

從行業到社會，美團在社會責任參與上不設邊界。為推動解決外賣行業環保問題，美團在2017年7月正式發布了外賣行業首個關注環境保護的行動「青山計劃」。扶貧也是美團社會責任中不可或缺的。全國832個貧困縣中，美團外賣平臺騎手覆蓋781個，覆蓋率高達94%。美團的社會責任觀已經深入到員工、騎手以及合作商家、生態夥伴的理念和行動之中。作為美團生態鏈的重要組成部分，美團外賣騎手以「外賣俠」著稱。2018年，美團外賣騎手協助挽救了40條生命，撲滅10起火災，幫助10位走失兒童重回父母懷抱，參與17次臺風、暴雨、泥石流等災害救援或災後重建工作。

資料來源：根據網路資料整理。

**思考題：**
1. 根據資料對美團履行企業社會責任的行為進行評價。
2. 美團可以在哪些方面做得更好？

# 第三章
# 管理思想的演變

## 學習目標

1. 描述早期管理的一些例子
2. 解釋古典方法中的各種理論
3. 討論行為方法的使用和發展
4. 描述定量方法
5. 解釋當代管理理論

## 引例

### 科學管理和福特 T 型車

在 19 世紀末 20 世紀初，汽車是奢侈品，只有富人才能買得起。工匠把整個汽車的所有零部件都放在工廠地板的某一處進行組裝。亨利‧福特認為，這些工人並不專業，為找到生產汽車所需的部件，工人們浪費了許多時間和精力。通過使用科學管理原則，福特創造了革命性的汽車製造方法。經過大量的研究，福特新工廠的機器和工人被安排得井然有序，這樣汽車可以沿一條移動的生產線進行組裝而中途不用間斷，機械能量和傳送帶把所需組裝的部件帶到工人面前。零件製造同樣是革命性的。例如，一名工人以前要花 20 分鐘來組裝一臺飛輪磁電機。通過將工作分解成 29 個不同的動作，把產品放在機械輸送帶上，並調節傳送帶的高度，福特把生產時間減少到 5 分鐘。到 1914 年，底盤裝配時間從將近 13 個小時縮短到 1.5 個小時。新的生產方法需要完全的標準化、新機器以及相應的勞動力。隨著成本的大幅下降，福特 T 型車成為第一種大多數美國人都能買得起的汽車，並主導這一行業多年。

資料來源：根據網路資料整理。

管理思想的正確與否，直接關係到各項管理活動的效率和效益。管理思想發展演化背後的動力在於對更好的組織資源利用方式的探索，在管理者和研究人員找到了完成管理任務的更好方法時，管理理論就得到了發展。管理者通過回顧管理思想史，可以更好地瞭解管理思想的不同方法，掌握其隨著時間變遷的發展脈絡；可以使管理者從他人的失敗中吸取教訓，防止再犯這些錯誤；可以從他人的成功中學到方法，從而在合適的情境中取得成功。圖 3-1 是管理思想的發展脈絡，圖 3-2 是管

理方法的發展演變。

```
公元前3000年        1911—1947年    18世紀後期到      20世紀40年代    20世紀60年代
到公元1776年                      20世紀50年代     到50年代       到現在
  早期的管理         古典方法         行為方法         定量方法        當代方法
```

圖 3-1　管理思想的發展脈絡

```
歷史背景 ── 古典方法 ── 行為方法 ── 定量方法 ── 當代方法
  │          │           │           │           │
 早期管理   科學管理      霍桑實驗     管理科學     系統理論
  │          │           │           │           │
 亞當·斯密   一般管理     人際關係     全面質量     權變理論
  │          │
 工業革命   官僚行政組織
```

圖 3-2　管理方法的發展演變

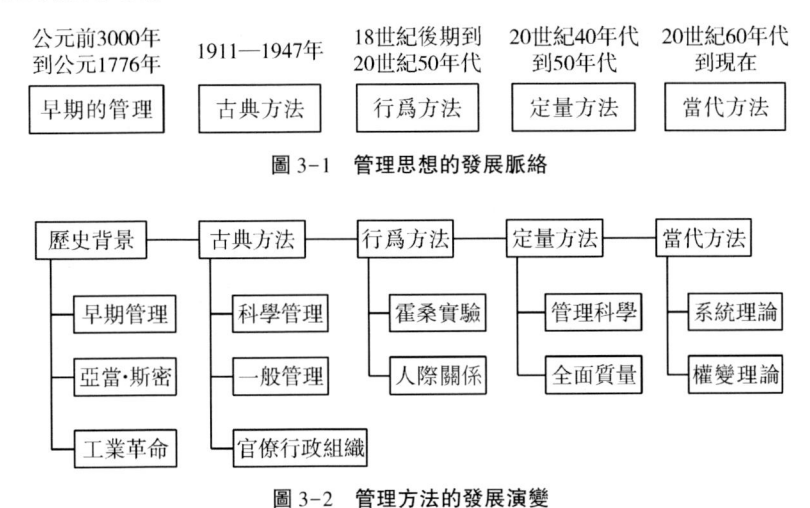

## 第一節　早期的管理思想

### 一、中國古代的管理思想

中華民族是一個歷史悠久的偉大民族，無論是在古代、近代還是現代，中國優秀的管理思想光彩奪目。翻開浩瀚的史卷，中國古代關於管理的論述比比皆是，《論語》《孫子兵法》《資治通鑒》等著作中對管理的精彩論述，至今備受世界各國管理學界的重視。遺憾的是，中國的管理思想與實踐缺少系統的整理和提高，沒有像西方那樣形成系統的理論。

孔子主張重義輕利，要「知命」「安貧」。老子、莊子主張寡欲，對財富要有知足感。孟子認為，勞動分工是非常重要的，一個人什麼事都自己去做，就會疲憊不堪。而通過「通工易事」，以自己之有餘以換不足，則大家都受益。孟子進一步把勞動分工加以引申，得出「勞心者治人，勞力者治於人」的結論。荀子認為：人的需求是無止境的，需要用禮來調節；人類生產要滿足群體的慾望，就必須分工；富國必須富民，「下貧則上貧，下富則上富」。

很多現代的管理專家認為，相傳為周公所著的《周禮》就是一個真正的科層組織的典範。書中詳盡地描述了每一個級別官員的具體工作，闡明了高級官員的權力和義務，並根據專業化（最根本的是其技術含量）的程度做出了工作分工，以及根據業績（技術能力）給予提拔或晉升。周公還給出了一些成功管理的重要原則，探討了個人品質的問題，如謹慎、節儉、自省、果斷決策和堅持原則的必要性，提拔下屬的重要性等。

我們的祖先很重視運籌與決策，在長期的生產、戰爭實踐中形成了較完整的運

籌與決策思想體系。早在公元前6世紀，中國將領孫武寫到將他的軍隊細分，官員分等級，運用鑼鼓、旗幟、火做為信號進行溝通，孫武主張上陣前進行漫長的討論和制訂深入的計劃，「凡事預則立，不預則廢」。

中國古代有許多關於人類心理和行為的精闢學說。例如，關於人性，荀況認為「人之性惡，其善者偽也」，認為人的本性是惡的，即使有善的行為，那也是人為的。而孟軻則認為「人性之善也，猶水之就下也。人無有不善，水無有不下。今夫水，搏而躍之，可使過顙；激而行之，可使在山，是豈水之性哉？其勢則然也。人之可使為不善，其性亦猶是也」，認為人的本性是善良的，就像水向下流一樣；人之所以會干壞事，並非出於人的本性，而是由於環境的影響，就像擊水能使水躍起、堵水能使它倒流一樣。

在古代中國的治理中，領導風格也佔有重要的地位。除了運用成功的管理原則之外，高層官員要以仁愛的方式進行治理，以獲得民眾的支持。早在公元前16世紀左右，伊尹就提出了得天下必先行仁義之道，具備仁義之道方可教化別人等思想。領導者要保持權力乃至生命，最重要的是，要能與下屬和人民進行有效的溝通並獲得他們的支持。

**二、國外早期的管理思想**

幾千年來，管理者努力解決的爭議和問題，與當今企業高管所面臨的是一樣的。早在公元前5000年，蘇美爾人就通過保留稅收記錄、房地產和家畜清單，實施管理控制功能。

古埃及也能夠組織大規模的人力去進行我們後來稱為「管理」的協調活動。公元前2700年埃及人建造了金字塔。建造一座金字塔需要超過10萬人耗費大約20年時間。工地上必須有人計劃要做什麼，組織好人力和物力，確保那些建造者能夠完成工作，並施加控制保證一切按計劃實現。實際上，他們所做的工作就是管理。

在公元幾世紀甚至更早，羅馬人已經建立了組織嚴密、紀律嚴明的軍隊，保衛其廣袤的疆土。他們將士兵百人分為一隊，由百夫長管理，並向上層層編為更高級的團、軍級管理團隊。羅馬天主教採用了從教皇到普通教區神父的管理結構。

中世紀晚期（15—16世紀）威尼斯和佛羅倫薩等歐洲的一些城邦應用了「現代」的程序來管理一些活動。例如，當時威尼斯的一家大型造船廠很有效率地使用了標準化部件、存貨控制、原料成本分析等管理控制程序。在同一時期，馬基雅維利（1513年）出版了著作《君主論》。有人認為，這本書為統治者們統治其國家提供了投機和狡詐的管理手段。

1776年亞當·斯密（Adam Smith）出版了《國富論》一書，他認為組織和社會可以從勞動分工或工作專門化中獲得經濟優勢，即將工作分解為細小和重複性的任務。以大頭針行業為例，亞當·斯密認為，個人完成各自的工作，每天可以生產4.8萬個大頭針。然而，如果每個人單獨完成一整套任務，那麼每天做好10個大頭針就不錯了。斯密總結說，勞動分工通過增加每個人的技能和靈巧度，節省改變任務浪費的時間，通過節省勞動力的發明和機器來提高生產力。

這些管理思想和實踐都是在 18 世紀之前出現的，當時大部分組織規模小、結構簡單，還沒有必要去考慮工作方式、分工和協作等問題，絕大多數管理者在試錯基礎上進行管理。但是，18 世紀晚期的工業革命改變了這一切。由於在製造和運輸技術方面的重大進步，例如蒸汽機、軋棉機、鐵路網及大量供應的低技能勞動者，企業和工廠的規模變大，經營變得更加複雜，人們才開始廣泛地關注如何管理組織的問題。

**管理實踐 3-1**

**早期的勞動合同**

以下規則摘自 COCHECO 公司的記錄，是 19 世紀 50 年代典型的勞動合同條款。

1. 工作時間為從 3 月 21 日到 9 月 20 日，從日出到日落；在一年中剩下的時間裡，從日出到下午 8 點鐘。在前面提到的 6 個月裡，每天有 1 小時的午餐和半小時的早餐時間；在其餘的半年裡，每天有 1 小時的午餐時間。每個周六，工廠應在日落前 1 小時關掉機器，以便清潔設備。

2. 晚於工廠設備開始運轉後 15 分鐘到崗的人，應扣除 1/4 天工資；每個缺勤的人，若無絕對必要的原因，應扣除其缺勤期間應得工資的兩倍。

3. 不得以任何借口在工廠吸菸或飲酒。禁止攜帶堅果、水果等進入工廠，禁止在工作時間看書或者報紙。

資料來源：W. Sullivan. The Industrial Revolution and the Factory Operative in Pennsylvania [J]. The Pennsylvania Magazine of History and Biography, 1954 (78)：478-479.

## 第二節　古典方法

管理實踐可追溯到公元前 3000 年，但是對管理學的研究卻是近代的事情。誕生於 19 世紀的工廠制度面臨早期的組織從未遭遇過的挑戰，諸多方面的問題開始出現：如工廠使用什麼樣的工具、如何設計組織結構、怎樣培訓員工、如何安排複雜的生產運作等問題。種種新問題和複雜的組織發展都需要新的方法來協調和控制，古典方法（classical approach）是管理理論的開端，強調理性的重要性，關注如何使組織和工人盡可能提高工作效率。古典方法主要包括科學管理理論、一般管理理論和官僚組織理論。

**一、科學管理理論**

最先突破傳統經驗管理思想的代表人物是美國的弗雷德里克·泰勒（Frederick W. Taylor, 1856—1915）。1911 年，泰勒的著作《科學管理原理》出版，泰勒在書中提出的理論奠定了科學管理的理論基礎，標誌著科學管理思想的正式形成，泰勒也因此被稱為「科學管理之父」。

泰勒出生在美國費城一個富裕的律師家庭，以優異的成績考入哈佛大學，後因眼疾輟學。在 18 歲時，他成了費城恩特普里斯水壓工廠一名模具工和機工學徒，後加入費城的米德維爾鋼鐵公司。他由工人晉升為車間管理員、技師、技師組長、維

修工長、技工工長和總工程師。在這段時間,他從工人的角度來看待管理,發現工廠存在很多問題:工人偷懶、磨洋工、低質量的管理和惡劣的勞資關係等。泰勒堅信,只有通過嚴格的科學實驗才能找到更好的方法。他著迷於當時具有開創性的時間研究和工作分析,花費了 20 多年的時間孜孜不倦地尋求這些工作的最佳完成方法。著名的管理學家彼得·德魯克寫道:泰勒是歷史上第一個認真研究工作的人。

科學管理(scientific management)即是科學的方法確定工作的最佳完成方式。具體而言,科學管理理論主要有以下幾個觀點:

(1)科學管理的根本目的是提高效率。泰勒認為高效率是工廠主和工人共同富裕的基礎,它能使較高的工資與較低的勞動成本統一起來,從而使工廠主得到較多的利潤,使工人得到較高的工資。

(2)科學的管理方法是提高效率的重要手段。以生鐵搬運實驗為例,工人們將生鐵裝入火車車皮中,他們平均每天的工作量為 12.5 噸。然而,泰勒相信通過科學地分析工作來確定裝載生鐵的最佳方法,每天的工作量可以增加至 47 噸或 48 噸。通過給崗位配備合適的員工以及正確的工具和設備,讓員工嚴格遵循他的指令,並用明顯更高的日工資給予員工經濟激勵,泰勒成功達到了預計的產出水準。

(3)科學管理是一場重大的精神變革。泰勒認為管理的首要目的應該是保證雇主最大限度的富裕,以及每名工人最大限度的富裕。泰勒倡導勞資雙方不要將目光僅僅盯著如何分配盈餘,而是共同將注意力轉向擴大盈餘的規模。這樣一來,勞資雙方在考慮各種事項時就將基於雙方的「共同利益」。

根據以上觀點,泰勒在《科學管理原理》一書中提出了四條科學管理原理。

第一,確定每項工作的最佳方法。認真地研究和測量完成一項工作的每個任務和環節,然後根據所得數據確定完成此項工作所有流程的最佳方法。例如,從執行同一種工作的人中挑選身體強壯的工人,把他的工作過程分解為許多運作,用秒表測量並記錄完成每一個動作消耗的時間,留下合理的部分,省去或改進不合理的部分,制定出標準的操作方法。

第二,科學地選擇、培訓和提高工人。選擇最適合工作的人,例如對於搬運大鐵塊這樣的工作來說,泰勒認為的最佳人選就是那些身強力壯且具有責任感的人。對於非體力勞動工作來說,最佳人選是指那些最有能力完成某項具體工作的人。泰勒對經過選擇的工人用科學作業方法進行訓練,改變過去憑個人經驗選擇作業方法的落後做法,生產效率大為提高。

第三,實行差別計件工資制。按照作業標準和時間定額,規定不同的工資率。對完成和超額完成工作定額的工人,以較高的工資率計件支付工資;對完不成定額的工人,則按較低的工資率支付工資。

第四,把計劃職能與執行職能分離。泰勒把管理工作稱為計劃職能,把工人的勞動稱為執行職能。泰勒強調,讓工人同一時間既在現場做工又在辦公桌前制訂計劃是不可能的,需要一部分人先做出計劃,由另一部分人去執行。泰勒主張使用「職能工長」,每個職能工長負責一項不同的職責,這些職能工長將構建一個核心的「計劃部門」。

泰勒的思想在美國和其他國家流傳，鼓舞了其他人研究和發展科學管理方法。與此同時，一些工會開始擔心，如果廣泛地運用泰勒的方法，工人就有可能受到剝削，甚至美國國會都對此予以關注。泰勒堅持認為，通過採用科學管理原則提高產出效能是公司與工人雙方共同努力的結果，雙方都應該從效率的提高、產量的增加中獲得收益。

與泰勒同時代的科學管理理論學派的著名學者還有甘特（Henry L. Gantt）、弗蘭克·吉爾布雷斯夫婦（Frank and Lillian Gilbreth）等。

甘特曾是泰勒的同事，後來從事企業管理技術諮詢工作。他的重要貢獻之一是設計了一種用線條表示的計劃圖表，稱為甘特圖。這種圖現在常用於編製進度計劃。甘特還改善了計件獎勵系統，除支付日工資外，超額完成定額部分，再計件給獎金；完不成定額的，只能拿到日工資。這樣使工人的收入有保障，能夠激發他們的工作積極性。

吉爾布雷斯夫婦組成了一個富有成效的夫妻檔團隊。他們探究怎樣減少那些無效率的手部和身體動作，他們也對合適的工具和設備的設計與運用進行了實驗，以獲得最佳的工作績效。他們最著名的研究是砌磚實驗，他們通過仔細分析砌磚工人的工作，將砌外牆磚的動作數量由 18 個減少到 5 個，砌內牆磚的動作數量由 18 個減少到 2 個，使工人每天砌磚的數量從 1,000 塊增加到 2,700 塊。運用吉爾布雷斯的技術，砌牆工人更加高產，工作結束時的疲勞程度也減輕了。吉爾布雷斯夫婦還發明了一種精密的計時裝置，可以記錄工人的動作以及在每一個動作上花費的時間。肉眼看不到的無效率動作可以被觀測到，並予以剔除。他們的研究成果反應在 1911 年出版的《動作研究》一書中。

**管理實踐 3-2**

### 泰勒在 1907—1915 年間關於管理的演講

泰勒於 1905 年在費城邊建造了一座富麗堂皇的喬治亞風格宅邸，有著寬敞的房間和美麗的花園。1906 年，泰勒的身體開始變得虛弱，醫生建議他每天只工作兩個半小時。1907 年，他開始在家中講課，並一直持續到他在 1915 年逝世。

泰勒的朋友庫克安排了一位法庭速記員來記錄他的講課內容，這一內容後來成了他著名的著作《科學管理原理》中一章的基礎。其實，他的每一次講課內容都相差無幾，但是不管聽過幾次，卻總是能引人入勝並帶給人們新的啟發。

吉爾布雷斯出席了多次泰勒的課程，並詳細地描述了當時的情景。大清早，聽眾們就來到了別墅中美麗又寬敞的會客廳，並與泰勒及其兩個幼子相互問候。課程持續兩小時，泰勒雖然在課中經常被反對的聲音打斷，但是他仍然在結束後提供問答的時間。在講課中，他大概花一個半小時來講述大家都熟悉的生鐵搬運和鏟鐵礦實驗，之後又花大約一刻鐘來講述專業的計量詞彙，於是聽眾們就被各種專業詞彙如「削減」「齒輪」「變量」「公式」等轟炸一番，直到他們的思維陷入混亂為止。

資料來源：邁克·史密斯. 管理學原理 [M]. 劉杰，等，譯. 北京：清華大學出版社，2015：57.

### 二、一般管理理論

泰勒等人在美國研究和倡導科學管理理論的同時，歐洲開始了對組織管理的研究，其中最為著名的就是以法約爾為代表的一般管理理論（general administrative theory）。法約爾從理論上概括出了一般管理的理論、要素和原則，對以後的管理理論發展起著重大的作用。法約爾被稱為「現代經營管理之父」，現代社會中的許多管理實踐和思想都可直接追溯到一般管理理論學派的思想。

亨利·法約爾（Henri Fayol，1841—1925）是一位法國礦業工程師，依靠獨特的工作方法成為法國最大礦業公司的最高領導者，累積了管理大企業的經驗。他還在法國軍事大學任過管理學教授，對社會上其他行業的管理進行過廣泛的調查。在他退休後，還創辦了管理研究所。1916年《工業管理和一般管理》出版，法約爾在書中提出了適用於一切組織的管理五大職能和有效管理的14條原則。

管理的五大職能。法約爾將工業企業中的全部活動和職能劃分成六類：技術的、商業的、財務的、安全的、會計的和管理的。前五類是人們所熟知的，他重點研究的是管理活動。他認為管理包括五大要素：計劃、組織、指揮、協調和控制，這些要素存在於一切有組織的人類活動之中。法約爾所稱的這些要素後來被稱為管理職能，今天這些概念仍在沿用，只不過略做調整，現在最常用的版本是將管理職能減少為四個，將指揮和協調合併為領導職能。

表3-1列出了管理的14條原則，這是法約爾發現並認為能夠改善各種組織績效的有效指導方法。其中比較重要的有勞動分工、統一指揮、統一領導、等級鏈。

表3-1 法約爾的14條管理原則

| | |
|---|---|
| 勞動分工 | 專業化分工提高效率、增加產量、降低成本 |
| 職權 | 下達命令的權力和要求服從的力量 |
| 紀律 | 員工要遵守組織紀律和規章制度 |
| 統一指揮 | 每個員工只能接受一位上級的命令 |
| 統一領導 | 組織應只有一份行動計劃 |
| 個人利益服從整體利益 | 員工或群體的利益不能凌駕於組織整體利益之上 |
| 報酬 | 員工必須得到公平合理的報酬 |
| 集權 | 下屬參與決策的程度 |
| 等級鏈 | 從最高層到最低層的權力鏈 |
| 秩序 | 人與物都應在正確的時間處於正確的位置 |
| 公平 | 公平、友善的對待下屬 |
| 穩定性 | 提供有序的人員計劃，確保補充職位空缺 |
| 主動性 | 鼓勵員工執行計劃時充分發揮主動性和創新精神 |
| 團隊精神 | 提升團隊精神，創建和諧統一的氛圍 |

法約爾真正的貢獻並不是這14條管理原則本身（它們很多都是早期工廠制的產物），而是對這些原則的確認和歸納。法約爾可能是第一個描述了今天被我們叫

作管理職能框架的人。法約爾和泰勒的著作基本上是互為補充的。兩者都相信，對人事和其資源的合理管理是組織成敗的關鍵。兩者都屬於科學管理方法，他們的主要區別在於對管理研究的定位不同。泰勒強調的是對經營操作工作的管理，而法約爾強調的是對整個組織的管理。

### 三、官僚行政組織

官僚行政組織理論是科學管理思想的一個重要組成部分，它強調組織的運轉要以合理的方式進行而不是依據管理者的判斷。這一理論主要是基於德國社會學家韋伯的思想。馬克斯·韋伯（Max Weber，1864—1920）與亨利·法約爾和弗雷德里克·泰勒都在同一個時期生活並發表成果。韋伯出生於德國一個擁有廣泛社會和政治關係的富裕家庭，是一位卓越的學者，對社會學、宗教、經濟學和政治科學都具有濃厚興趣。

19世紀後期，很多德國組織都是個人管理型或家族管理型企業，員工忠於某個人而不是所在的組織或組織的使命。這種類型企業的負面結果就是資源被用來滿足個人需求而不是實現組織目標。韋伯提出了以勞動分工、清晰界定的等級、詳細的規章制度以及非個人的關係為特徵的組織形式，即官僚行政組織（bureaucracy）。韋伯將「官僚行政」這個術語作為一種非批判性的標籤，來稱呼被他視為最現代、最有效率的組織形式。圖3-3總結了韋伯描述的官僚行政組織的六個特徵。

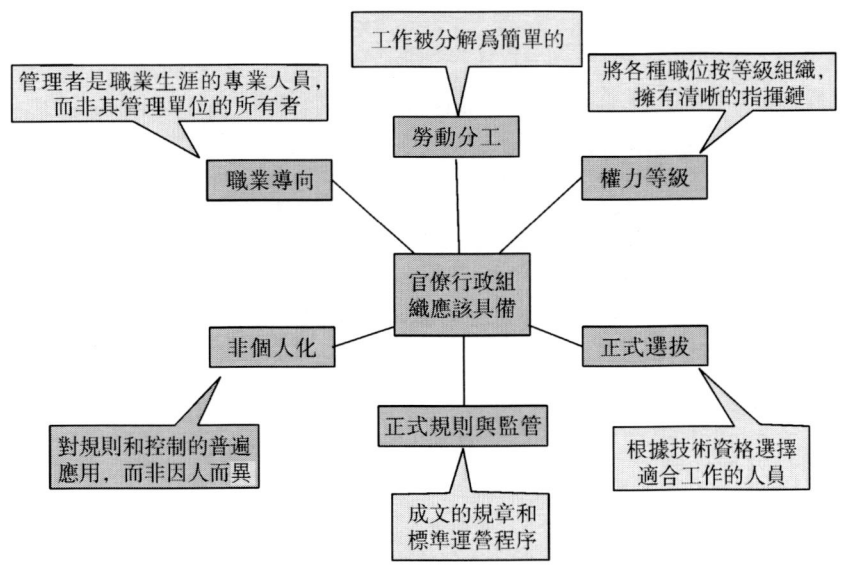

圖3-3 韋伯官僚行政組織的特點

（1）勞動分工。清晰的勞動分工來自對職權和責任的明確界定。通過專業化分工，效率將會提高。

（2）管理層級。將各種職務或職位組織成權力層級。從一個組織的最高級別到最低級別，將會形成一條清晰的指揮鏈，能夠定義不同的權力級別和個人權限，還

可以產生更好的溝通和交流。

（3）正式選拔。所有員工的挑選和提拔不是基於他是誰，而是基於他的勝任力和技術資格，這種能力和資格可以通過考試或專門的培訓和實踐來評估。

（4）正式規則與監管。所有員工都須遵從與其工作任務有關的正式規定和其他控制措施，效率將得以提高。

（5）非個人化。當規則和其他控制措施被非個人化、毫無例外地實施時，個人色彩和個人偏好將得以避免，組織會更有效率並且更能適應變化。

（6）職業導向。管理者是職業生涯的專業人員，而非其管理單位的所有者。

根據韋伯的觀點，官僚結構尤其重要，因為它們支持大型組織生存所必需的日常活動的運行。而且，官僚行政職位消除了管理者的主觀判斷，有利於培養專業技能。此外，如果建立了適當的規則和控制，官僚機構應該會公正對待所有的人，包括客戶和員工。然而，官僚行政理論並不適用於所有的組織類型。當組織或部門需要快速決策時，靈活性可能會受阻於官僚主義。此外，過度的官僚規則和程序可能令某些人無法最好發揮其能力。

雖然存在這樣那樣的批評，官僚行政管理仍是現代社會的一個核心特徵。從這個意義上講，韋伯的觀點已經非常成功地經受了時間的檢驗。他的開創性成果，像法約爾的作品一樣，已經刺激了大量對管理過程進行研究的成果出現，並且仍然是管理思想演變過程中的一個里程碑。人們認可韋伯對發展官僚行政理論的原則做出的貢獻，尊稱他為「組織理論之父」。

## 第三節　行為方法

雖然科學管理思想在提高勞動生產率方面取得了顯著的成績，但由於它片面強調對工人進行嚴格的控制和動作的規範化，忽視了工人的社會需求和感情需求，從而引起了工人的不滿和社會的責難。在這種情況下，科學管理已不能適應新的形勢，需要有新的管理理論和方法來進一步調動工人的積極性，激發員工的士氣從而提高勞動生產率。行為管理思想隨之產生。

### 一、霍桑實驗

毫無疑問，對早期組織行為學領域貢獻最大的是梅奧（Elton Mayo）等人在西方電氣公司進行的霍桑實驗。梅奧是澳大利亞人，1899年在阿德萊德大學獲得邏輯學和哲學碩士學位。他曾在昆士蘭大學教授邏輯學和哲學，後來又在蘇格蘭的愛丁堡研究醫學。在蘇格蘭期間，他成為一名從事精神病理學研究的副研究員，這一經歷為他日後成為一名工業研究者奠定了基礎。由於獲得洛克菲勒基金會的贊助，梅奧移居美國，並在賓夕法尼亞大學沃頓商學院從事教學工作。

霍桑實驗（Hawthorne studies）一共分為四個階段：

1. 照明實驗

霍桑實驗最初的意圖是調查工作場所的照明度與員工生產率之間的關係。他們設置了控制組和實驗組，實驗組被暴露在各種照明強度下，控制組則在恒定的照明強度下工作。研究者發現，隨著實驗組照明強度的提高，兩個組的產出都增加了。然後，隨著實驗組照明強度的減弱，兩個組的產出還在增加，直到光線接近月光才有所下降。他們得出結論是：照明強度與群體生產率沒有直接關係。

2. 繼電器裝配實驗室研究

1927年初期開始了第二次研究，這次研究的目標是判斷工作條件對小組產量的影響，例如休息時間、工作日的時間長度，公司提供的上午餐，以及支付報酬的方法等。實驗結果表明，所有這些因素對小組產量的影響都不大。

3. 訪談計劃

在照明實驗期間，研究者就已經開始對員工們進行訪談，以瞭解員工的想法，梅奧在這個階段加入了實驗。通過對兩萬多名員工的訪談，梅奧認為「小組成員心理態度的顯著變化」是解釋霍桑謎團的關鍵因素。在梅奧看來，這些繼電器裝配工人已經組成一個社會單元，享受著實驗者們越來越多的關注，並且因參與該項研究而產生了顯著的自豪感。

4. 繞線觀察室研究

研究者挑選了由14名男工組成的小組，其中包括9名接線工、3名焊工以及2名檢驗員，他們的工作是安裝交換機。這些操作工人構成了一個複雜的社會群體，形成了明確的規範和一套共同的信念。他們對於「公平的日工作量」有自己的理解，如果某位操作工人超過了這個工作量，會被稱為「工作定額破壞者」；如果某位工人的產出比這個標準低太多，就會被稱為「挖牆腳者」。研究者發現，這些操作工人已經形成的「非正式組織」，保護工人們免受群體內部成員輕率行為的傷害，同時保護工人們免受管理層的外部干預。

在1933年發表的《工業文明中的人的問題》一書中，梅奧對霍桑試驗的結果進行了總結，其主要結論如下：

（1）工人是「社會人」，是複雜社會系統的成員。人們的行為並不單純出自追求金錢的動機，還有社會方面和心理方面的需要，即追求人與人之間的友情、安全感、歸屬感和受人尊敬等方面的需要，而且後者更為重要。管理者若能設身處地地關心下屬，注意進行情感上的溝通，那麼工人的勞動生產率將會有較大的提高。

（2）有效領導在於提高工人的滿意度。在決定生產效率的諸因素中，置於首位的因素是工人的滿意度，其次是生產條件和工資報酬。員工的滿意度越高，士氣就越高，從而生產效率就越高。高的滿意度來源於員工個人需求的有效滿足，個人需求不僅包括物質需求，還包括精神需求。

（3）企業中除了正式組織之外，還存在著非正式組織。這種非正式組織的作用在於維護其成員的共同利益，使之免受內部個別成員的疏忽或外部人員的干涉所造成的損失。非正式組織中有自己的核心人物和領袖，有大家共同遵循的觀念、價值標準、行為準則和道德規範等。非正式組織以其特有的感情傾向和精神導向，左右

著成員們的行為。

儘管實驗過程、分析和結論都存在爭議，但是從歷史的角度看，霍桑實驗是否有學術說服力或者結論是否恰當並不重要，重要的是它激起了人們對組織中人類行為的興趣，為我們今天的激勵、領導力、群體行為以及大量其他的行為方法研究奠定了基礎。正如管理史學家所指出的那樣，「霍桑實驗……在人的因素上引進了一種新的思考方式」。仍然像過去那樣簡單地指導工人如何操作機器或設備、用工資來激勵員工，是遠遠不夠的。不能把下級當作機器上的一個齒輪或部件，而應該將他們看成有知覺、有情感、不僅僅有財務需求的人。顯然，那些管理工廠的人如果想要提高生產率，就應該比那時的大多數企業更加關注如何處理人際關係的問題，這就引發出了人際關係這一理論。

### 二、人際關係理論

根據霍桑試驗，提高勞動生產率的關鍵在於對工人的更多關心，以使他們對工作感到滿意，並願意去提高效率。這就要求管理者與工人建立良好的協作關係，並需要瞭解怎樣才能使工人對工作感到滿意。為此，人們從各方面開展了對人的需要、動機、行為、激勵以及人性的研究，形成了人際關係研究熱潮。人際關係學說的主要理論家有馬斯洛（Abraham H. Maslow）、赫茨伯格（Frederick Herzberg）和麥克雷戈（Douglas McGregor）等人，馬斯洛及其他學者的研究成果將在激勵部分介紹，本章重點介紹麥格雷戈的 X-Y 理論。

道格拉斯·麥格雷戈在哈佛大學和麻省理工學院長期從事心理學的教學工作，他在 1957 年發表的《企業的人性面》一文中提出了著名的「X-Y 理論」。該理論認為，管理者對人的本質和人的行為的假設對決定管理者的工作風格具有最重要的影響。基於管理者對人的本質的不同假設，他們將以不同的方式來組織、領導、控制和激勵員工。麥格雷戈闡述的第一組假設被稱為 X 理論，它代表的是「傳統的指揮和控制觀點」。第二組假設稱為 Y 理論，被視為「個人目標與組織目標的整合」。

X 理論的主要觀點是：人在本質上是好逸惡勞的，會盡可能地逃避工作；人們沒有雄心大志，情願受人指揮；人們沒有什麼抱負，對生理和安全的需要高於一切。基於上述假設，管理者必須採用強迫、控制、指揮以及懲罰等手段，才能使員工做出足夠的努力去實現組織的目標。

Y 理論的主要觀點是：人們並不懶惰；人們願意實施自我指導和自我控制；人是有責任心的，願意接受並會主動尋求任務；人們對目標執著追求而取得成功本身就是一種報酬；人們有著較高的想像力和創造性。基於這一假設，管理者需要創造一種能多方面滿足員工需要的環境，使人們的智慧和能力得以充分發揮，更好地實現組織和個人的目標。

麥格雷戈的理論在舊的人際關係理論和新的人力資源管理理論之間架起了一座橋樑。麥格雷戈的基本信念是，組織中的和諧是能夠實現的，但它不是依靠強硬或溫和的手段，而是依靠改變對人性的假設，並且相信他們能夠被信任，能夠自我激勵和自我控制，能夠將自己的個人目標與組織目標結合起來。如果管理者假定人們

是懶惰的，並且將他們當作懶惰的人來對待，那麼，他們將會變得懶惰。與此相對應，如果管理者假定人們渴望具有挑戰性的工作，並且通過提高員工個人的處置權限來充分挖掘這一前提，那麼員工實際上就會通過尋求承擔越來越多的責任來做出回應。

**管理實踐 3-3**

巴西三星電機的基本營運原則是利用全體員工的智慧。該公司通過讓員工掌控自己的工作時間、工作地點甚至工資制度來做到這一點。員工會參與所有的組織決策，包括三星電機應該重點發展哪些業務。三星電機的領導者認為要想獲得經濟上的成功就必須營造一種將權力和控制權直接下放到員工手中的工作氛圍，員工可以否決任何新的產品理念或新業務，他們可以選擇領導者並管理自己以完成目標。信息是公開的、廣泛分享的，因此每個人都知道自己以及公司的處境。領導者允許員工根據自己的利益和努力來為公司的地位和戰略添磚加瓦，而不是直接命令他們該做些什麼。公司鼓勵員工尋求挑戰、探索新的理念和商業機會，並且可以質疑公司內任何人的觀點。員工之間的高度信任幫助三星電機在動蕩的經濟環境和快速變化的市場條件下實現了數十年的盈利和發展。

## 第四節　定量方法

第二次世界大戰後，原來被用於解決軍事問題的許多數學和統計方法開始用於解決企業問題。這種數學或統計方法也被稱為定量方法或管理科學。就其本質而言，管理科學是泰勒的科學管理原理在現代的發展。但兩者還是有一些重要的區別：科學管理更關注體力工作，而管理科學則聚焦於管理決策；科學管理使用的是直截了當的分析技術，而管理科學則使用非常複雜的分析方法。

**一、定量方法的特點**

定量方法（quantitative approach）是一種現代化的管理方法，主要運用嚴格的數量技術來幫助管理者最大化地利用組織資源，以提供各種產品或服務。定量方法涉及運用統計學、最優模型、信息模型、計算機模擬及其他量化方法進行管理活動，能夠在計劃和預測活動等方面為管理者提供有用的工具。例如，管理者可以利用線性規劃來改進資源配置的決策；通過使用關鍵路徑分析法，工作時間表可以變得更加有效率；經濟訂貨批量模型可以幫助管理者確定最佳的存貨水準等。管理科學理論的特點如下：

（1）使衡量各項活動效果的標準定量化，並借助於數學模型找出最優的實施方案，摒棄單憑經驗和直覺確定經營目標與方針的做法。

（2）依靠計算機進行各項管理。企業經營範圍的擴大，決策問題的複雜化，方案選擇的定量化，都要求及時處理大量數據和提供準確信息，而這些只有借助計算機才能做到。

（3）強調使用先進的管理理論和方法，如系統論、信息論、控制論、運籌學、

概率論等數學方法及模型。

## 二、定量方法的應用——全面質量管理

20世紀50年代，愛德華茲·戴明（Edwards Deming）和約瑟夫·朱蘭（Joseph M. Juran）等幾位質量管理專家發起了質量管理革命。雖然他們倡導的理念在美國幾乎沒有支持者，卻受到了日本企業的廣泛歡迎。美國產品和服務質量在20世紀70年代初跌到谷底，這種現象與日本人的質量成功形成鮮明對比，迫使西方管理者們開始考慮改進產品和服務的質量。這種對於質量不斷關注帶來做法上的最主要變化是：從發現和糾正錯誤或拋棄它們，轉變為防止它們的產生，這促成了全面質量管理的發展。

全面質量管理（total quality management）是一種管理哲學，它強調「管理整個組織，以使它能在對顧客重要的產品和服務的各個方面卓有成效」。全面質量管理是一種致力於持續改進並回應顧客需求和期望的管理理念。顧客是指與組織的產品或服務有接觸的內部和外部的任何人員，包括員工和供應商，也包括購買產品或服務的人。在沒有正確措施的情況下，持續改進是不可能實現的，它要求運用統計方法測量組織工作過程中每一個關鍵變量，將測量結果與標準對比，有助於明確和糾正問題。在全面質量管理下，從首席執行官到最底層的員工，每個人都必須參與進來，全面質量管理可以用表3-2來總結。

表3-2 全面質量管理

| 角度 | 傳統的 | 全面質量管理 |
|---|---|---|
| 總的使命 | 最大化投資回報 | 達到或超越顧客滿意度 |
| 目標 | 著重於短期 | 長期和短期的平衡 |
| 管理 | 有時會前後不一致 | 開放的、鼓勵的 |
| 管理者角色 | 發布命令、強制執行 | 教練、信任、消除障礙 |
| 顧客需求 | 可能不清楚；不是最高優先級 | 最高優先級、理解和識別 |
| 問題 | 歸屬過失；懲罰 | 識別和解決 |
| 問題解決 | 個人解決，不系統 | 系統的；團隊解決 |
| 改進 | 不穩定 | 持續不斷的 |
| 供應商 | 敵人 | 夥伴 |
| 工作 | 狹隘、專一、大量個人努力 | 廣泛的、大量團隊努力 |
| 焦點 | 產品導向 | 流程導向 |

資料來源：Willian J. Stevenson, Production and Operations Management 4th edition [M]. New York：The MacGraw-Hill Companies, 1993.

### 管理實踐 3-4
### 麥當勞製作法式炸雞的九個步驟

1. 打開一袋生雞塊。
2. 裝半籃子生雞塊。

3. 將籃子放入深油鍋中。
4. 按下計時器按鈕，記錄烹飪時間。
5. 當蜂鳴器發出報警聲時將籃子從油鍋中取出，同時將籃子翻轉過來使雞塊落入空盤子中。
6. 給炸完的雞塊加鹽。
7. 按下另一個提示雞塊冷卻時間的按鈕，7分鐘後機器會給出冷卻時間結束的信號。
8. 檢查屏幕上關於下一個需要裝入多少炸雞塊的提示。
9. 將一定數量的炸雞塊裝進相應的食品盒，並將食品盒放到托盤上。

資料來源：米爾科維奇，等. 薪酬管理 [M]. 11版. 董克禮，譯. 北京：中國人民大學出版社，2014：77.

## 第五節　當代方法

早期的管理理論仍在影響著當代管理者的管理方式。但是，傳統的管理理論或多或少地將組織看成一個封閉的系統，忽略了外界環境對組織內部職能的影響。從20世紀60年代開始，隨著環境的快速變化，研究者開始考察在組織邊界之外的外部環境中發生了什麼事情。兩個當代管理學視角——系統和權變——就是這種研究方法的一部分。

### 一、系統理論

1. 系統和系統理論

早在20世紀20年代，就已經出現了系統理論，當時該理論主要應用於生物學（生命系統）和工程學（機械系統），尚未被應用於組織的管理領域。1938年，擔任一家電話公司高管的切斯特·巴納德首先在他的著作《經理人員的職能》中寫道：「組織像一個合作系統一樣運作。」雖然巴納德打破了關於組織內部分析的傳統視角，將組織視為一個包括投資者、供應商、顧客以及其他人的開放系統，但是直到20世紀60年代，系統理論才對管理思想產生影響。

傳統分析問題的方法，往往是把一個事物分解成許多獨立的部分，分別進行深入研究。由於把事物看成孤立的、靜止的，因此得出的結論也只適用於一定的局部條件，如果放到更大的範圍來考察，結論就是片面的甚至是錯誤的。系統理論（systems theory）把系統定義為由相互依賴的各部分以一定的形式組合而成的一個整體。每一個系統都包括四個方面：

（1）從周圍環境中獲得這個系統所需要的資源。
（2）通過技術和管理等過程促進輸入物的轉化。
（3）向環境提供產品或勞務。
（4）環境對組織所提供的產品或服務做出反饋。

系統分為封閉系統與開放系統。對於前者來說，系統的元素不受外部環境的影響，也不與外界環境互動。科學管理思想把組織看作機器，把管理者看作工程師的觀點，基本上就是把組織看作一個封閉性系統。而現代組織理論則認為，組織是一個開放性系統，組織是一個和周圍環境相互影響、相互作用的系統，組織與環境之間存在著相互作用。

2. 系統理論在組織管理中的應用

系統理論認為組織不是獨立的，它們依賴外部環境向它們進行基本的輸入，並提供出口以消化它們的產出。這樣看來，管理可以看成一種轉化過程，管理者在組織的各個部分協調工作活動，確保所有這些部分相互協作，然後將資源投入整合轉化為有用的產出，實現組織的目標（圖3-4）。

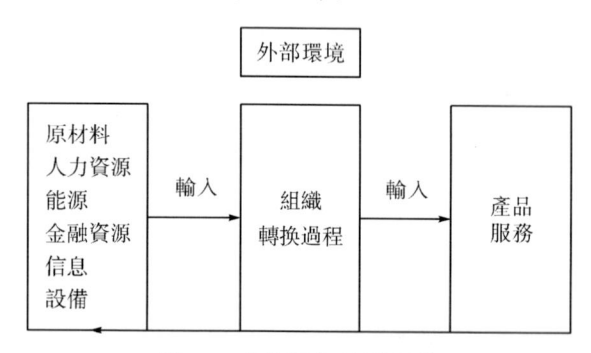

圖3-4 作為開發系統的組織

因此，研究企業管理的任何個別事物，都要從系統的整體出發，既要研究此事物與系統內各組成部分之間的關係，又要研究此事物同系統外部環境的相互聯繫。一個企業，在進行計劃、生產、質量、人事、銷售、財務等各個部門的工作時，應該依據系統管理思想把內部因素和外部環境結合起來進行全面分析，研究各個部門之間的相互促進和制約關係，以求各個部門的工作能保證整個企業獲得最佳的效果。當然還要關注外部的環境，如果一個組織忽視政府管制、供應商關係、客戶需求以及其他變化的外部因素，是不可能長久存續下去的。

二、權變管理

在泰勒及其他學者首次提出「最佳方法」後，這一核心思想歷時數十年不變。這些理論詳細地描述了與管理工作有關的「最佳方法」所應該具備的特徵，如勞動分工、統一命令、清晰的職權等級、明確的工作職責等。可見，早期的管理學家認為做一項工作總會存在一種最好的方式，如果以其他方式進行，就會降低效率。可是，後來的研究卻發現了很多例外。勞動分工理論很有價值，但是工作可能會被過分專門化，使工人覺得枯燥。官僚行政組織在很多情況下是可取的，但是在某些情況下，其他結構設計可能更有效。

在20世紀60年代末，一些研究結果表明，人們可能忽略了不同管理方法在不同環境下應用的情況。例如，高度結構化的方法（有時稱為機械方法）更適合於穩

定的外部環境、高度重複的工作以及只具有有限技能或專業經驗的員工。而靈活機動的方法（通常稱為有機方法）更適用於快速變化和複雜的外部環境、不重複的工作內容以及受過很好訓練具有相當能力的員工。這些研究結果讓很多管理學者認識到，管理不是（也不可能是）基於簡單原則去適應所有情況的，不同的和不斷變化的環境要求管理者運用不同的策略。最有效的管理方式應當是權變方法（contingency approach，有時也稱為情境方法），即組織的管理應根據其所處的內外部環境的變化而變化，世界上沒有一成不變的、普遍適用的「最佳的」管理理論和方法。

權變方法的首要價值就是強調沒有簡單的或普適的規則讓管理者遵循。所謂的最佳方法要靠所有的變量來決定，管理者並不能控制其中的很多變量，只不過在決定如何營運時不得不考慮其中的絕大部分變量。科學管理理論採用「假如 X，那麼 Y」的表達形式，權變理論採用的則是「假如 X，那麼 Y，但只有在 Z 的情況下」的表達方式，其中 Z 為環境變量。例如，一個重要的權變因素是組織所在的行業。對互聯網公司（例如谷歌）有利的組織結構很可能對一個大型汽車製造商（例如福特）不利。在製造型企業中應用良好的目標管理體系（MBO）可能並不適用於學校系統。如果管理者能夠辨識出他們所在組織的重要模式和特徵，就可以找到適合這些模式和特徵的解決方法。

## 本章小結

1. 古典方法主要包含科學管理理論、一般管理理論和官僚組織理論。泰勒以「科學管理之父」而聞名，他提出科學管理的根本目的是提高效率，並提出了四條管理原則。法約爾被稱為「現代經營管理之父」，他總結了 14 條管理原則。韋伯描述了其稱為官僚行政組織的理想類型，被稱為「組織理論之父」。

2. 霍桑實驗是行為科學的早期理論，提出工人是社會人，有效領導在於提高員工的滿意度，組織中存在著非正式組織。霍桑實驗極大地影響了關於人在組織中作用的管理理論，推動了行為方法的進一步發展。

3. 定量方法涉及運用統計學、最優模型、信息模型、計算機模擬及其他量化方法進行管理活動，能夠在計劃和預測活動等方面為管理者提供有用的工具。全面質量管理是管理科學的實踐應用。

4. 系統和權變是兩個當代管理學視角，考察在組織邊界之外的外部環境中發生了什麼事情。系統方法認為，組織從環境中獲得投入，將這些資源轉化為產品或服務輸出到環境中。權變理論認為組織的管理應根據其所處的內外部環境的變化而變化。

## 關鍵術語

古典方法（classical approach）　　　　科學管理（scientific management）
一般管理理論（general administrative theory）　官僚行政組織（bureaucracy）
霍桑實驗（Hawthorne studies）　　　　定量方法（quantitative approach）
全面質量管理（total quality management）　系統理論（systems theory）
權變方法（contingency approach）

## 複習與思考

1. 泰勒為什麼要研究並提出科學管理理論？其理論的主要內容是什麼？
2. 描述法約爾的一般管理理論。
3. 描述霍桑實驗，解釋為什麼霍桑實驗對管理如此重要。
4. 解釋管理科學理論與科學管理理論的聯繫與區別。
5. 解釋定量方法對管理學的貢獻。
6. 系統方法和權變方法如何使管理者更加勝任工作？
7. 描述全面質量管理。

## 案例分析

聯合包裹服務公司（UPS）是世界上最大的包裹遞送公司之一，同時也是全球主要的專業運輸和物流服務的供應商。該公司在世界上200多個國家和地區從事經營活動。

UPS根據嚴格的規章制度來運行。它把正確遞送包裹的流程細分為令人震驚的340個步驟，然後教授給駕駛員。例如，教授他如何裝載包裹、如何系安全帶、如何走路以及如何拿鑰匙。公司為駕駛員、裝貨員、辦事員及管理者都制定了詳細、具體的安全法則。嚴格的個人形象要求也是強制性的：乾淨的制服，帶防滑鞋底的黑色或棕色拋光鞋，不能留胡鬚，頭髮長度不超過衣領，交貨過程中沒有暴露在外的文身等。每次輪班之前，駕駛員都要進行Z形掃描，即對車輛的前面和側面進行Z形檢查。UPS還要求員工每次下班前清理自己的桌子，以便第二天早上開始新的一天。

管理者還會得到一份公司希望他們經常使用的政策手冊的複印件，並且每天都會有成百上千的人在一起交流員工對各種政策、規則的留言。UPS有非常清晰的勞動分工。每一個車間都有專業的駕駛員、裝載員、辦事員、清潔工、分揀員以及維

修人員。UPS正是借助書面文件而發展壯大的，並且在使用新技術來提高可靠性和效率方面一直處於領先地位。所有的駕駛員都有每日工作清單，詳細說明每天的績效目標和工作產出。技術資格是員工聘用和晉升的標準。UPS的政策手冊上明確規定公司希望領導者擁有勝任領導職位的知識和能力。公司禁止任人唯親。官僚主義模式在UPS取得了良好的效果。

資料來源：理查德·達夫特. 管理學［M］. 11版. 王薔，譯. 北京：中國人民大學出版社，2018：38.

**思考題：**

1. 為什麼UPS如此成功？請用本章的相關管理理論進行分析。
2. 這種管理模式的弊端是什麼？

# 第四章
# 計劃與目標

**學習目標**

1. 理解計劃的含義及作用，明確計劃的表現形式及類型
2. 瞭解計劃制訂的程序和方法
3. 掌握組織目標制定的程序和運用中可能遇到的問題
4. 理解目標管理

**引例**

怎樣贏得競爭優勢

　　三連電競是一家從事游戲產品開發、營運的企業。在前幾年，這家企業由於搶占了市場先機，獲得了迅速的發展。但現在，這家企業強烈地意識到了來自國內外同行的競爭。這家公司的總經理認識到，在這個行業，取得成功的關鍵之一是企業要能適時地推出高質量的新游戲，這不僅涉及創意策劃，而且也需要有強大的開發能力和營運能力。為此，他聘請了某高校的一位管理學教授，來分析該企業能成為一家成功的手遊公司的內部適應性。

　　該教授經過調查，提出了以下看法：企業的目標大多數是為期一年的，而且主要是一些經濟指標；對於一些暫時看不到效果的項目，通常不會給予重視；獎金是根據各項目季度或年度目標實現情況而定的；各主管人員是好的「消防戰士」，但他們只注重「救火」，而不太注重實現防止問題的發生；每一位主管人員都集中精力於自己的任務，而不太注重相互之間的交流和協同；主管人員大多致力於內部產品的開發，而不關心外界的環境變化。

　　總經理認真地聽取了這位教授的報告。實際上，他也看到了這些情況，教授的調查不過是加深了他對這個組織的印象，重要的問題是：現在應該怎麼辦才能解決這些問題，從而增強企業的競爭能力？

　　資料來源：邢以群. 管理學［M］. 4版. 杭州：浙江大學出版社，2016：134。

## 第一節　計劃概述

### 一、計劃的含義與作用

1. 計劃的含義

計劃（plan）有兩種不同的含義。計劃作為動詞，通常是指管理者確定必要行動方針，以期在未來的發展中能夠實現目標的過程，也就是計劃工作（planning work）。計劃作為名詞，則是對未來活動所做的事前預測、安排和應變處理，它是計劃工作的成果，也是日後貫徹落實和監督檢查的依據。在本書中，計劃主要作為動詞來運用。

一項完整的計劃包括兩大要素：目標和實現目標的方案。計劃的目的是為了實現組織所提出的各項目標，每一項計劃都是針對某一個特定目標的，因此，一項計劃首先要明確該項計劃所針對的目標。在目標明確以後，在計劃中還必須說明如何做、誰做、何時做、在何地做、需投入多少資源等基本情況，即明確資源、時間、程序、預算、規劃等行動方案。

**管理背景 4-1**（表 4-1）

表 4-1　一項完整的計劃應包含的要素

| 要素 | 內容 | 所要回答的問題 |
|---|---|---|
| 前提 | 預測、假設、實施條件 | 該計劃在何種情況下有效 |
| 目標（任務） | 最終結果、工作要求 | 做什麼、做到何種程度 |
| 目的 | 理由、意義、重要性 | 為什麼要做 |
| 戰略 | 途徑、基本方法、主要戰術 | 如何做 |
| 責任 | 人選、獎罰措施 | 誰做、做得好壞的結果 |
| 時間表 | 起止時間、進度安排 | 何時做 |
| 範圍 | 組織層次或地理範圍 | 涉及哪些部門或何地 |
| 預算 | 費用、代價 | 需投入多少資源、付出怎樣的代價 |
| 應變措施 | 最壞情況計劃 | 實際與前提不相符時怎麼辦 |

2. 計劃的作用

制訂計劃是一項重要的管理工作，一些管理者和組織失敗的原因通常不在於其技術能力，而是因為其缺乏有效的計劃的能力。計劃的最終成果是對未來發展的行動方針做出預測和安排，有效的計劃是一切成功的秘訣，計劃做得好可獲得很多收益。例如：

第一，提供方向。通過制訂計劃來確定目標和如何實現這些目標，可為我們未來的行動提供一幅路線圖或行動圖，從而減少未來活動中的不確定性和模糊性。

第二，有效配置資源。實現目標可能有多種途徑，通過事先分析，有助於對有限資源做出合理的分配。同時，借助計劃可以克服由於資源的短缺和未來情況的不確定性所帶來的困難，使一些本來無法或難以有效實現的目標得以實現。

第三，適應變化，防患於未然。未來的不確定性不可能完全消除，通過事先對未來可能發生的各種可能性的預計，有助於及時預見危險、發現機會並早做準備。從這一角度而言，計劃是一種生存策略，儘管它不能決定我們明天一定成功，但能使我們更好地面對明天。

第四，提高效率，調動積極性。由於目標、任務、責任明確，可以使計劃得以較快和較順利地實施，並提高經營效率。通過清楚地說明任務與目標之間的關係，可制定出指導日常決策的原則，並培養計劃執行者的主人翁精神。

第五，為控制提供標準。通過事先明確要做什麼、由誰做、要求做到何種程度等，為事中和事後控制提供了標準，有助於提高控制的有效性。事實上，沒有計劃就難以進行控制。

**管理背景 4-2**

計劃與績效的關係

計劃值得嗎？有大量研究考察了計劃與績效之間的關係。研究發現：

首先，正式的計劃總是與正面的財務績效聯繫在一起——更高的利潤、更高的投資回報等。

其次，與做了多少計劃相比，做一項好的工作計劃在獲得更高績效中發揮了更大的作用。

再次，在那些正式的計劃並沒有帶來更高績效的研究中，外部環境通常是「罪魁禍首」。當外部力量（如政府或者工會）限制了管理者的選擇時，會削弱計劃對組織績效的影響。

最後，計劃的時間跨度會影響計劃與績效的關係。研究結果表明，似乎唯有實施週期在四年以上的正式計劃，才能對績效產生影響。

資料來源：羅賓斯，等. 管理學［M］. 13 版. 劉剛，等，譯. 北京：中國人民大學出版社，2017：199.

## 二、計劃的表現形式

在實際工作中，計劃有多種表現形式，包括宗旨、目標、戰略、政策、規則、程序、規劃、預算等，這幾種形式之間的關係可以描述為如圖 4-1 所示的等級層次。

1. 宗旨

一個組織的宗旨是一個組織存在的基本理由，它是社會賦予這個組織的基本職能或該組織致力於承擔的社會職責。宗旨決定了組織的目標方向、資源分配的優先順序和重點、工作的目的和意義。例如，迪士尼的宗旨是「用我們的想像力帶給千百萬人快樂，並且歌頌、培育、傳播健全的美國價值觀。」

2. 目標

組織宗旨需要通過目標的具體化才能轉化為組織成員具體行動的指南。所謂組

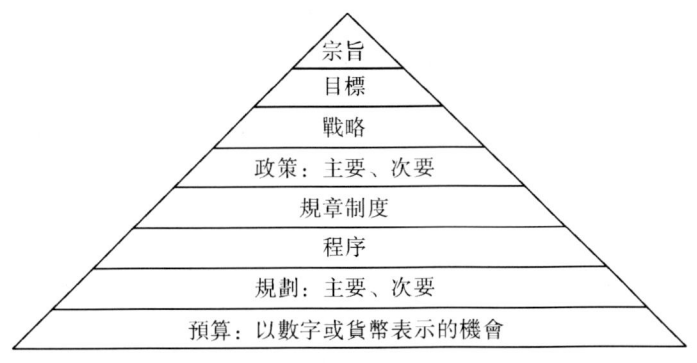

```
         宗旨
        目標
       戰略
     政策：主要、次要
      規章制度
       程序
    規劃：主要、次要
  預算：以數字或貨幣表示的機會
```

圖 4-1　計劃的等級層次

織目標，是指一個組織在未來一段時間內要達到的狀態。它反應了組織在特定時期內，在綜合考慮內外部環境條件的基礎上，希望某一時間段內在履行其使命上能夠達到的程度或取得的效果。

　　3. 戰略

　　戰略是為實現組織目標所選擇的發展方向、所確定的行動方針以及資源分配方針，即方案的一個總綱。如果說目標指明了要做什麼以及做到何種程度，戰略則側重於回答為了實現目標在將來應該怎麼做的問題。戰略並不會具體到每一個問題應當如何解決，而是以框架式的方式為未來工作把握住大方向。

　　4. 政策

　　為了落實戰略，應制定相應的政策。政策即處理各種問題的一般規定。政策是人們進行決策時思考和行動的指南，有利於在具體行動或決策中節約時間及資源。

　　5. 規章制度

　　為了落實政策，必須制定一些強制性的行為準則。規章制度較政策而言更具強制性，更加具體地規定了在各種情況下必須遵守的各種規則和程序。

　　6. 程序

　　程序規定了人們行動或解決問題的步驟和方法，其實質是對所要進行的活動規定時間順序。程序指導人們如何採取行動，而不指導人們如何思考問題。

　　7. 規劃

　　規劃是指為達到目標所制定的一套長遠性綜合性的計劃。規劃涵蓋了目標實現過程中的各類問題，包括目標、戰略、政策、程序、資源等。

　　8. 預算

　　預算是一種數量化的計劃，用數字表示了投入與產生的數量、時間、方向等。

　　三、計劃的類型

　　計劃有多種類型，按計劃的長短劃分，有長期計劃、中期計劃和短期計劃；按計劃所涉及的範圍劃分，有戰略計劃和戰術計劃；按計劃的對象劃分，有綜合計劃、部門計劃和項目計劃；按計劃對執行者的約束力劃分，有指令性計劃和指導性計劃。

1. 按時間劃分：長期計劃、中期計劃和短期計劃

通常情況下，人們習慣於把三年及三年以上的計劃稱為長期計劃；一年以上三年以內的計劃稱為中期計劃；時間跨度在一年及一年以內的計劃稱為短期計劃。長期計劃主要回答兩方面的問題：一是組織的長遠目標和發展方向是什麼，二是怎樣達到本組織的長遠目標。例如，一個企業的長期計劃要指出該企業的長遠經營目標、經營方針和經營策略等。中期計劃來自長期計劃，只是比長期計劃更為具體和詳細，它主要起協調長期計劃和短期計劃之間關係的作用。長期計劃以問題、目標為中心，中期計劃則以時間為中心，具體說明各年應達到的目標和應展開的工作。短期計劃比中期計劃更為具體和詳盡，它主要說明計劃期內必須達到的目標，以及具體的工作要求，能夠直接指導各項活動的展開。企業中的年度銷售計劃是短期計劃的常見形式。按時間劃分的計劃類型如表4-2所示。

表4-2 按時間劃分的計劃類型

| 比較項目 | 長期計劃 | 中期計劃 | 短期計劃 |
| --- | --- | --- | --- |
| 時間 | 三年及三年以上 | 一年以上三年以內 | 一年及一年以內 |
| 內容 | 長期計劃以問題、目標為中心，主要明確發展方向、目標及發展思路 | 中期計劃來自長期計劃，它主要起協調長期計劃和短期計劃之間關係的作用。中期計劃以時間為中心，具體說明各年應達到的目標和應展開的工作。 | 短期計劃比中期計劃更為具體和詳盡，它主要說明計劃期內必須達到的目標，以及具體的工作要求，要求能夠直接指導各項活動的展開。 |
| 舉例 | 企業發展綱要 | 企業三年規劃 | 企業年度規劃 |

在一個組織中，長期計劃和短期計劃之間的關係應是「長計劃、短安排」，即為了實現長期計劃中提出的各項目標，組織必須制訂相應的一系列中、短期計劃加以落實，而中、短期計劃的制訂必須圍繞著長期計劃中所提出的各項目標展開。

2. 按範圍劃分：戰略計劃和戰術計劃

戰略計劃是由高層管理者負責制訂的具有長遠性、全局性的指導性計劃，它描述了組織在未來一段時間內總的戰略構想和總的發展目標以及實施的途徑，決定了在相當長的時間內組織資源的配置方向，涉及組織的方方面面，並將在較長時間內發揮其指導作用。

戰術計劃是在戰略計劃所規定的方向、方針、政策框架內，為確保戰略目標的落實和實現，確保資源的取得和有效運用而形成的具體計劃，它主要描述如何實現組織的整體目標，是戰略計劃的具體化或是戰略實施計劃。戰術計劃還可以進一步細分為施政計劃和作業計劃，分別由中層領導者和基層管理者負責制訂。施政計劃按年度擬訂，明確各年度的具體目標和達到各種目標的確切時間；作業計劃則在施政計劃下確定計劃期內更為具體的目標，確定工作流程、明確人選、分派任務和資源、確定權力與責任。

戰略計劃與戰術計劃的劃分與按計劃期的長短劃分的計劃類型在很多方面有相似之處，但也有一些差別，如表4-3所示。

表 4-3 戰略計劃和戰術計劃

| 比較項目 | 戰略計劃 | 行動計劃 |
| --- | --- | --- |
| 時間跨度 | 三年或三年以上 | 三年以內（周、月、季、年） |
| 範圍 | 涉及整個組織 | 局限於特定的部門或活動 |
| 側重點 | 確定組織宗旨、目標、明確途徑和重大措施 | 明確實現目標和貫徹落實戰略、措施的各種方法 |
| 目的 | 提高效益 | 提高效率 |
| 特點 | 全局性、指導性、長遠性 | 局限性、指令性、一次性 |

3. 按對象劃分：綜合計劃、部門計劃和項目計劃

計劃還可以按計劃對象分為綜合計劃、部門計劃和項目計劃。綜合計劃涉及的內容是多方面的，部門計劃只涉及某一特定部門，項目計劃則是為某項特定的活動而制訂的計劃。綜合計劃一般是指具有多個目標和多方面內容的計劃，就其所涉及的對象而言，它關聯整個組織或組織中的許多方面。習慣上，人們把預算年度的計劃稱為綜合計劃，在企業中它是指年度經營計劃。部門計劃是在綜合計劃的基礎上制訂的，它的內容比較專一，局限於某一特定的部門或職能，一般是綜合計劃的子計劃，是為了達到組織的分目標而制訂的。如企業銷售部門的年度銷售計劃，就屬於這一類型的計劃。項目計劃是針對組織的特定活動所做的計劃，如某項產品的開發計劃、職工俱樂部建設計劃等都屬於項目計劃。

4. 按對執行者的約束力劃分：指令性計劃和指導性計劃

按計劃對執行者的約束力大小，計劃可分為指導性計劃和指令性計劃。指令性計劃是由上級下達的具有行政約束力的計劃，它規定了計劃執行單位必須執行的各項任務，其規定的各項指標沒有商討的餘地；指導性計劃是由上級給出一般性的指導原則，具體如何執行具有較大的靈活性的計劃。

直觀地看，似乎指令性計劃比指導性計劃更可取，指令性計劃具有明確描述的目標，不存在模棱兩可容易引起誤解的問題。但在現實中，指令性計劃所要求的明確性和可預見性條件會由於內外部環境條件的多變而難以得到滿足。在這種情況下，指導性計劃更可取，一方面，由於其沒有明確的要求，從而使其具有較好的環境適應性；另一方面，由於指導性計劃規定了一般性的指導原則，從而使其在多變的環境中具有較好的可控性。靈活性與可控性相結合，是應對多變環境的有力武器。

### 四、計劃工作的原理

由於企業的資源有限性及其所處的內外部環境的不確定性，計劃工作必須遵循一系列的原則，以保障計劃工作的有效性。

1. 靈活性原理

計劃工作必須具有靈活性，即當出現意外情況時，組織有能力改變方向且不必花太大的代價。所謂靈活性原則，指計劃的內容應具有彈性，能適應內外部環境的

變化。計劃內容所體現的靈活性越大,那麼由於意外事件而引發損失的可能性就越小。但是,需要強調的是,首先,計劃執行一般不需要靈活性。例如,執行一個生產作業計劃必須嚴格準確,否則就會發生組裝車間停工待料或在製品大量積壓的現象。其次,不能以推遲決策的時間為代價,來確保計劃的靈活性。因為未來的不確定性是很難預測到的,如果為了保證計劃的準確性而等到具備了足夠的條件時,那勢必會錯失良機。再次,計劃需要付出一定的代價才能具備靈活性,如果由此得到的收益不能彌補其帶來的費用成本,那麼就違背了計劃的收益性。最後,有些情況常常無法使計劃具有靈活性。例如,企業銷售計劃在執行過程中遇到困難,不能如期完成目標。如果允許其靈活處置,則可能影響全年利潤計劃的完成,從而影響到新產品開發計劃、技術改造計劃、供應計劃、工作增長計劃、財務收支計劃等許多方面。所以企業的主管人員往往在經過反覆權衡之後,不得不動員一切力量來確保銷售計劃的完成。因此,靈活性原則也有一定的限度,應根據組織所處的環境權衡而定。

2. 限制因素原理

所謂限制因素,指妨礙組織目標實現的因素。在其他因素不變的情況下,只改變這些因素,就可以影響組織目標的實現程度。管理者越是能夠瞭解對達到目標起主要限製作用的因素,就越能夠有針對性地、有效地制訂各種行動方案。因此,限制因素原理稱為「木桶原理」,其含義是木桶能盛多少水,取決於桶壁上最短的那塊木板條。根據限制因素原理,管理者在制訂計劃時,應該明確在實現組織目標的過程中,起主要限製作用的因素,有針對性地提出解決方案。

3. 許諾原理

許諾原理涉及的是計劃期限的問題。任何一項計劃都是對完成各項工作所做出的許諾,因而,許諾越大,實現許諾的時間就越長,實現許諾的可能性就越小。按照許諾原理,計劃必須有期限要求。如果主管人員實現許諾所需的時間比他可能正確預見的未來期限還要長,如果他不能獲得足夠的資源,使計劃具有足夠的靈活性,那麼他就應當斷然減少許諾,或是將他所許諾的期限縮短。

4. 改變航道原理

所謂改變航道原理,就是組織計劃的總目標不變,但實現目標的進程(即航道)可以因情況的變化而隨時改變。因為環境是不斷變化的,儘管我們在制訂計劃時預測了可能發生的情況,並制定了相應的應急措施,但不可能面面俱到。因此,在實施計劃的過程中,雖然我們應按計劃進行活動,但不能被計劃束縛住,而應該根據當時的實際情況做必要的檢查和修正,以保證組織目標的實現。這就好像在海中航行,目的地不變,一旦遇到障礙可以繞道而行。改變航道原理與靈活性原理不同,後者是計劃本身具有適應性,而前者是使計劃執行過程具有應變能力。

## 第二節　計劃制訂的過程與方法

一項完整的計劃包含若干項要素。在這些要素中，有的比較容易明確，有時就體現在計劃的標題之中，如「某某企業的經營計劃」，說明該計劃所涉及的範圍就是某某企業；但也有些要素較難確定，如人選和責任。本節將就計劃制訂的過程與方法做進一步探討。

**一、計劃制訂的過程**

1. 明確任務或目標

制訂任何一項計劃都必須首先明確目標或任務，明確目標可以指明計劃的方向。計劃中的目標應該是具體可衡量、易懂易記，符合所屬目標概述要求，且一項計劃最好只針對一個目標，因為一項計劃設立的目標太多，行動時就會發生不知如何協調以達成各目標的情形。

例如，當某項集體活動的目標被設置為「交流學習經驗，增強相互間的感情，娛樂身心」時，為達到以上三方面的目標，計劃中通常就要安排學術交流、交友活動和娛樂活動等項目，導致的結果是要在有限的時間內完成繁多的內容，以致每一項內容都無法深入進行，不僅學術交流淺嘗輒止，感情交流也泛泛而行，而且每一個人都感到筋疲力盡。

因此，計劃首先要濃縮目標，以便於方案的制訂和實施。若計劃書中有兩個以上的目標時，則一定要列出各目標的優先順序和重要程度，以集中資源，保證重要目標的實現。

2. 清楚與計劃有關的各種條件

計劃是為了指導行動，現實生活中各種不可能具備的條件，不能作為計劃的基礎。因此，在計劃制訂之前，要積極與各方面溝通，收集各方面的信息，明確計劃的前提或計劃的各種限制條件。例如，在我們制訂旅遊計劃時，不僅要收集有關目的地的氣候、貨幣使用情況、當地的食宿情況等信息，而且還要清楚可使用的時間，能夠承受的費用額度等條件，只有將這些情況查明，才能計劃行程、路線等。

3. 制定戰略或行動方案

確定目標、明確前提條件後，就要從現實出發分析實現目標所需要解決的問題或需要開展的工作。可按照目標分解過程，確定所要進行的各項工作，在各項工作明確之後，通過對各項工作之間的相互關係和先後次序的分析，用網路計劃技術可畫出行動路線圖。

在制訂行動方案時，應反覆考慮和評價各種方法和程序，因為一個好的計劃，不僅程序、方法要清楚可行，而且需要的人力和資金等各種資源支出越少越好。

4. 落實人選、明確責任

在所要進行的各項目標任務明確後，就要落實各項工作由誰負責，由誰執行，

由誰協調、由誰檢查。同時，要明確規定工作標準、檢查標準，制定相應的獎懲措施。每一項工作落實到部門和個人，並有清楚的標準和切實的保障措施。

5. 制訂計劃進度表

活動的客觀持續時間是指在正常情況下完成此項工作所需要的最少時間。例如，釀酒需要一定的發酵時間，從原材料投入到生產出成品需要一定的生產時間等，在一定情況下，工作計劃時間不能少於客觀持續時間，實際工作時間的多少還受工作所需資源的供應情況的影響，若所需要的資源能夠從市場上隨時獲得，則工作時間約為客觀持續時間上再加上一個餘量；若所需資源的獲得需要一定時間，則計劃時間也要在客觀持續時間上再加上獲得資源所需要的時間。另外，同樣的工作，如不計成本，則可通過採用先進的技術、增加人力等縮短工作時間。根據以上幾方面的情況，即可決定每項工作所需要的時間，前後相連的各項工作時間之和即為完成此項任務或實現此項目標所需的總時間。

6. 分配資源

資源分配主要涉及需要哪些資源、各需要多少以及何時需要等問題。一項計劃所需要的資源及資源多少可根據該項計劃所涉及的工作要求確定，不同的工作需要不同性質和數量不等的資源，根據各項工作對資源的需求、各項工作的輕重緩急和組織可供資源的多少就可確定資源分配給哪些工作和分配多少，每一項工作所需要的資源何時投入、各投入多少，則取決於該項工作的行動路線和進度表。

在分配資源時，計劃工作人員要注意不能留有缺口，但要有一定的餘地。即必須保證工作所需的各項資源，並且要視環境的不確定程度留有一定的餘量，以保證計劃的順利進行。

7. 制定應變措施

制訂計劃時，最好事先備妥2~3個替代方案。制訂多個方案的目的，一是因為在一個組織中，計劃必須經過各方面的審議才能獲得批准，制訂多個計劃有助於早日獲得各方面的認可；二是因為儘管我們按未來最有可能發生的情況制訂計劃，但是未來的不確定性始終存在，為了應對未來可能的其他變化，保證在任何情況下都不會失控，就有必要在按最好的情況制訂正式計劃時，按最壞情況制訂應急計劃。

要說明的是，應變措施可以是一個完整的應對最可能發生的、最壞情況的計劃，也可能只是一個簡單的說明，即一旦出現最壞情況該如何做。制訂計劃的實施過程未必要按上述順序進行，不過需要強調的是，只要是完備的計劃，上述計劃過程的每一個環節都不可缺少。

8. 審定計劃

完成計劃初步編製後，要進行計劃的審定。審定計劃主要是評價所制訂的計劃的完整性和可行性。計劃的完整性主要是看該項計劃的要素是否齊全，也可稱之為計劃形式審查；計劃的可行性審查也叫內容審查，主要評價計劃中所列的各個事項的可行性。如果計劃的審定過程中，發現缺少某一部分要素，或某一部分內容不合適，就要立即進行修改，以使計劃更加行之有效。審定方可以是上級、平級，也可以是下級群體。另外，在計劃審定時可事先根據評審要求制定評審清單和標準，以

保證不遺漏重要事項，同時提高評審的客觀性和科學性。

具體計劃制訂的過程如圖 4-2 所示。

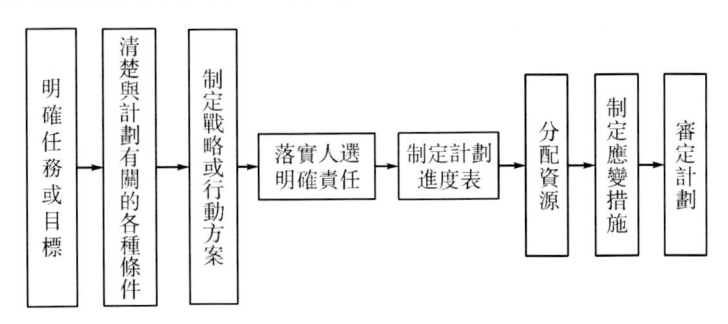

明確任務或目標 → 清楚與計劃有關的各種條件 → 制定戰略或行動方案 → 落實人選明確責任 → 制定計劃進度表 → 分配資源 → 制定應變措施 → 審定計劃

圖 4-2　計劃制訂過程

## 二、計劃制訂的方法

### 1. 滾動計劃法

滾動計劃法是一種將短期計劃、中期計劃和長期計劃有機地結合起來，根據近期計劃的執行情況和環境變化，定期修訂未來計劃並逐漸向前推移的方法。由於在計劃工作中很難準確地預測未來發展中各種因素的變化，而且計劃期越長，這種不確定性就越大，因此，若硬性地按幾年前制訂的計劃執行，可能會導致重大的損失。滾動計劃法則可避免這種不確定性帶來的不良後果。

滾動計劃法的具體做法是，在制訂計劃時，同時制訂未來若干期的計劃，但計劃內容採用「近細遠粗」的辦法，即近期計劃盡可能詳細，遠期計劃的內容則較粗；在計劃期的第一階段結束時，根據該階段計劃的執行情況和內外部環境變化情況，對計劃進行修訂，並將整個計劃向前滾動一個階段，以後根據同樣的原則逐期滾動，如圖 4-3 所示。

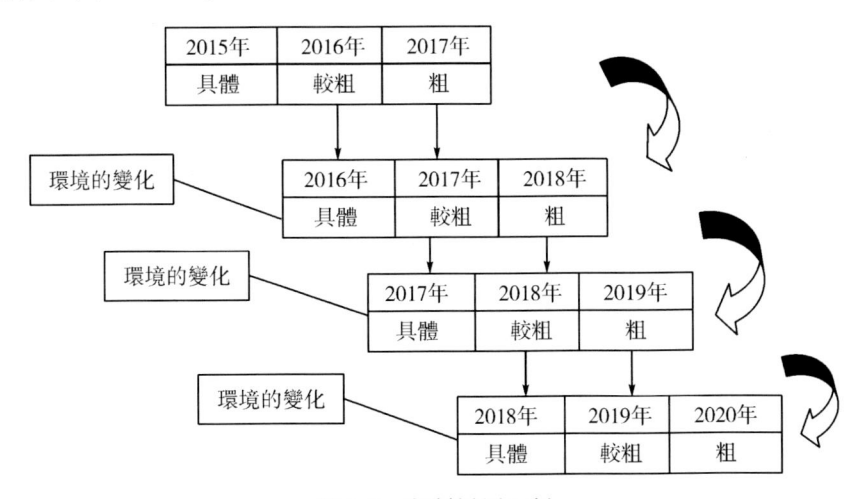

| 2015年 | 2016年 | 2017年 |
|---|---|---|
| 具體 | 較粗 | 粗 |

環境的變化

| 2016年 | 2017年 | 2018年 |
|---|---|---|
| 具體 | 較粗 | 粗 |

環境的變化

| 2017年 | 2018年 | 2019年 |
|---|---|---|
| 具體 | 較粗 | 粗 |

環境的變化

| 2018年 | 2019年 | 2020年 |
|---|---|---|
| 具體 | 較粗 | 粗 |

圖 4-3　滾動計劃法示例

2. 網路計劃技術

現代化生產是由眾多勞動者使用各種複雜的技術裝備來完成的，複雜的生產過程，精細的勞動分工要求有科學的組織和嚴密的計劃，以保證生產的連續性和資源的充分利用。但在日常生產中，常常發生各個生產環節之間的不協調，如前緊後鬆、停工待料等現象，拖長了生產週期，造成了人力、物力、財力上的浪費，並進而影響了整個生產任務的完成。為了適應現代化生產發展的需要，20世紀50年代以來，許多發達國家進行了大量的調查研究，先後發明了一些新的科學管理方法，網路計劃技術（PERT）就是其中一種。

網路計劃技術的基本原理是：運用網路圖形式表達一項計劃中各種工作（任務、活動、過程、程序、工序）之間的先後順序和相互關係，在此基礎上進行網路分析，計算網路時間，確定關鍵工序和關鍵路線；接著利用時差，不斷改善網路計劃，求得工期、資源和成本的優化方案，付諸實踐；在計劃的執行過程中，通過信息反饋進行監督和控制，以保證預定的計劃目標的實現。構造網路圖（如圖4-4所示），需要明確以下幾個概念：

第一，箭線（arrow）：網路圖中一段帶箭頭的實線，代表一項活動、工作、作業。箭尾表示活動的開始，箭頭表示活動的結束。

第二，節點（node）：用圓圈表示，代表某項活動的開始或結束。

第三，虛箭線（dummy arrow）：用帶箭頭的虛線表示，代表一種作業時間為零的實際上並不存在的作業或工序。

第四，路線（path）：網路圖中從始點開始，沿著箭頭方向到達網路圖終點為止，中間由一系列首尾相連的節點和箭線所組成的一條通道。其中，關鍵路線指在路線上的各項作業時間之和為最大的路線。

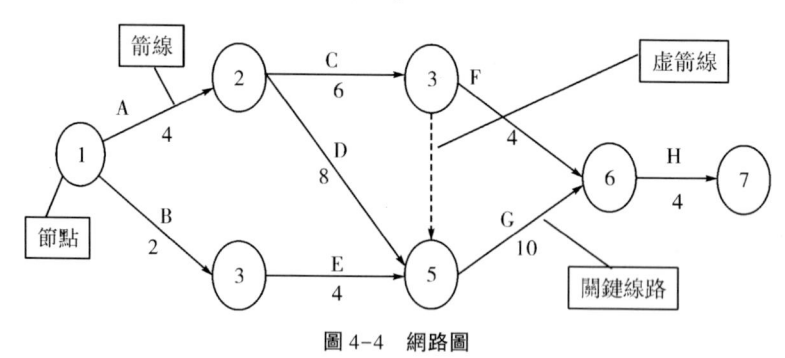

圖4-4 網路圖

3. 甘特圖

甘特圖是在20世紀初由亨利·甘特（Henry Gantt）開發的。它基本上是一種線條圖，橫軸表示時間，縱軸表示要安排的活動，線條表示在整個期間計劃和實際完成情況。甘特圖直觀地表明了任務計劃在什麼時候進行，以及實際進展與計劃要求的對比。

圖4-5是一個圖書出版的甘特圖。時間以月為單位表示在圖的下方，主要活動從上到下列在圖的左邊。計劃方案需要確定書的出版包括哪些活動，這些活動的順

序，以及每項活動持續的時間。時間框裡的線條表示計劃的活動順序。甘特圖可以幫助管理者發現實際進度偏離計劃的情況。在這個例子中，除了打印長條校樣以外，其他活動都是按計劃完成的。

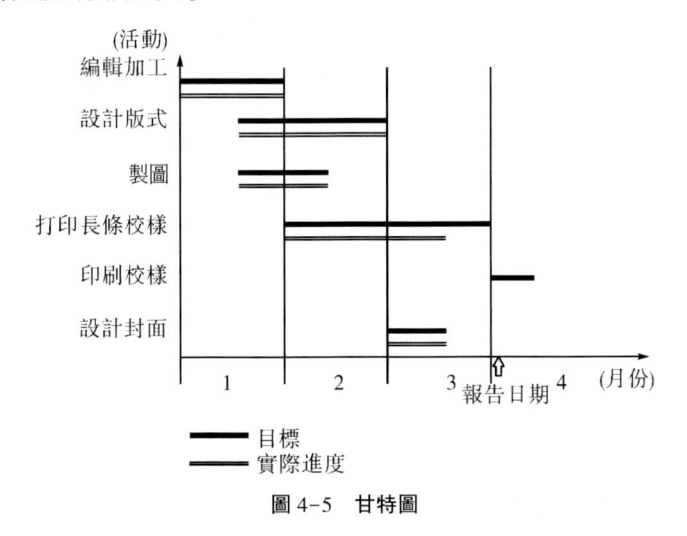

圖 4-5　甘特圖

此外，甘特圖還有一個變形，即負荷圖。負荷圖不是在縱軸上列出活動，而是列出或者整個部門或者某些特定的資源。負荷圖可以使管理者計劃和控制生產能力，它是工作中心的能力計劃。圖 4-6 是某出版公司 6 個責任編輯的負荷圖，每個責任編輯負責一定數量書籍的編輯和設計。通過檢查他們的負荷情況，管理 6 個責任編輯的執行編輯可以看出，誰有空閒時間可以編輯其他的圖書。

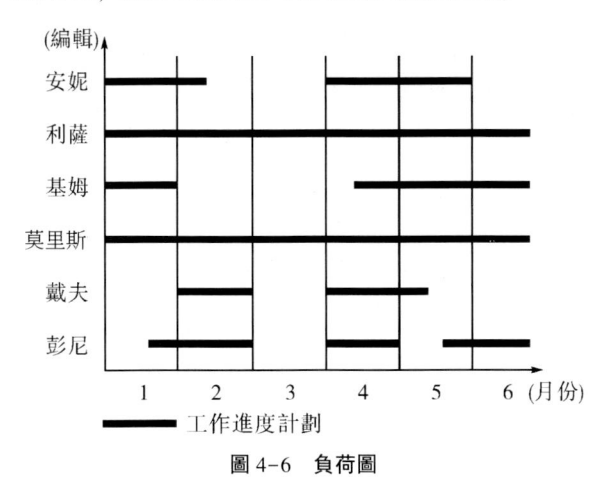

圖 4-6　負荷圖

4. 其他方法

（1）定額換算法：直接根據有關技術經濟定額來計算確定計劃指標的一種方法。例如，根據各人、各崗位的工作定額求出部門應完成的工作量，各部門的工作量加總即得到整個組織的計劃工作量。

（2）係數推導法：利用兩個相關聯的經濟指標之間長期穩定的比率來推算確定計劃實現的方法，也稱比例法。例如，在一定的生產技術條件下，某些原材料的消耗量與企業產量之間有一個相對穩定的比率，根據這個比率和企業的計劃產量，就可以推算出這些原材料的計劃需求量。

（3）經驗平衡法：根據計劃工作人員以往的經驗，把組織的總目標和各項任務分解分配到各個部門，並經過與各部門的討價還價最終確定各部門計劃指標的方法。

## 第三節　目標制定與目標管理

### 一、組織目標概述

1. 組織目標的定義和特點

組織目標（organizational objectives）是一個組織在未來一段時間內要達到的狀態，它反應了組織在特定時期內，在綜合考慮內外部環境條件的基礎上，希望在某一段時間內在履行其使命上能夠達到的程度或取得的成效。組織目標具有多元性、層次性和時間性等特點。

（1）多元性。同一個組織會有性質不同的多個目標。這是基於對組織的經營發展以及對外部大環境變化的適應和公眾需求所決定的。組織目標大體可分為戰略目標和財務目標兩個方面。戰略目標是組織在進行經營活動前對實現目標、活動成果的預期。首先，戰略目標是長期性的。戰略目標是對於未來成果的預期和設想，它的實現往往是一個長期的、漸進的過程，需要通過長期努力來實現。其次，戰略目標具有穩定性的特點。組織的發展要建立在一個穩定的目標上，戰略目標代表著組織的發展方向。同時，戰略目標的穩定也確保了員工的穩定性，因為在工作中員工也期望看到一個清晰且明了的戰略目標和發展方向，而非變化不定的。再次，戰略目標具有全面性。戰略目標是從宏觀的層面制定的，它並不局限於組織的某一部分，而是著眼全局，綜合了預期和實際情況。財務目標用於檢測組織財務活動的合理性，是組織在財務活動方面應當達到的標準。財務目標是組織在經營活動中的重要環節，既是預期的未來目標也是在計劃實施過程中財務活動標準。

（2）層次性。組織目標作為一個宏觀性概念，為指導計劃中的每一位執行者的行動，需要進行具體分解，使不同部門和層級上的人都瞭解到自己應該做什麼才有助於總體目標的實現。如圖4-7所示，目標可按組織等級分為總體目標、部門目標和崗位目標。例如，銷售部門有其關於擴大銷售量和市場佔有率的目標，生產部門有其關於降低生產成本、提高產品數量和質量等方面的目標。組織目標也可以按照具體化程度不同，分為總體目標、戰略目標和行動目標三個層次。對於組織而言，總目標和戰略目標是公開的，它也是該組織希望達到的社會目標；而行動目標則是保密的，它是組織的真正目標，也許只有少數高層管理人員和相關人員知道。低層次目標的實現是上一層次目標實現的基礎。通過分等分層，將抽象的目標變為具體的目標，從而在指導組織中每一個成員的行為過程中發揮作用。正是由於目標是分

等分層的，因此在制定目標的過程中，我們要進行目標的分解細化，要通過對這些多層次、多種性質的目標的綜合協調，形成一個「相互支撐的目標矩陣」。

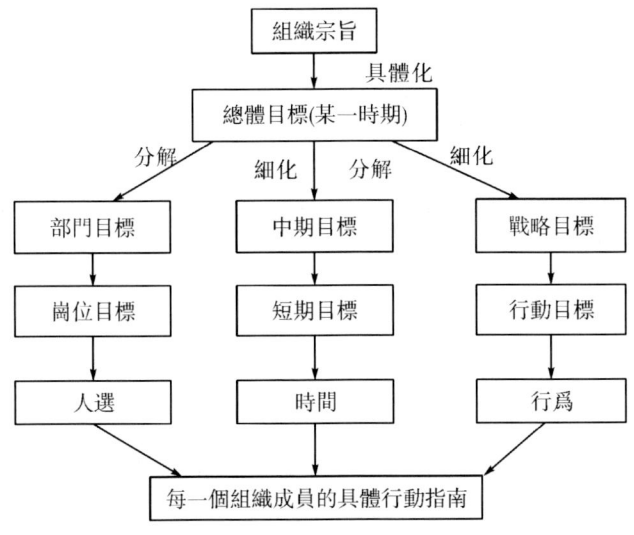

```
                        組織宗旨
                           │ 具體化
                           ▼
                    總體目標(某一時期)
            分解      細化    分解    細化
        ┌──────────┬──────────┬──────────┐
        ▼          ▼          ▼          
      部門目標    中期目標    戰略目標
        │          │          │
        ▼          ▼          ▼
      崗位目標    短期目標    行動目標
        │          │          │
        ▼          ▼          ▼
       人選       時間       行為
        │          │          │
        └──────────┼──────────┘
                   ▼
         每一個組織成員的具體行動指南
```

圖 4-7　組織目標的分解細化

（3）時間性。組織目標是組織在未來一段時間內要達到的狀態，因此，任何組織目標都有時間性。這一方面意味著組織目標都是在特定時間內要達成的，因此在確定組織目標時必須指明其時間期限；另一方面，這也意味著在不同的時間段，組織的目標是會發展變化的，管理者要根據環境的發展和組織內部條件的變化及時地制定出新的組織目標。

按照組織目標時間跨度的不同，組織目標可分為長遠目標、中期目標和短期目標。一般情況下，在一個組織中，管理層次越低，目標的時間跨度越短，目標內容越具體；反之，管理層次越高，目標的時間跨度越長，目標內容也越抽象和籠統。由於企業將來能夠取得什麼成果，與近期應做什麼、要做到什麼程度密切相關，因此在制定目標時，管理者必須處理好長期目標與短期目標之間的關係，使得長期目標有短期目標作為保障，短期目標圍繞著長期目標展開。

組織目標的多元性、層次性和時間性，體現了組織目標體系複雜而有機的聯繫，只有充分認識和把握組織目標的這些基本特點，才能切實有效地做好組織目標的制定工作。

2. 組織目標的作用

組織目標規定了每個組織成員在特定時期內要完成的具體任務，從而使整個組織的工作能在特定的時刻充分地融為一體。沒有明確的目標，整個組織就會成為一盤散沙，管理也必然是雜亂的、隨意的。因此，組織目標是組織存在的前提，是組織開展各項工作的基礎，是管理者和組織中一切成員的行動指南，在管理中起著重要的作用。

第一，組織目標是組織進行計劃和決策的基本依據。在一個組織中，管理者要

有效配置資源，首先必須明確組織的目標。只有明確了組織的目標，才能確定為了實現目標必須開展哪些工作，因此，目標是計劃的基礎。同時，在管理工作中，管理者時常面臨各種問題的決策。在決策過程中，管理者只有對組織目標有清晰的瞭解，才能判斷該問題是否需要解決、應該解決到何種程度、應該怎麼做才是組織行動的正確方向。相反，如果目標不清，企業就難以做出準確決策。

第二，組織目標是組織內部分工和協調的準則。組織的目標實現有賴於全體組織成員的共同努力。然而，組織結構如何設置、成員之間如何分工，都必須在明確了組織目標之後方能進行。同時，各部門協作效率的提升，也有賴於各部門成員相互理解和體諒其他部門成員的工作，盡量減少彼此間的衝突和矛盾。但事實上，由於人數眾多和工作內容的差異，在組織中要達成這種相互瞭解存在較大的困難。組織目標則為組織成員提供了相互瞭解的途徑。因為組織中各個成員的工作都是以實現組織目標為基礎的，只要瞭解了組織的目標體系，就可以瞭解組織中其他成員的工作內容及其各項工作的重要程度，從而促進相互之間的協作和配合，減少工作中的衝突和矛盾。

第三，組織目標是資源配置和業績考核的基本依據。效率和效益相比，效益是第一位的。要改進和提高組織的效率，就必須搞清組織的目標是什麼，並沿著這個方向努力，將有限的資源配置到與組織目標的達成最相關的地方，使其發揮最大的效用。同時，還要使組織成員的努力符合組織目標，因為所有不符合或違反組織目標的努力都是無效的，甚至是有害的。是否符合組織目標以及對目標貢獻的大小，構成了對組織成員的業績考核或貢獻評估的基本標準。

第四，組織目標是一種長效的激勵機制。為了調動組織成員的積極性，管理者通常採用物質激勵的形式。但事實上，能夠真正激發員工內在工作積極性的是能夠吸引人的、引起共鳴的目標。如果管理者能夠提出一個使全體員工為之振奮的目標，並樹立其實現目標的信心，不僅能夠減少物質刺激的壓力，而且可以使員工在工作中努力克服可能遇到的各種困難，致力於最終目標的實現。

**二、目標制定**

1. 目標制定的基本原則

目標的意義在於指導組織成員向所期望的方向努力並力求達到所期望的程度。因此，目標的制定須明確：①目標內容，即闡明應該做什麼工作；②目標程度，即闡明最終所期望達到的結果、達到的程度或狀態；③衡量方法，即說明目標程度如何衡量；④時間要求，即明確任務或目標應該在何時或多長時間內達成。學者們提煉出了目標制定應遵循的 SMART 原則。

S：具體的（specific）。目標應明確，能使員工明確組織期望他做什麼、什麼時候做以及做到何種程度。同時，每一層面的目標數量要有一定的限制。因為組織資源有限，員工必須將精力集中於重要的事情上，目標太多會使組織成員無所適從。此外，目標的表述要簡明扼要、易懂易記。目標越容易理解，就越容易起到作用。

M：可衡量的（measurable）。如果目標無法衡量，組織就無法檢查實際與期望

之間的差異，從而無法指導員工不斷改進工作，無法使目標落到實處。為此，除要明確目標內容的具體衡量方法外，目標值不應該用形容詞，要盡可能用數字或程度、狀態、時間等準確客觀表述，衡量方法不應該是主觀判斷而應該是客觀評價。

A：能實現的（attainable）。目標值應盡可能合理，過高或過低都會影響目標作用的發揮。

R：相關聯的（relevant）。目標是實現公司使命和願景的重要工具，目標內容的確定必須與公司宗旨和願景相關聯。在分解目標時則應與員工的職責相關聯，使員工的日常工作指向目標的實現。

T：有時限的（time-bound）。目標必須有起點、終點和固定的時間段。沒有確切的時間要求，就無法檢驗；沒有時間要求的目標，容易被拖延，即一項沒有截止期限的目標常常是一項永遠不會完成的目標。

2. 組織目標的制定過程

制定目標是一項複雜的工作。依據上述基本原則，目標的制定過程可分為五大步驟（圖4-8）。

（1）組織環境和追求分析。

目標的確定首先要對影響組織績效的內外部環境因素進行分析。全面收集、調查和分析有關內外部環境的相關資料，在此基礎上，對組織內外部環境的現狀、發展趨勢及其對組織的可能影響做出客觀的分析和判斷，以此作為確立組織目標的依據。這部分工作具體包括以下三方面：

①願景和追求分析。通過對組織成員特別是領導層價值觀和志向的分析，明確組織成員願意做什麼、不願意做什麼，以及希望做到何種程度，即明確組織成員致力於組織發展的目的、群體價值觀和追求。

②外部環境分析。通過對影響組織目標制定和組織生存發展的外部環境因素，如有關國家政治和法規、經濟政策、社會消費傾向、科學技術等在過去若干年中的發展情況和未來可能發生的變化的分析，明確組織在未來若干年中可以為社會做什麼，可以利用哪些社會資源和能力，以及不可以做什麼，即明確組織未來生存發展可能面臨的機會和威脅、可以利用的社會資源和能力。

③內部實力分析。通過對以往組織目標執行和完成情況的分析，以及對組織所擁有的物質資源、資金條件、人員素質、管理水準等方面的分析和未來可能發生的變化的分析，明確按照組織所擁有的資源和能力，組織能夠做什麼、不能做什麼、通過創新還能做什麼，即確定組織自身的實力。

（2）擬訂可行的組織定位方案。

在對上述各方面進行系統分析的基礎上，明確組織的定位方案可行域。為了保證組織目標的切實可行性，所提出的各目標方案必須是在外部環境允許（可以做）、內部條件具備（能夠做），而且符合組織成員價值觀（願意做且認為值得做）的範圍之內。外部環境不允許（不可以做）或組織力量難以實現（不能做）或組織成員不願意做（認為不值得或不喜歡做）的都不能列為可行目標方案。注意，在制訂每一個可行的定位方案時，都要明確服務對象（目標顧客，為誰做）和服務內容（顧客價值，做什麼）以及服務目標（做到何種程度）。

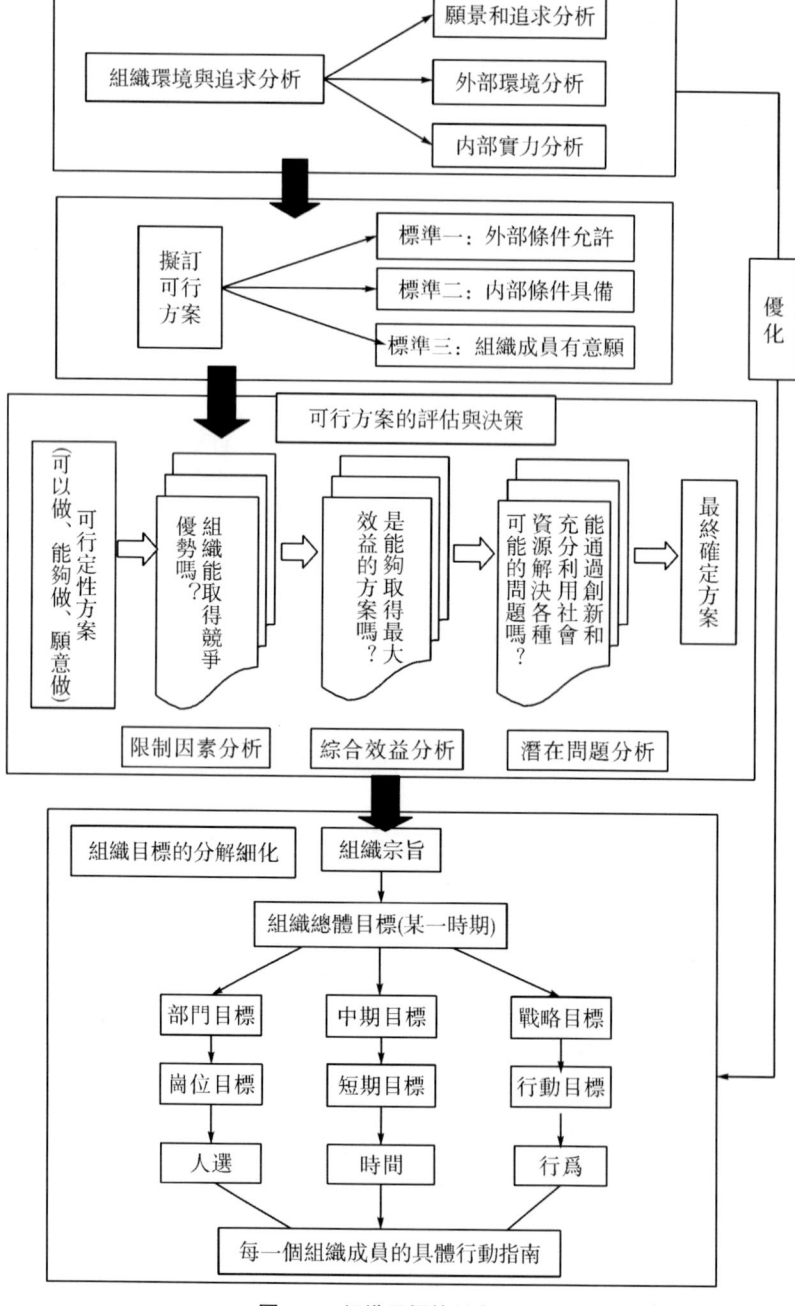

圖 4-8　組織目標的制定過程

(3) 評估各定位方案並確定組織定位。

按照科學決策過程對所提出的各可行定位方案進行評估，從中選出一個滿意的定位方案。評估主要從以下三方面進行：

①限制因素分析：分析哪些因素會影響目標的實現，有多大影響。特別要對比分析組織與競爭者之間的實力，看組織是否有可能在競爭中取得一定的優勢。

②綜合效益分析：對每一個定位方案，綜合分析其可能帶來的種種效益，包括社會的和本組織的效益，看是否是組織能夠取得最大效益的方案。

③潛在問題分析：對實施每一個定位方案時可能發生的問題、困難和障礙進行預測分析，看組織是否有能力解決這些可能遇到的問題。

通過評估，進一步明確組織的優勢與劣勢，最後根據揚長避短的原則，確定組織定位，即明確組織的服務對象（為誰做）、服務內容（在什麼方面做）和服務目標（做到何種程度）。

(4) 目標的分解和細化。

由於組織目標是分等分層的，所以在明確組織定位和組織總體目標以後，還需要將組織目標進行分解和細化，形成一個完整的目標體系。

目標的分解與細化包括兩個方面。一是要根據組織總體目標制定出相應的戰略目標和行動目標，即進一步明確為了實現總體目標，必須做些什麼、怎麼做，以及做到何種程度等。例如，一個企業為了成為行業龍頭企業（總體目標），就必須在技術上保持領先地位（戰略目標），為此就要制定出為了在技術上保持領先、在高層次研發領軍人才的引進、研發經費投入、研究中心的組織建設等方面更具體的行動目標。只有通過這一系列的行動目標和戰略目標的明確，組織總體目標才能得以落實。二是要將總體目標分解成部門目標和崗位目標，確認各級成員在組織總體目標實現中應承擔的責任和擁有的權力，並明確相應的檢查、考核評價與獎罰制度，使組織中不同層次和崗位的成員瞭解，他們應當做些什麼才有助於組織總體目標的實現，並清楚組織總體目標的實現與個人利益之間的關係，從而使組織總體目標落實到人，成為組織中每一個成員的行動指南。

(5) 目標體系的優化。

通過將總體目標具體化而形成的目標體系，是一個多層次、多部門的目標體系，通常以網路的方式相互連接，因此如何保證這些目標相互之間的協調，是目標制定過程中必須解決的一個問題。如果不注意目標體系中各目標的協調與匹配，就會在目標的制定及實施中出現對本部門有利而對其他部門不利或有害的現象。例如，生產部門希望以大批量、長週期、重複生產為目標，而銷售部門則希望以小批量、短週期、多品種為目標，兩者之間若不加以協調，就會影響相互間的合作與配合。

組織目標的協調主要通過以下三方面來完成：

一是橫向協調，即對組織中處於同一層次的不同目標之間進行相互協調，如研發、生產、行銷、財務等各部門之間的目標要有機聯繫，相互支持。管理的作用就在於力求以有限的資源實現盡可能多或高的目標，因此在制定目標時我們要盡可能將表面上似乎是矛盾的、不同性質的目標有機地加以協調。

二是縱向協調，即組織中不同層次的目標之間要上下保證，如崗位目標與部門目標之間、部門目標與總體目標之間要保持一致。上一層次抽象的目標要分解細化為下一層次的具體目標，下一層次的具體目標必須能夠保證上一層次目標的實現。

　　三是進行綜合平衡，即明確各目標的優先順序和重要程度，以突出重點，避免因小失大。因為儘管進行了橫向和縱向協調，在實際執行過程中仍有可能出現目標之間相互衝突的情況，為此，必須事先明確各目標的優先順序，以便在目標衝突時避免忙中出錯、因小失大。通過上述三個方面的協調，最終將形成一個「相互支持的目標矩陣」。

### 三、目標制定和運用中的問題

　　制定目標是有效管理的重要任務之一。沒有目標，管理就無的放矢。儘管上一節已就目標制定過程做了詳細的闡述，但在管理實踐中關於如何制定有效的目標以及如何運用目標實現有效的管理，仍然讓許多管理者感到困惑。下面針對管理實踐中，人們對目標的制定和運用所持有的常見問題做進一步探討。

　　1. 在動盪的市場環境下，目標是否還能被事先預定？

　　在穩定的環境中，由於變化幅度不大，人們可以根據前幾年的情況，結合當年環境可能發生的少量變化，大致估計出當年可以實現的目標。但在多變的環境中，由於未來各種因素的變化難以預期，我們確實很難根據前幾年的情況來推斷當年可達到的目標。即使根據現狀和對未來情況的預期確定了一定的組織目標，這一目標與實際業績之間也許仍會有很大的差距。那麼，這是否意味著在多變的環境中目標無法制定或沒有必要事先制定呢？答案顯然是否定的。難以從現狀出發預先確定目標，並不意味著我們就不需要事先確定目標或難以在事先確定目標。如前所述，沒有一定的目標指引，組織就難以有效實現各部門的分工協作和資源的合理配置，也難以充分調動組織成員的積極性。因此，不管環境變化有多大、目標預定有多麼困難，管理者都必須確立各時期組織的目標。

　　另外，目標是在未來的一段時間內要達到的程度，它既可以從現實出發來預定，也可以根據我們內心的追求來確定。在我們難以從現狀和對未來的預期確定目標時，我們可以從使命和願景出發，倒推我們在未來一段時間內應該達到的程度，或根據競爭的需要，推測我們在未來一段時間內必須達到的程度，以此作為目標；或結合兩方面的推測，綜合形成我們的目標，如圖4-9所示。

　　與此同時，我們可根據環境可能發生的變化大小，以理想目標為基準，向下確定一個目標下限基準——即不管環境如何變化都必須實現且能夠實現的目標，並將目標與薪酬掛勾。達到目標下限值可獲得基本年薪，達不到則扣減相應年薪，並給予調崗等處罰；若實際業績在目標下限值和理想目標值之間，則按比例給予一定的績效年薪；若超過理想目標值，按超額的幅度大小給予重獎。以此促使組織成員充分發揮主觀能動性，克服環境多變所帶來的各種困難。

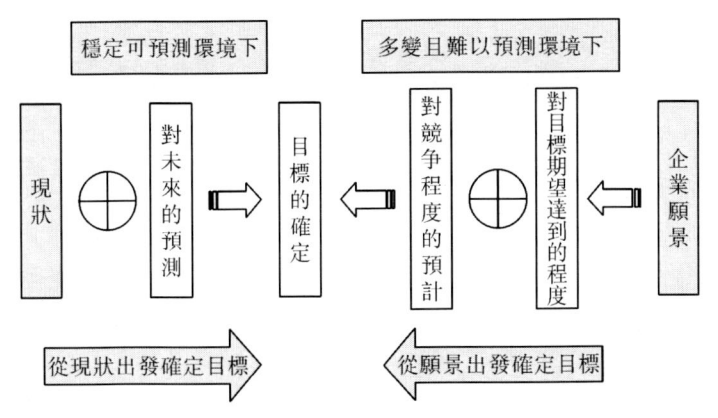

圖 4-9　不同環境下的目標預定方法

**2. 目標是否一成不變？**

組織的定位和目標的設置是建立在人們對於外部環境變化、自身實力和自身願望的認識之上的。這種認識既有客觀的成分，也有主觀感知的成分，並且組織的環境、實力和追求都會隨著時間的變化而變化，因此，我們不能把組織定位和目標視作一成不變的東西。而且要注意，組織目標不能決定組織的將來，它只是一套有效配置組織資源的方法。

組織目標最好的運用方法，應該像航空公司運用飛行時間班次表一樣。時刻表上說明某班飛機上午7點從北京起飛，9點到達上海。如果當天上海有大風暴，班機就不宜按時刻表直飛上海，而可改在杭州降落。我們不能枉顧外部環境變化而機械地根據預期目標執行相應的計劃，也不能因為實施過程中可能需要根據氣候的變化改變計劃和目的地，因此就不製作飛行時刻表。正確的態度是，根據現有的對外部環境變化、自身實力和願望的分析，制定出相應的目標；定期根據實施過程中對這三方面的變化情況的評估，及時修訂既定目標，形成新的目標。不管環境如何變化，我們在任何時刻都必須有清楚的目標。同時我們應認識到：明確目標是為了有效地配置資源，衡量一個目標體系是否有效的最終標準是它是否有助於有效地實現我們的追求。

**3. 目標是否一定要以書面形式明確？**

管理者常常忘記向下屬清楚地說明下一階段的基本打算。如果下屬對組織的目標一無所知，我們就無法期望他們參與到目標的制定中來，並為實現目標而努力。因此，管理者必須向下屬闡明組織的目標。口頭介紹是很好的辦法，它可以激發人們的熱情。但在做過口頭介紹後，一定要形成書面備忘錄。每個人的目標都應該以書面形式記錄下來，並且盡可能詳細。

許多管理者似乎對書面形式有一種抗拒，一提到書面記錄，就會聯想到增加許多工作量。在某些情況下，確實如此；但對於目標來說，並非如此。書面記錄可以幫助我們節省許多不必要的工作，讓我們免掉以後因沒做記錄而產生的反覆、誤解、錯誤和溝通障礙。同時，書面記錄有助於我們今後不斷補充完善目標，防備遺忘，

並可作為日後考核的依據。所以，目標應盡可能地以書面形式明確。

4. 上下級不能就目標達成共識時怎麼辦？

組織目標的實現有賴於全體組織成員的共同努力。如果組織成員不認同某一目標內容的必要性、不相信某一目標值能夠實現，那麼可能很難使其產生足夠的動力或信心。因此，在目標制定過程中，管理者應盡量讓員工一起參與目標的制定與分解，並與員工就目標內容和目標值達成共識。

上下級不能就目標內容或目標值達成共識，通常是因為信息的不對稱：下級不理解上級為什麼要設立這一方面的目標，或不知道上級提出這一目標值的依據是什麼。在這種情況下，組織成員只能依據自己所理解和掌握的信息做出評價，難免會產生不一致。為此，管理者在組織目標制定和分解過程中，一方面應向員工說明目標設立的理由，並共享相關的信息；另一方面應創造條件，讓員工參與目標的制定與分解，瞭解員工的想法和來自基層的信息，對不切實際的目標加以修正。

5. 怎樣將組織目標與每一個員工的日常工作相關聯？

組織的目標必須轉化為各項工作，如果只是將其作為一種「意願」的表達，那麼這些目標便同虛設。目標要轉化為工作，就必須是具體的、清晰的和可測量的，是一項限期完成的特定的責任指派。那麼，怎樣才能將組織目標與每一個部門、每一個崗位的工作緊密相連呢？

首先，我們根據組織的定位和總體目標要求確立組織內的分工協作關係，設計部門設置方案，明確各部門的職能、內部的崗位設立和人員定編，將實現組織總體目標所必須開展的各項工作分解落實到各部門、各崗位。

其次，如圖 4-10 所示，我們要根據總體目標制定年度工作目標並結合各部門職能分工，將其分解落實到各部門，形成各部門的年度工作目標；在執行過程中，進一步根據組織年度工作目標形成月度工作計劃，明確組織為了實現年度目標在該月要完成的各項工作及其目標要求；再進而形成各部門月度工作計劃，由部門月度工作計劃結合各崗位職責分工，明確各崗位在該月要完成的工作以及各項工作目標要求；檢查督促各崗位、各部門完成既定的計劃，再根據當月計劃完成情況，結合年度工作計劃形成下月計劃，循環往復，直至完成既定目標。

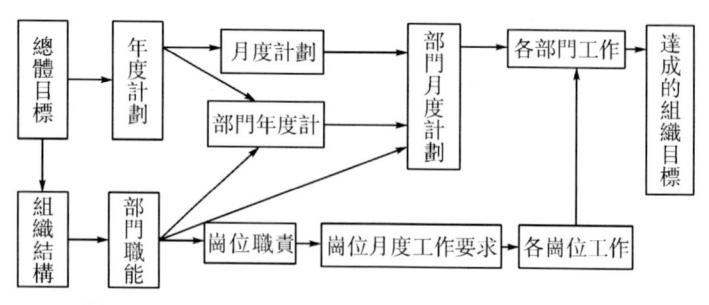

圖 4-10　組織目標轉化為組織成員具體行動的過程示意圖

四、目標管理

目標管理是由美國著名的管理學家彼得·德魯克（Peter F. Drucker）在 1954 年

發表的《管理實踐》一書中提出的一種管理方法。這種管理方法提出後，逐步發展成為許多西方國家組織普遍採用的一種系統地制定目標，並據此進行管理的有效方法。中國於20世紀70年代末引進了這一方法，並運用於企業管理，取得了明顯的效果。目前已成為中國不少企業實際採用的管理方法之一。

目標管理思想的產生有兩方面的背景。一是20世紀40年代後期，隨著經濟和科學技術的發展，組織內部的分工越來越細，各類工作的專業性越來越強。各部門的本位主義和唯我思想隨之滋長，各部門之間各行其是、互不往來，致使組織整體的協調性被忽視。在這種情況下，管理者整天忙於協調，到處「救火」，呈現出盲目性和隨意性，事倍功半。因此，如何在分工日益專業化的情況下，保持各種工作之間的相互配合便成為當時比較突出的問題。

二是當時占主導地位的科學思想強調理性而忽視人性，強調「命令式管理」，而不考慮下屬的思想情況和需求。因此，管理者與下屬之間是監工與操作者的關係。上級事事監督下級，不僅容易引起下屬的反感，造成上下級之間的對立，而且也造成了「有人管干一陣，無人管歇一陣」的「磨洋工」局面；下屬由於只是單純的「奉命行事」，在工作中找不到樂趣，缺乏安全感，常常處於緊張狀態中而被動地工作，難以取得好的效果。梅奧（Mayo）的「霍桑實驗」衝擊了泰勒的科學管理思想，梅奧提出要實現有效管理，不僅要重視理性管理，也要重視人性管理。正是在這種背景下，德魯克提出了目標管理思想。

1. 目標管理的基本思想

目標管理（management by objectives）是一種綜合的以工作為中心和以人為中心的管理方法。它首先由組織中的上級管理者與下級管理者、員工一起制定組織目標，並由此形成組織內每一個成員的分目標，明確規定每個成員的職責範圍，最後又用這些目標來進行管理、評價和決定對每一個部門和成員的獎懲。由此可見，目標管理有以下幾個特點：

（1）目標是共同商定的，而不是上級下指標、下級提保證；

（2）根據總體目標決定每個部門和個人擔負什麼任務、責任及應達到的分目標；

（3）以這些總目標和分目標作為組織部門和個人活動的依據，一切活動都是圍繞著這些目標而展開的，將履行職責與實現目標緊密地結合起來；

（4）對個人和部門的考核以目標實現情況為依據。

目標管理以Y理論為基礎，其基本思想可概括為以下三方面：

（1）以目標為中心

目標管理強調明確目標是有效管理的首要前提。明確的目標使整個組織有了明確協同行動的準則，可使每名成員的思想、行動、意志統一在一起，以最經濟有效的方法去實現目標。在目標管理中，注重目標的制定，各分目標都必須以總目標為依據，分目標是總目標的有機組成部分，計劃制訂和執行以目標為導向，任務完成後以目標完成情況進行考核。目標管理把重點放在目標的視線上，而不是行動本身，這克服了以往只注重工作而忽略目標的弊端，有助於克服管理的盲目性、隨意性，

獲得事半功倍的效果。

(2) 強調系統管理

任何組織都有不同層次、不同性質的多個目標，如果各個目標相互之間不協調一致，那麼組織規模越大、人員越多時，發生衝突和浪費的可能性就越大；同時，組織總目標的實現有賴於組織各分目標的實現，總目標和分目標之間以及分目標與分目標之間要相互支持、相互保證，形成相互支援的網路體系，從而保證目標的整體性和一致性。

**管理背景 4-3**

傳統目標設定過程的弊端

傳統的目標設定過程中，高層管理者僅僅只從概括性角度定義組織的目標，比如實現「足夠的」利潤或者增強「市場領導力」。然而，當通過組織層級將這些模糊不清的目標向層層向下傳達時，它們必須被闡述得更加具體明確。因此，每一層的管理者會融入自己的理解與觀點，來解讀和定義這些目標，並使它們更加具體化。此時，經常出現的情況是，這些目標從最高管理層向下逐級傳達的過程中往往會被曲解，具體如圖 4-11 所示。

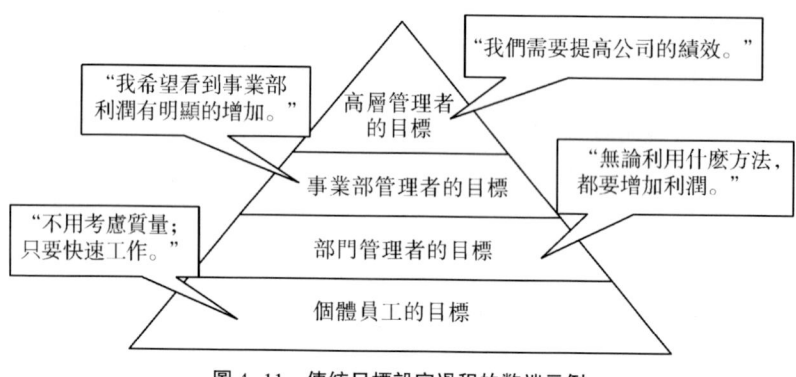

圖 4-11　傳統目標設定過程的弊端示例

資料來源：斯蒂芬·羅賓斯，等. 管理學 [M]. 13 版. 劉剛，等，譯. 北京：中國人民大學出版社，2017：203.

(3) 重視人的因素

目標管理是一種參與式的、民主的、自我控制的管理制度，也是一種把個人需求與組織目標結合起來的管理制度。目標管理重視人的因素，通過工作的目的性、管理的自我控制、個人的創造性來進行管理。目標管理強調由管理者和下屬共同確定目標並建立目標體系，下屬不再只是執行命令，他們本身就是目標的制定者。目標不再是管理者的目標，而是上下級共同協商制定的結晶，這樣不僅能使組織目標更符合實際，更具有可行性，而且能激發各級人員在實現目標時的積極性和創造性，能使組織成員發現工作的興趣和價值，享受工作的滿足感和成就感。在這種制度下，上下級之間的關係是平等、尊重、信賴和支持的，下級在承諾目標和授權後是自主和自治的。

2. 目標管理的程序

目標管理的程序可具體分為三個步驟：目標的確立、目標的實施和目標的評價與總結。

（1）目標的確立

目標的確立不只是管理者的工作，上級和下級對於目標的認可和理解是目標得以最終實現的重要因素。目標的確立共有四個子步驟：

①最高層管理者預定目標。目標的制定一般是先由高層管理者通過對組織內外部環境的分析，提出組織發展規劃，初步確定組織在今後一定時期內發展的方向、期望的目標和要完成的任務，然後和下屬討論、修改、確定。

②重新審議組織結構和職責分工。目標管理過程中，要求每一個目標都有負責人，因此在預定目標後，要重新審議現在的組織結構，做出相應的必要變動，以明確職責，使每一個目標都有明確的責任部門和責任人。

③共同確立下級目標。向下級傳達和明確組織的規劃和目標，在此前提下和下級商定他的目標，共同討論下屬能做什麼、有什麼困難、需要什麼幫助等。目標確定的結果應是下級目標支持上級目標、分目標支持總目標，形成上下銜接、切實可行的目標體系。

④上下級進行協商並達成協議。上下級就實現各項目標所需要的條件及達成目標後的獎懲事宜達成協議，並由組織授予下級以相應的支配人、財、物等資源的權力。雙方協商後，由上下級簽署書面的目標責任書。

（2）目標的實施

目標的實施階段強調自主、自我管理，要求組織的各層級履行好自己的職責，發揮自身的優勢。但是，這並不等於達成目標協議後管理者就可以放手不管，相反，管理者在目標實施階段要根據計劃對工作的完成程度和進展進行跟蹤和檢查，並建立良好的信息溝通和反饋渠道，及時幫助各部門解決所面臨的問題。同時，管理者要做好基礎管理工作，完善必要的規章制度，形成日常工作靠規章制度、業務工作靠目標管理的工作模式。對於各職能和業務部門來說，要充分履行部門職能，遵循組織的規章制度，嚴格按照計劃進度完成工作。

（3）目標的評價與總結

到預定期限後，由下級提出書面總結，上下級再一起對目標完成情況進行評估考核，並根據考核結果按協議決定獎懲。目標管理以制定目標為起點，以考核目標完成情況為終結。也就是說，它所考核的對象是成果，成果是評價工作好壞與優劣的唯一標準，不能目標是一套，考核又是一套。考核的標準、過程、結果應當公開，以產生宣傳、鼓勵先進、鞭策、幫助落後的效果。下屬對考核結果如有意見，應被允許申訴，並被認真處理對待。

3. 目標管理的推行

（1）目標管理的優點

第一，通過目標管理，可使各項工作都有明確的目標方向，從而避免工作的盲目性、隨意性，避免形式主義和做無用功，並可使管理者擺脫「救火」的被動

局面。

第二，通過目標的系統分解，可提高組織工作的一致性，有助於增強各級人員的進取心、責任感；目標管理強調參與，有助於增強全體組織成員的團結合作精神和內部凝聚力，充分發揮每一個組織成員的內在潛力，調動其積極性。

第三，目標管理有助於實現有效控制。目標管理解決了控制工作的兩個難點：控制標準和控制手段問題，使控制工作落到了實處。

(2) 目標管理的缺點

第一，目標難以確定。真正可考核的目標是很難確定的，尤其是要讓各級管理者都感到一定程度的「緊張」和「費力」的目標，而這恰恰是目標管理能否取得成效的關鍵。同時，由於目標管理所強調的目標體系會對各級管理者產生一定的壓力，因此他們有可能會為了達到目標而不擇手段。為了防止這些不道德行為的產生，高層管理者不僅要確定合理的目標，還要明確表示對行為的期望，給不道德的行為以懲罰，這無形中增加了目標確定的工作難度。

第二，目標短期化。在實行目標管理的組織中，目標一般都是短期的，很少有超過一年的。這是由於組織外部環境的變化使各級管理者難以做出長期承諾。短期目標的弊端在管理活動中是顯而易見的，它會導致短視行為，即以損害長期利益為代價換取短期目標的實現。為防止這種現象發生，高層管理者必須從長遠利益來設置各級管理目標，並對可能會出現的短期行為做出某種限制性規定。

第三，目標修正不靈活。目標管理要取得成效，就必須保持目標的明確性和穩定性。如果目標經常改變，說明管理者缺乏深思熟慮，反而會使員工感到困惑、無所適從。但是，如果目標管理過程中環境發生了重大變化，特別是在上級部門的目標已經修改或計劃的前提條件已變化的情況下，還要求各級管理者繼續為原有的目標而奮鬥，顯然也是愚蠢的。然而，由於目標是經過多方磋商確定的，因此要改變它就不是輕而易舉的事，結果很可能不得不中途停止目標管理的進程。

(3) 常見問題

第一，對目標管理的本質缺乏認識。缺乏對目標管理基本思想的正確認識，常常會使目標管理走樣，蛻變成一種管理上的時髦或騙人的玩意。例如，有的管理者認為目標管理就是目標的制定和分解，因此，只注重對目標的制定和分解，而不注重成員積極性的發揮和在執行過程中對下屬提供指導和幫助。

第二，在目標制定過程中草率行事。目標是目標管理的核心，沒有目標不行，目標不恰當也不行。因此，目標的確定是一項既十分複雜又十分嚴肅的工作。影響目標的因素有很多，多個目標之間也很難平衡，加上目標的確定需要上下級反覆討論協商，需要耗費大量的時間和進行大量的溝通工作，因而有的組織剛開始還比較認真，到後面就草率行事，把目標管理變成了數字遊戲，或強迫下屬接受其不同意的目標，使目標管理失去意義。

第三，管理者難以轉換角色。目標管理強調目標的實現主要依靠下級人員的自我控制和自我調節，管理者的職責是及時進行監督檢查，提供幫助和指導，而不是直接指揮下屬的工作。但有的管理者常常難以適應這種角色的轉換，在具體行動過

程中不時地插手下屬的工作，指令下屬應該怎麼做，使下屬左右為難，從而使目標管理的思想得不到落實。

第四，不按協議兌現獎懲。目標管理強調最終考核時要以目標的完成情況為依據，並按事先商定的協議予以獎懲。而在運用目標管理時常常發生的另一種動搖就是當下屬完成任務的情況大大超出管理者事先的預料時，由於按目標完成情況進行考核，按協議兌現，要給予下屬以較大的獎勵或懲罰，這時，有的管理者往往就會因為各種原因而轉換考核標準，不按照協議兌現獎懲。長此以往，目標管理也就流於形式。

因此，目標管理的推行，一要有思想基礎，大家對目標管理的基本思想有共同的理解；二要得到管理者，特別是高層管理者的支持；三是貴在堅持，只有堅持原則，按協議獎懲，才能真正使目標成為每一個組織成員的行動指南，取得目標管理應有的效果。

## 本章小結

1. 計劃就是管理者確定目標和制定必要的行動方針，以期在未來的發展中能夠實現目標的過程。計劃包括兩大方面：目標和實現目標的方案。計劃的表現形式可分為宗旨、目標、戰略、政策、規則、程序、規劃、預算八個方面。

2. 計劃職能是管理的首要職能。計劃可以指明方向，有助於有限資源的合理配置；能使我們防患於未然，更好地面對明天；同時有助於提高效率，調動積極性，並為控制提供標準。

3. 計劃有多種類型，按時間分，計劃可分為長期計劃、中期計劃、短期計劃；按照層次分，計劃分為戰略計劃和戰術計劃；按對象分，計劃可分為綜合計劃、部門計劃、項目計劃；按效用分，計劃可分為指導性計劃和指令性計劃。

4. 計劃的制訂主要是圍繞著明確各計劃要素展開，具體過程包括：明確目標和任務、明確計劃的前提或各種限制因素、制訂戰略或行動方案、落實人選和明確責任、制定進度表、分配資源、制訂應急計劃。

5. 一個計劃的好壞，其最終的收益和成果在於所使用的方法是否得當。計劃制訂的方法有滾動計劃法、網路計劃技術法、甘特圖、定額計算法、系數推導法、經驗平衡法。性質不同的計劃有適用於自身不同的制定方法。

6. 組織目標是人們期望在未來一段時間內能達到的目的。它反應了組織在特定的時期內，在綜合考慮內外部環境條件的基礎上，希望在一段時間內履行其使命上能夠達到的程度或取得的成效。組織目標具有多元性、層次性、差異性的特點。

7. 組織目標是組織存在的前提，是組織開展各項工作的基礎。其在組織管理中的作用具體體現在：目標是進行計劃和決策的基本依據，是組織內部分工和協調的準則，是提高效率和業績考核的基本依據和保障，同時也是激勵的重要手段。

8. 制訂組織目標方案時應當遵循 SMART 原則和以下程序：進行內外部環境掃

描，明確環境以及組織的實力和追求；在此基礎上，制訂若干總體目標方案；對擬訂的目標方案進行分析和論證，從而確定一個滿意的目標方案；對目標方案進行細化和分解，形成一個完整的目標方案體系，最後進行目標體系的優化，以獲得各方面相容且相互支持的目標體系。

9. 目標管理是一種綜合的以工作為中心和以人為中心的管理方法。它首先由組織中的上級管理者與下級管理者、員工一起制定組織目標，並由此形成組織內每一個成員的分目標，明確規定每個成員的職責範圍，最後又用這些目標來進行管理、評價和決定對每一個部門和成員的獎懲。

## 關鍵術語

計劃（plan）　計劃工作（planning work）　組織目標（organizational objectives）
SMART 原則（SMART rules）　目標管理（management by objectives）

## 複習與思考

1. 管理者開展工作為什麼要首先制訂計劃？制訂計劃的意義是什麼？
2. 制訂計劃需要遵循哪些原理？
3. 計劃有哪些分類方式？這些分類對實際工作有何指導意義？
4. 簡述網路技術法的基本思想。
5. 組織目標在組織管理中具有哪些重要作用？
6. 簡述目標制定的程序和應遵守的原則。
7. 簡述目標管理的基本思想和主要程序。

## 案例分析

### 岷山電纜股份有限公司年度生產計劃的制訂

1. 公司發展、現狀及行業背景

岷山電纜股份有限公司前身是 1965 年經四川省計委批准成立的國營岷山電纜廠，是中國從事專業研發和生產電線電纜歷史悠久的企業之一。2012 年實施重大資產重組，將岷山集團旗下電纜產業進行重組，發行股份購買岷山高分子、岷山特纜、岷山通信 100% 股權。本次重組完善了岷山電纜產業鏈，豐富了公司產品線。目前公司總部、研發中心（省級企業技術中心）位於成都市高新區，生產部位於郫縣（今郫都區）工業港，總占地面積 20 萬平方米。

目前，公司總資產 7.75 億元；稅前利潤 2.05 億元；擁有員工 1,000 餘人，其

中工程技術人員 120 餘人，高級管理人員 20 人。公司目前擁有國內外一流的製造和檢測設備，為公司開發製造高品質的高、中、低壓電纜及超高壓交聯電纜提供了質量保證。這些是公司的核心資產，另一部分核心資產就是公司寶貴的人力資源：公司的研發團隊、銷售團隊和管理團隊。

電線電纜行業是中國重要的基礎性產業，廣泛應用於國民經濟的各個部門。電線電纜作為一個強週期性行業，其發展與經濟整體情況的發展休戚相關。相對於前幾年的高速增長，中國已經適度下調了國家的經濟增速。目前，傳統的普通線纜市場競爭激烈，企業利潤的低下；另一方面卻是新興特種電纜市場的廣闊空間與超高的利潤率，如智能電網高壓電纜、超高壓電纜、高速鐵路用電纜、軌道交通用電纜、海洋工程及船舶用特種電纜項目等。2012 年岷山電纜股份有限公司成為高速鐵路、軌道交通領域的合格供應商，這意味著公司有較大的發展機遇。

2. 岷山電纜股份有限公司主要產品及需求預測

公司主要產品系列有：銅芯聚氯乙烯絕緣控制電纜、鋁芯交聯聚乙烯絕緣架空線、高壓銅芯交聯絕緣電力電纜等。每個產品系列又分為若干產品品種，按照公司慣例，制訂年度生產計劃的計劃對象是產品系列，而不是具體產品。

2013 年 11 月底，公司新進的一些生產設備、檢測設備、試驗設備已經調試完畢，將於 2014 年正式投入使用，這將為公司增加新的生產能力。在綜合考慮各產品系列的平均單位產品工時消耗、關鍵設備生產能力的基礎上，公司企管部、生產部共同核定了 2014 年各產品系列的生產能力。同時，由於新的生產設備、檢測設備、試驗設備的投入使用，各產品系列的生產成本也有些變化，但變化不大，公司企管部在同生產部、銷售部、財務部會商後，估算出各產品系列在生產、銷售過程中的資金占用數據及單位產品利潤數據。由於單位產品利潤主要決定於產品的銷售價格和生產成本，預計產品銷售價格在全年中波動不大，但生產成本受銅、鋁等原材料價格波動的影響，可能變化較大，因此這裡的單位產品利潤是指產品系列的平均利潤。各產品系列的生產能力數據、資金占用數據、平均利潤數據都將提交部門經理會議討論。

2013 年 12 月 10 日，岷山電纜股份有限公司召開了一次部門經理會議，出席會議的有公司生產部、銷售部、財務部、企管部、人力資源部、技術中心、採購部、總經理辦公室等部門的負責人。會議的議題之一是討論公司企管部提交的各產品系列生產能力數據、資金占用數據和平均利潤數據，議題之二是討論銷售部門提出的 2014 年公司產品需求預測，需求預測也是針對產品系列的。在這次會議上，部門經理們對 2014 年產品系列的生產能力、資金占用、平均利潤及需求預測數據爭議不大，討論後確定的生產能力、資金占用、平均利潤數據見表 1，需求預測結果見表 2。

表1  2014年岷山電纜股份有限公司產品生產能力

| | 產品 | | | | | | | |
|---|---|---|---|---|---|---|---|---|
| | 系列1 | 系列2 | 系列3 | 系列4 | 系列5 | 系列6 | 系列7 | 系列8 |
| 生產能力（m） | 300,000 | 400,000 | 1,200,000 | 500,000 | 800,000 | 500,000 | 300,000 | 400,000 |
| 資金占用（元/m） | 17.07 | 251.76 | 30.09 | 658.63 | 683.69 | 933.98 | 192.23 | 896.51 |
| 單位產品利潤（元/m） | 2.41 | 49.12 | 4.60 | 117.61 | 63.60 | 168.79 | 27.14 | 126.57 |

註：表中產品系列1~8分別代表銅芯聚氯乙烯控制電纜、鋁芯交聯聚乙烯絕緣三芯電力電纜、鋁芯交聯聚乙烯絕緣架空線、高壓銅芯交聯絕緣電力電纜、交聯聚乙烯絕緣電力電纜、交聯聚乙烯絕緣三芯電力電纜、高壓鋁芯鋼帶交絕緣電力電纜、高壓銅芯鋼帶交聯絕緣電力電纜。

表2  2014年岷山電纜股份有限公司產品需求預測

| | 產品 | | | | | | | |
|---|---|---|---|---|---|---|---|---|
| | 系列1 | 系列2 | 系列3 | 系列4 | 系列5 | 系列6 | 系列7 | 系列8 |
| 預測的需求量（m） | 500,000 | 650,000 | 800,000 | 800,000 | 1,000,000 | 400,000 | 500,000 | 600,000 |

3. 公司計劃部制訂的年度生產計劃

參加完12月10日的公司部門經理會議後，企管部經理唐華就安排本部門的計劃員小楊開始制訂2014年的年度生產計劃。前段時間，小楊在一所大學的管理學院接受過培訓，掌握了電子表格建模的方法。根據公司部門經理會議討論後確定的公司生產能力、資金占用、平均利潤、需求預測數據，小楊很快建立了年度生產計劃模型，見表3。表3的計劃模型中，目標是總利潤最大；可變單元格是2014年各產品系列的計劃生產量；約束條件是各產品系列的資金占用要小於等於年流動資金總量，另外，各產品系列的計劃生產量既要小於等於對應的生產能力，也要小於等於預測的需求量。根據表3的電子表格模型，求解得到2014年的最優年度生產計劃，見表4，按照該計劃2014年公司將實現利潤2.32億元。小楊在提交制訂出的2014年年度生產計劃時，也向唐經理解釋了如何建立模型的。唐經理看後，對該計劃很滿意。

表3  2014年岷山電纜股份有限公司年度生產計劃電子表格模型

| 流動資金 | 300,000,000 | 週轉次數 | 5 | | | | | | | |
|---|---|---|---|---|---|---|---|---|---|---|
| 產品系列 | 系列1 | 系列2 | 系列3 | 系列4 | 系列5 | 系列6 | 系列7 | 系列8 | | |
| 單位利潤 | 2.41 | 49.12 | 4.6 | 117.61 | 63.6 | 168.79 | 27.14 | 126.57 | 總資金占用 | ≤ | 總流動資金 |
| 資金占用 | 17.07 | 251.76 | 30.09 | 658.63 | 683.69 | 933.98 | 192.23 | 896.51 | 1,500,000,000 | ≤ | 1,500,000,000 |
| 生產量 | 300,000 | 400,000 | 800,000 | 500,000 | 367,013 | 400,000 | 300,000 | 400,000 | | | |
| | | | | | | | | | 總利潤 | | |
| | | | | | | | | | 232,484,016 | | |
| | 生產量 | | 生產能力 | | | | | | | | |
| | 300,000 | ≤ | 300,000 | | | | | | | | |
| | 400,000 | ≤ | 400,000 | | | | | | | | |
| | 800,000 | ≤ | 1,200,000 | | | | | | | | |
| | 500,000 | ≤ | 500,000 | | | | | | | | |
| | 367,013 | ≤ | 800,000 | | | | | | | | |

表3(續)

|  | 400,000 | ≤ | 500,000 |  |  |  |  |  |  |
|  | 300,000 | ≤ | 300,000 |  |  |  |  |  |  |
|  | 400,000 | ≤ | 400,000 |  |  |  |  |  |  |
|  |  |  | 需求 |  |  |  |  |  |  |
|  | 300,000 | ≤ | 500,000 |  |  |  |  |  |  |
|  | 400,000 | ≤ | 650,000 |  |  |  |  |  |  |
|  | 800,000 | ≤ | 800,000 |  |  |  |  |  |  |
|  | 500,000 | ≤ | 800,000 |  |  |  |  |  |  |
|  | 367,013 | ≤ | 1,000,000 |  |  |  |  |  |  |
|  | 400,000 | ≤ | 400,000 |  |  |  |  |  |  |
|  | 300,000 | ≤ | 500,000 |  |  |  |  |  |  |
|  | 400,000 | ≤ | 600,000 |  |  |  |  |  |  |

表4　2014年岷山電纜股份有限公司年度生產計劃

|  | 產品 |||||||| 
|  | 系列1 | 系列2 | 系列3 | 系列4 | 系列5 | 系列6 | 系列7 | 系列8 |
| --- | --- | --- | --- | --- | --- | --- | --- | --- |
| 年計劃產量（m） | 300,000 | 400,000 | 800,000 | 500,000 | 367,013 | 400,000 | 300,000 | 400,000 |
| 月計劃產量（m） | 2,500 | 33,333 | 66,667 | 41,667 | 30,584 | 33,333 | 25,000 | 33,333 |

4. 公司2014年度生產計劃會議

2013年12月20日，總經理李廣英主持召開2014年公司年度生產計劃會議。會議之所以選在這個時間，是因為李總經理明天上午要飛上海，與上海電線電纜研究所商談合作事宜，在他走之前要把這次會議開了。出席會議的有公司生產副總經理、各部門的部門經理等。公司企管部經理唐華首先解釋了制訂2014年度生產計劃的計劃方法、依據的數據及最後制訂出的年度生產計劃。

公司財務經理文霖突然有了疑問：「唐經理，你這個計劃是實現了公司利潤最大化，但這個計劃需要流動資金3億元，公司沒有這麼多流動資金。」「公司去年流動資金就是3億元，今年怎麼沒有呢?」唐經理反問道。「那是因為2012年1月公司從銀行那裡得到兩年期5,000萬元的貸款，這筆貸款馬上就要到期還本付息了，還本付息後流動資金就只有2.5億元。」文霖回答道。聽到這裡，李廣英總經理微笑著說：「上午我剛剛接到銀行電話，公司在2014年又可獲得一年期貸款，額度為7,000萬元，利息不是5%了，銀行要6.5%，當然我們也可以不貸，或者按需要少貸一點。」

唐華一聽，高興了：「那我建議就貸5,000萬元，用於流動資金，正好使公司流動資金保持3億元的規模。」「貸款利息有點高，增加了資金成本，我看還是不要貸了。」文霖反駁說。

這時，銷售經理張強迫不及待地站起來，大聲說道：「你們看看，產品系列3和系列6的計劃量都受制於需求量，給我增加1,000萬元的銷售費用，500萬元用於系列3，500萬元用於系列6，保證將需求量各增加100,000米。」

大家並不懷疑張經理的銷售能力，但增加1,000萬元銷售費用從而產品系列3、

系列6的需求量各增加100,000米就一定能提高公司的年利潤嗎？大家心裡沒底。文霖馬上說道：「那樣的話，銷售成本提高了，公司利潤未必會提高。」

「大家不必爭論了。」李廣英總經理堅定地說道：「銀行只是給我們7,000萬元的貸款額度，我們可以貸也可以不貸。唐華，你們企管部按照銀行給我們的貸款額度重新做一個生產計劃，要貸款的話就要在銷售費用和流動資金之間適當地分配，按照張經理的要求，增加的銷售費用不要超過1,000萬元。當然，我們也可以不貸款，你們企管部計劃一下，看哪種方案下制訂的生產計劃更好。過幾天我從上海回來，你把新的生產計劃拿來討論。」

唐經理，邊記錄，邊點點頭……

資料來源：中國管理案例共享中心，有刪減。

**思考題：**

分析如何通過建立電子表格模型來制訂公司的年度生產計劃。

# 第五章
# 戰略管理

## 學習目標

1. 理解戰略管理的過程
2. 掌握戰略環境分析的基本模塊及每一模塊對應的分析方法
3. 描述企業戰略的基本類型及其特點
4. 理解競爭優勢並掌握組織獲取競爭優勢所採取的競爭戰略

## 引例

### Zara:「快時尚」

當阿曼西奧·奧爾特加開設他第一家 Zara 服裝店時,他的商業模式非常簡單:為精打細算的歐洲人提供仿真的高端時尚品。針對時裝行業中服裝從設計到在商場上架需足足耗費 6 個月的現象,他決定實施「快時尚」戰略,即實現產品快速從設計到交付顧客的過程。而這也恰恰是 Zara 所做的!不過,實現這一目標並不容易。它涉及對時尚、技術和市場的一種清晰且明確的理解,以及快速回應趨勢的能力。

那麼,Zara 快時尚卓越表現的秘訣是什麼?Zara 的一件新產品從繪圖到在各門店上架大概只花兩個星期時間。Zara 的每一個部門都為快速週轉做出了貢獻。在 Zara 總部,銷售部的經理們坐在長長的一排計算機前仔細查看每一家門店的銷售情況。他們幾乎能夠即時察覺到熱銷的產品和不理想的產品。他們會大致描繪新的產品風格並決定哪些布料能夠提供最佳的風格和價格組合,並以此要求內部設計團隊提供新的產品。一旦設計稿繪製完成,就會以電子稿形式發送給 Zara 在街對面的工廠,製造出衣服的樣品。為了盡量使浪費最小化,在激光制導機器進行裁剪之前,計算機程序會在大量的布料上多次進行服裝樣式的編排。Zara 的設計品大多是在鄰近地區縫製的,如摩洛哥、葡萄牙、西班牙和土耳其。縫製好的服裝成品在一週內送回原來裁剪的工廠,完成最後的收尾工作(如縫紐扣、修剪、細節點綴等),之後每一件衣服都要接受一次質量檢查。在檢查中不達標的服裝被丟棄,而那些達標的服裝則被一件件熨平。隨後,再加上目的地標籤和安全標誌。這些打包好的服裝沿著傳送帶經由錯綜複雜的軌道運輸到一座四層樓高、500 萬平方英尺的 Zara 倉庫裡。隨著這些商品包沿著軌道傳送,由設備讀取的電子條形碼標籤將它們送往正確的「集結地」,具體的商品按照首先是國家其次是各門店的順序進行派送,以確保

每一家門店都收到正確的商品。運往歐洲門店的商品從倉庫出發，送到一個載貨碼頭並與其他貨物一起裝上卡車進行運輸，而運往其他地區的則通過飛機進行運輸。每個小時超過 60,000 件商品通過這一極其複雜的物流中心發送，而這種運作方式只需要依賴一小部分員工來監控整個流程。公司的準時制生產給予了 Zara 速度和靈活性上的競爭優勢。

資料來源：根據網路資料整理。

## 第一節　戰略管理概述

### 一、戰略概述

1. 戰略的定義

戰略的概念來源於組織生產經營活動的實踐。不同的管理學家或實際工作者由於自身的管理經歷和對管理的不同認識，對戰略給予了不同的定義。在廣義的定義中，戰略是目標、意圖或目的，以及為達到這些目的而制定的主要方針和計劃的一種模式。這種模式界定著組織正在從事的或應該從事的經營業務，以及企業所屬的或應該屬於的經營類型。

在狹義的定義中，戰略是貫穿於企業經營、產品和市場之間的一條「共同經營主線」，決定著組織目前所從事的或者計劃從事的經營業務的基本性質。這條共同經營主線由四個要素構成：第一，產品和市場範圍，是指組織所生產的產品和競爭所在的市場。第二，增長向量，是指組織計劃對其產品和市場範圍進行變動的方向。第三，競爭優勢，是指那些可以使組織處於強有力競爭地位的產品和市場的特性。第四，協同作用，是指組織內部聯合協作可以達到的效果，即 1+1 大於 2 的現象。

著名管理學家明茨伯格（Henry Mintzberg）借鑑市場行銷學中行銷四要素（4P）的提法，創立了戰略的 5P 模式，即運用計劃、計策、模式、定位和觀念來描述企業戰略。其中，「計劃」強調戰略作為一種有意識、有組織的行動方案；「計策」強調戰略可以作為威懾和戰勝競爭對手的一種手段；「模式」強調戰略最終體現為一系列具體行動及實際結果；「定位」強調戰略應使組織根據環境變化進行資源配置，從而獲得有力的競爭地位和獨特的競爭優勢；「觀念」強調戰略作為經營哲學的範疇體現其對客觀世界的價值取向。

綜上，戰略（strategy）可以被表述為：組織以未來為基點，在分析外部環境和內部條件的現狀及其變化趨勢的基礎上，為尋求和維持持久競爭優勢做出的有關全局的重大籌劃和謀略。

2. 戰略的特性

(1) 全局性。

一個企業在經營管理過程中總要遇到各種各樣的情況，處理各種各樣的問題，

其中一些決策涉及整個組織範圍，另外一些可能只與局部利益有關。企業戰略是以企業的全局為對象，根據企業總體發展的需要而制定的。它所規定的是企業的總體行為，所追求的是企業的總體效果。雖然它必然包括企業的局部活動，但是，這些局部活動是作為總體行動的有機組成部分在戰略中出現的。

（2）長遠性。

企業戰略既是企業謀取長遠發展要求的反應，又是企業對未來較長時期內如何生存和發展的通盤籌劃。雖然它的制定要以企業外部環境和內部條件的當前情況為出發點，並且對企業當前的生產經營活動有指導、限製作用，但是，這一切也都是為了更長遠的發展，是長遠發展的起點。因此，評價戰略優劣的一個重要標準就是看其是否有助於實現組織的長期目標和保證長期利益的最大化。換句話說，戰略更關注長遠利益，而不是短期利益。

（3）競爭性。

企業戰略是關於企業在激烈的競爭中如何與競爭對手抗衡的行動方案，同時也是針對來自各方面的許多衝擊、壓力、威脅和困難，迎接這些挑戰的行動方案。它與那些不考慮競爭、挑戰而單純為了改善企業現狀、增加經濟效益、提高管理水準等為目的的行動方案不同。只有當這些工作與強化企業競爭力量和迎接挑戰直接相關、具有戰略意義時，才能構成企業戰略的內容。應當明確，市場如戰場，現代的市場總是與激烈的競爭密切相關。企業戰略之所以產生和發展，就是因為企業面臨著激烈的競爭、嚴峻的挑戰，企業制定戰略就是為了取得優勢地位，戰勝對手，從而保證自己的長期生存和發展。

（4）綱領性。

企業戰略規定的是企業總體的長遠的目標、發展方向和重點、前進道路，以及所採取的基本行動方針、重大措施和基本步驟，這些都是原則性的、概括性的規定，具有行動綱領的意義。它必須通過展開、分解和落實等過程，才能變為具體的行動計劃。

（5）相對穩定性。

為了實現企業的可持續發展，企業戰略應具有相對穩定性。戰略必須在一定時期內具有一定的穩定性，這樣才能在企業經營實踐中具有指導意義，如果朝令夕改，就會使企業經營發生混亂，從而給企業帶來損失。當然企業經營實踐又是一個動態過程，指導企業經營實踐的戰略也應該是動態的，以適應外部環境的不斷變化。因此，企業戰略應具有相對穩定性的特徵。

3. 戰略、戰術與策略

企業戰略的上述特性，決定了企業戰略與其他決策方式、計劃形式的區別。

（1）戰略與戰術。

由企業戰略的定義及特徵可知，企業戰略的基本含義始終都是有關企業全局性、未來性、根本性的重大決策。戰略不同於戰術，它們之間既有密切聯繫，又有明顯區別。一般來說，戰略與戰術主要是全局與局部的關係，戰略是指企業為達到長期經營目標及達到目標的途徑和手段的總體謀劃，而戰術則是指為達到戰略目標所採

取的具體行動。

戰略高於戰術、統率戰術。戰略上出差錯，就是對全局的決斷出了問題。戰略錯了，一切皆錯，這就是「一著不慎，全盤皆輸」的道理。實踐中，有的領導者注重戰略管理，而有的領導者注重戰術管理。戰略管理與戰術管理的區別在於：前者注重管理的全局性，後者則較多關心管理的某個方面或環節；前者重視組織與社會環境的關係，後者則主要著眼於組織本身；前者比較講究謀略，後者則注重規範；前者重視用憂患意識激勵下屬，後者則注意正常秩序下的常規獎懲。

(2) 戰略與策略。

戰略與策略主要是目的與手段的關係。策略是實現戰略的手段，必須服從於戰略；策略注重當前和局部，時間跨度短於戰略。通常情況下，高層制定戰略，中層制定策略。例如，企業為達到某一戰略目標，在投資、技術改造、人才培訓等方面採取的措施和辦法，一般就可稱為投資策略、技術改造策略、人才培訓策略等。

4. 企業戰略的結構

如圖 5-1 所示，企業戰略根據組織層次的不同，可以分為公司戰略、經營單元（Strategic Business Unit, SBU）戰略和職能戰略。

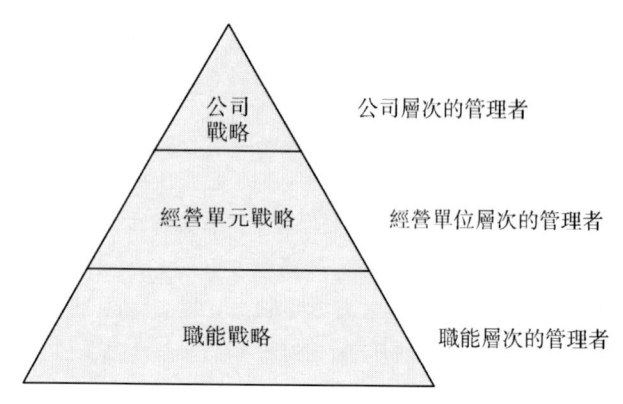

```
        公司
        戰略         公司層次的管理者

      經營單元戰略    經營單位層次的管理者

      職能戰略       職能層次的管理者
```

圖 5-1　業務多元化的戰略結構

(1) 公司戰略。

公司戰略，是企業的戰略總綱，是企業最高管理層指導和控制企業一切行為的最高行動綱領。在大型企業裡，特別是多元化經營的企業裡，它需要根據企業的宗旨和目標，選擇企業可以競爭的經營領域，合理配置企業經營所必需的資源，決定企業整體的業務組合和核心業務，促使各經營業務相互支持、相互協調。換言之，公司戰略主要回答了企業應該在哪些經營領域進行生產經營的問題，經營範圍和資源配置是其主要的構成要素。

公司戰略主要有穩定型戰略、成長型戰略和防禦型戰略。在三種戰略中最重要的是成長型戰略，它既要決定向什麼方向發展，比如是在原行業中進行產品或市場的擴張，還是通過一體化、多元化進入新的經營領域；也要決定用什麼方式發展，比如要在內部創業、併購、合資等發展方式中做出戰略選擇；對於多元化經營的企業，還要決定企業整體的業務組合和核心業務。

(2) 經營單元戰略。

戰略經營單元，指公司內產品和服務有別於其他部分的一個單位。一個戰略經營單位一般有著自己獨立的產品和細分市場。它的戰略主要針對不斷變化的環境，在各自的經營領域有效地競爭。為了保證企業的競爭優勢，各經營單位要有效地控制資源的分配和使用。因此，競爭優勢與資源配置通常是經營單元戰略中最重要的組成部分。此外，戰略經營單位還要協調各職能層的戰略，使之成為一個統一的整體。經營單元戰略的制定者主要是具體的事業部或子公司的決策層，其內容主要包括基本競爭戰略、投資戰略以及針對不同行業和不同行業地位的經營戰略。

(3) 職能戰略。

職能戰略，是為了貫徹、實施和支持總體戰略與經營單元戰略而在企業特定的職能管理領域制定的戰略。職能戰略一般可分為行銷戰略、人力資源戰略、財務戰略、生產戰略、研發戰略等。

**管理實踐 5-1**
不同層次的管理者在戰略管理中的作用

(1) 企業高層管理者
制定公司的任務和戰略
確定公司各事業部的任務
按照任務給各部門分配資源
批准各事業部的計劃、預算和主要投資
考核各事業部的工作，保證整個公司按照戰略規劃順利運行
(2) 經營單位管理者
向公司高層管理者提出本事業部執行公司總體戰略的事業部戰略
制訂本事業部的經營計劃並獲得上級的批准
為取得最佳利潤率和業務而經營
按照公司方針、政策與程序進行管理
(3) 職能部門管理者
參與制定公司戰略
制定公司範圍的方針、政策與標準，通過考核與監督，保證執行的一致性
就各事業部的職能部門工作，向高層管理者提出專門性的意見
制定職能部門系統的戰略、目標與職責
對於關鍵崗位的任命、工作標準的設置以及考核評價，提出意見
在需要的地方提供職能方面的服務

**二、戰略管理過程與任務**

戰略管理（strategic management）最初由美國企業家兼學者伊格爾·安索夫（Igor Ansoff）於 1976 年提出的。他將戰略管理定義為「企業高層為保證企業的持續生存和發展，通過分析企業外部環境與內部條件，對企業全部經營活動進行根本

性的規劃與指導」。戰略管理是一個全過程的管理，不僅涉及戰略的制定和規劃，也包含對戰略實施過程的管理，它包含如圖 5-2 所示的六項相互銜接的動態過程。

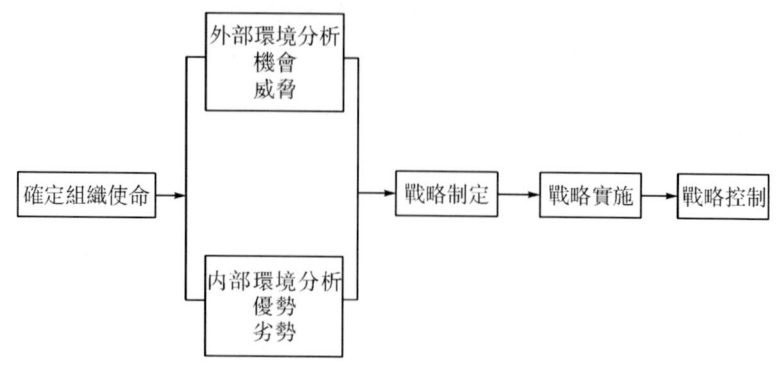

圖 5-2　戰略管理過程模型

1. 確定組織使命

根據企業當前使命、目標、戰略、政策，利用投資報酬率、市場份額、利潤率等指標的當前值與變動趨勢來分析當前的業績情況和經營管理情況，回答企業未來的使命和目標是什麼。

2. 戰略環境分析

企業戰略環境指企業所處的內外部宏觀環境、中觀環境和微觀環境，包括所有可能影響企業行為的現實與潛在環境因素。比如國際國內的政治法律、經濟、科技、文化和社會環境等，掌握其變化規律與發展趨勢，並著重分析企業所在行業結構和性質，分析競爭對手的優勢、劣勢和戰略等，為正確制定企業經營戰略打下良好的基礎。

3. 制定戰略

當明確了外部環境的實際情況以及組織擁有的資源和能力後，管理者需要設計出有助於組織實現所設目標和使命的戰略。管理者需要回答：是開展單一業務還是多元化的業務？是滿足廣泛的顧客需求還是聚焦於某一個特定的細分市場？產品線的廣度和深度如何選擇？是將企業的競爭優勢建立在低成本之上，還是建立於差異化的基礎之上？如何對新市場和競爭環境的變化做出反應？戰略的形成實際上反應了企業管理者所做出的各種選擇，表明這家企業將要致力於哪些特定的產品、市場、競爭策略等。

4. 實施戰略

制定戰略後就必須予以實施。無論一個組織如何有效地規劃自己的戰略，一旦這些戰略沒有被正確實施，那麼該組織的績效將會受到很大影響。事實上，正確地實施戰略有時要比進行戰略決策困難得多。戰略決策是一種小範圍的管理活動，而戰略的實施卻涉及企業的每一位員工，且往往需要歷時多年。在漫長的執行過程中，其中任何一個關鍵環節的錯誤都可能導致企業戰略的全盤失敗。戰略就像一個串聯繫統，它對系統中各個組成部分的可靠性要求極高。因此一個戰略的成功實施不僅

難度極大，而且涉及企業的所有員工，這無疑增大了管理的複雜性。

5. 戰略控制

由於企業內外部環境因素都處在不斷地變化之中，大多數情況下，企業會發現戰略的實施結果與預期的戰略目標不一致。戰略控制就是將反饋回來的實際成效與預期的戰略目標進行比較，如果有明顯的偏差，就採取有效的措施進行糾正，以保證組織戰略目標的最終實現。當然，如果這種偏差是因為原來判斷失誤或環境發生了意想不到的變化而引起的話，企業就要重新審視環境，制訂新的戰略方案。倘若沒有及時發現這種變化，或是沒有及時採取措施進行戰略調整與變革，企業就有可能因錯失良機而遭受巨大的損失。

以吉列（Gillette）公司為例，20世紀60年代，當不銹鋼刀片最初出現在市場上的時候，因其刀刃鋒利、不易腐蝕、使用壽命長而且價錢合理，很快受到了消費者的歡迎。儘管這種產品的市場份額不及吉列刀片的20%，但它強勁的增長勢頭吸引了眾多的小規模競爭者。吉列公司擔心生產這種利潤不高的刀片會影響到它的主要利潤來源（高級藍色刀片），公司總裁布恩·格羅斯毫不妥協地說：「我們無意改變計劃。」直到6個月以後，吉列公司才迫於競爭對手的壓力推出了自己的不銹鋼刀片，並在全美國範圍開展了聲勢浩大的促銷活動，可即使是這樣，公司的市場佔有率還是減少了幾個百分點，而要重新獲得這些客戶就並非易事了。由此可見，戰略控制對於及時發現戰略管理過程中出現的問題並做出戰略調整起到了至關重要的作用。戰略控制既可能涉及對戰略實施環節的調節和完善，也可能會導致企業變革現行戰略，甚至變革企業的使命。

## 第二節　戰略環境分析

戰略環境分析是為戰略決策和選擇服務的。環境分析的目的是「知天知地知彼知己」和「知顧客」。就企業環境分析而言，「天」指外部一般環境，主要包括政治與法律環境、社會文化環境、經濟環境、技術環境和自然環境；「地」指企業競爭所處的行業環境，主要分析行業競爭結構；「彼」指企業競爭對手；「己」指企業自身條件；「顧客」指企業為之提供產品或服務的消費者。「知天知地」就是認識企業所面臨的機遇與威脅，「知彼知己」就是瞭解企業的實力與不足。企業的產品或服務必須能為顧客創造價值，與顧客的需求相匹配，揚長避短、趨利避害才能創造和獲取顧客。

### 一、外部環境分析

本書的第二章介紹了組織外部環境中一般環境構成的政治、經濟、社會文化、法律等因素，因此這裡不再具體介紹一般環境分析，將重點介紹行業競爭環境分析。

邁克爾·波特（Michael Porter）提出，一個行業內部的競爭態勢以及該行業的吸引力和盈利能力取決於五種基本競爭力量，包括現有企業間的競爭、潛在進入者

的威脅、替代品的威脅、購買者的討價還價能力和供應商的討價還價能力，即五力模型（five forces model），如圖5-3所示。這些力量匯集起來決定著該行業的最終利潤潛力，並且最終利潤潛力會隨著這種合力的變化而發生根本性的變化。一個公司的競爭戰略的目標在於使公司在行業內部進行恰當定位，從而最有效地抗擊五種競爭作用力，並影響它們朝向自己有利的方向變化。

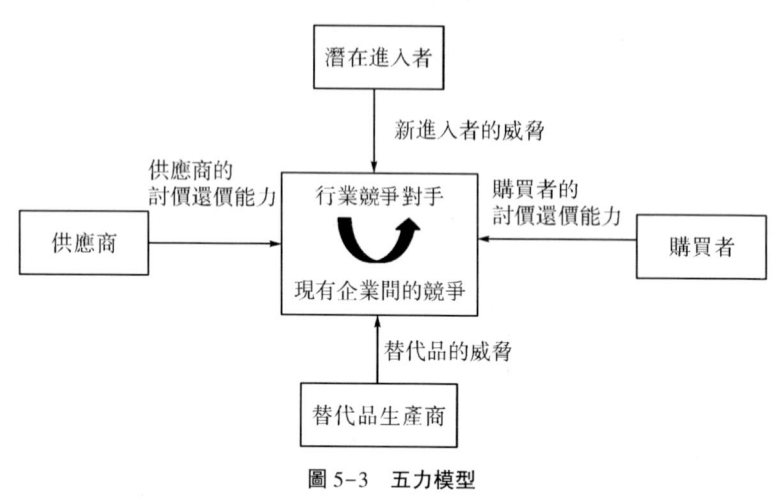

圖5-3 五力模型

1. 現有企業間的競爭

企業面臨的市場通常是一個競爭性市場，即從事某種產品製造和銷售活動的企業通常不止一家。在多家企業同時生產相同或相似產品的情況下，相互之間必然會因為爭奪顧客而形成激烈的市場競爭。對行業內現有競爭對手的研究主要包括以下內容：

第一，行業內競爭的基本情況。它包括競爭對手的數量有多少？它們分佈在什麼地方？它們在哪些市場上活動？它們各自的規模以及資金和技術力量如何？其中哪些競爭對手對自己的威脅特別大？研究基本情況的目的是要在眾多的競爭廠商中找出主要競爭對手。

第二，主要競爭對手的實力。找出了行業內現有的主要競爭對手後，還要研究這些對手的競爭實力主要來源於哪些方面，是什麼因素使其對本企業構成了威脅。只有深入地瞭解競爭對手的競爭實力，企業才有可能在知己知彼中制定出有效的對策。判斷一個企業的競爭實力強弱可以對銷售增長率、市場佔有率和產品獲利能力三個指標加以衡量。

第三，競爭對手的發展方向。企業分析所處行業的競爭環境，不僅要對自己與競爭對手的實力進行研究和對比，同時還必須對整個競爭格局的變化和主要對手的戰略動向做出分析與判斷，這樣才有可能制定出相應有效的競爭策略。競爭對手的發展方向包括產品動向與市場拓展或轉移動向等。要收集有關資料，分析競爭對手可能會開發哪些新產品、新市場以及是否會退出現有的經營領域或地域，從而幫助本企業做出籌劃，以便在競爭中取得主動權。

2. 潛在進入者的威脅

任何一種產品的生產經營,只要有利可圖,都有可能會招來新的進入者。這些新進入的企業既可能會給行業經營注入新的活力,促進市場的競爭和發展,但也勢必會給現有廠家造成壓力,威脅它們的市場地位。新廠家進入特定行業的可能性的大小取決於兩個方面:

第一,現有企業可能會做出的反應。原有企業可能會對新進入者採取有力度的反擊措施,迫使那些欲加入某產品生產行列的廠家對其決策做出更慎重的考慮,從而減少行業潛在競爭者的數量。

第二,由行業特點決定的進入的難易程度。例如,規模經濟帶來的低成本優勢,由產品差異化特性所塑造的牢固的市場地位,現有廠家相對於新進入者所具有的先入者優勢,以及政府政策的約束與限制,這些都有可能構築起進入壁壘,阻礙新廠家加入到該行業的經營中。可以說,一個行業的進入壁壘越高,潛在的進入者就越需要付出高昂的代價才有可能進入這一行業。因此,進入壁壘從客觀上限制了該行業潛在競爭對手的進入。

3. 替代品的威脅

顧客之所以購買一個企業生產的產品或服務,主要是因為它具有能滿足人們某種需要的使用價值或功能。換言之,企業向顧客提供的並不是某種具體的產品或服務,而是一種抽象的使用價值。不同的產品,其外觀形狀、物理特性可能完全不同,但具備相似的功能。一旦這些替代商品能以更高的性價比為顧客帶來利益時,行業現有廠商將面臨嚴峻的威脅。

對替代品生產廠家的分析主要包括兩方面的內容:一是確定哪些產品可以替代本企業提供的產品,這實際上是確認具有同類功能產品的過程。二是判斷哪些類型的替代品可能會對本行業和本企業的經營造成威脅。這需要比較這些產品的功能能夠給使用者帶來的滿足程度與獲取這種滿足所需付出的費用,即功能價格比。

4. 供應商的討價還價能力

企業生產經營所需的生產要素通常需要從外部獲取,這樣,提供這些生產要素的經濟組織就對企業具有兩方面的影響:其一,這些經濟組織能否根據企業要求按時、保質、保量地提供企業生產經營所需要的生產要素,這影響著企業生產經營規模的維持和擴大;其二,這些經濟組織提供貨物時所要求的價格在相當大的程度上決定著企業生產成本的高低,從而影響著企業的獲利水準。因而,對有關原材料供應商的研究也就包括兩個方面的內容:供應商的供貨能力或者企業尋找其他供貨渠道的可能性和供應商的討價能力,這兩個方面是相互聯繫的。決定供應商討價還價能力的因素主要有供應商所在產業的集中度、交易量的大小、產品差異化程度、前向一體化的可能性等。

5. 購買方的討價還價能力

這裡是從購買該行業產品或服務的用戶方面來研究行業環境。作為市場上的買方,用戶在兩個方面影響著行業內企業的經營:其一,用戶對產品或服務的總需求決定著行業的市場潛力,從而影響行業內所有企業的發展邊界;其二,不同用戶的

討價還價能力會影響到提供這種產品或服務的企業的獲利狀況。前者屬於市場需求潛力研究的內容，後者則是有關用戶討價還價能力的研究。決定購買者討價還價能力的主要因素有：買方是否大批量或集中購買；買方面臨的轉移成本大小；買方行業獲利情況；買方對產品是否有充分信息。

**管理背景 5-1**

**顧客研究方法**

從戰略層面看，顧客研究的主要內容包括總體市場分析、市場細分、目標市場確定和產品定位，如下圖所示。

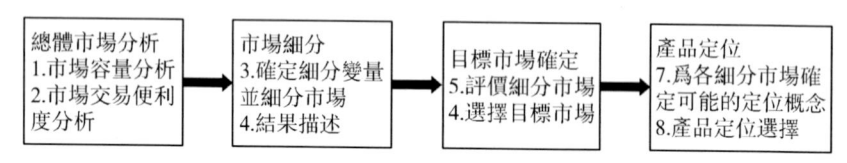

```
┌─────────────┐   ┌─────────────┐   ┌─────────────┐   ┌─────────────┐
│總體市場分析  │   │市場細分      │   │目標市場確定  │   │產品定位      │
│1.市場容量分析│──▶│3.確定細分變量│──▶│5.評價細分市場│──▶│7.爲各細分市場確│
│2.市場交易便利│   │  並細分市場  │   │6.選擇目標市場│   │  定可能的定位概念│
│  度分析     │   │4.結果描述    │   │             │   │8.產品定位選擇 │
└─────────────┘   └─────────────┘   └─────────────┘   └─────────────┘
```

●總體市場分析。要分析市場容量首先必須要界定地域和需求性質。根據所界定的地域和需求性質再分析市場總需求以及總需求中有支付能力的需求和暫時沒有支付能力的潛在需求。市場交易的便利程度主要取決於市場基礎建設、法規建設、產權制度和市場制度建設狀況。

●市場細分。市場細分就是將一個總體市場劃分為若干個具有不同特點的顧客群，每個顧客群需要相應的產品或市場組合。市場細分一般包括調查、分析、聚類描述三個階段。典型的消費品市場細分變量有四類：第一，地理因素，主要包括地區、區域大小、城市規模、人口密度、氣候等；第二，人口統計因素，主要包括年齡、性別、家庭規模、家庭生命週期、收入、職業、教育水準、宗教信仰、種族、國籍等；第三，心理特徵因素，主要包括社會分層、生活方式、個性特徵等；第四，行為因素，主要包括使用率、忠誠度等。典型的工業品市場細分變量有四類：第一，地理因素，主要包括產業、企業規模、地理位置等；第二，生產運作變量，如顧客的能力、技術水準等；第三，採購方式因素，如買方企業集權程度、內部權力結構、採購政策、公共形象與公共關係、採購標準等；第四，關係狀態因素。

●目標市場確定。企業用以下三個主要指標來評價細分市場：第一，細分市場規模及其成長狀況；第二，細分市場結構的吸引力，這可以用上文提到的波特行業競爭結構進行框架分析。第三，企業的目標和資源狀況。即使細分市場在規模、增長及其結構吸引力方面都較好，但如果該細分市場不符合企業的目標，則也不宜選擇該細分市場為目標市場。

良好的細分市場應具有如下特徵：第一，可測量性，即市場規模、容量和購買力可以測量；第二，豐富性，即市場規模足夠大且有利可圖；第三，可接近性，即市場可以有效地接近且能為顧客服務；第四，可實現性，即企業有能力滿足該市場的需求。如果細分市場對企業具有吸引力但市場容量過大、企業過小，從而無法滿足該市場需求，則應該對該市場再進一步細分。

●產品定位。產品定位是企業為了滿足目標市場確定產品（或服務）的功能、

質量、價格、包裝、銷售渠道、服務方式等。與產品定位相聯繫的是廣告（促銷）定位。廣告定位使企業產品在顧客心目中占據位置並留下深刻印象。從戰術層面看，對顧客的需求、行為和心理特徵進行調查研究，可從 5 個 W 入手，即：

| What | 購買者的需求是什麼？他們的產品訴求是什麼？他們希望通過購買和使用某一產品來獲得什麼價值？ |
| --- | --- |
| Who | 誰是購買者和使用者？他們具有什麼特點？還有什麼人會影響購買決策？ |
| Why | 人們為何購買或不購買？為何買一個企業的產品而不買另一個企業的產品？為何買一個品牌而不買另一個品牌？他們在該產品的購買與消費中最看重什麼？影響購買的因素都有哪些？ |
| When | 人們何時購買？何時使用？購買時間分佈上有什麼規律？ |
| Where | 人們在何地購買？在哪裡使用？購買在分銷渠道上的分佈有什麼規律？ |

## 管理實踐 5-2

### 「好車無憂」的五力模型分析

「好車無憂」二手車電商交易平臺，創立於 2014 年。2016 年年初，公司改變原有的 C2C 營運模式，開始採用以 B2C 為主 C2C 為輔的營運模式，相繼在濟南、鄭州、重慶、成都四地建立線下自營門店。C2C 模式下，買賣車兩端用戶可以通過好車無憂平臺自行進行需求匹配；B2C 模式下，公司通過收購 C1 端（賣車用戶）車輛將車源進行整合，再發揮自營線下門店的作用直接對接 C2 端（買車用戶）。

（1）同行業現有競爭者的競爭能力

對於二手車電商平臺而言，競爭主要來自車源端，車源問題成了影響平臺交易的主要因素之一。雖然「好車無憂」在營運模式上進行了創新，但與其他二手車交易平臺（如瓜子二手車直賣網、人人車、優信二手車等）在車源方面仍具有明顯的競爭。其中，C2C 業務模式的主要競爭對手是瓜子二手車直賣網，而 B2C 業務模式的主要競爭對手是優信二手車。現有競爭者的競爭能力差異，主要體現在用戶的品牌認知度方面。瓜子、優信等品牌通過廣告行銷大大提升了知名度，這對於二手車這樣的複雜性極高的商品而言尤為重要。

（2）潛在競爭者進入的能力

目前國內的二手車電商格局仍然是諸侯割據，尚未有巨頭或寡頭出現。自 2016 年開始，二手車電商行業幾乎沒有新進入者。綜合來看，有三類組織可能涉足二手車電商市場：第一，大型互聯網公司，如阿里巴巴、京東；第二，汽車主機廠、經銷商等；第三，傳統的二手車經銷集團。這其中，最有可能進入的是傳統的二手車經銷集團，因為他們看到了互聯網的優勢，也深知傳統二手車行業經營模式的弊病。他們的進入可能會對二手車電商平臺帶來巨大衝擊。但是，「好車無憂」在建立城市店時，其選址與當地的二手車交易市場和車商集中地都保持了一定距離。由於一個城市的二手車市場允許多個經營體並存，因此儘管存在競爭但並不會太激烈。

（3）替代品的替代能力

二手車主要的替代品可能來自新車、新能源汽車、分時租賃、出租車、網約車

等。隨著汽車技術和勞動生產率的提升，新車生產成本降低，導致新車售價越來越低，尤其是新能源汽車的價格。當消費者的選擇多了，二手車市場自然受到威脅。但是，參考美國等發達國家的新舊車置換比，我們有理由相信在未來很長一段時間內，市場對二手車市場的需求將逐步擴大，替代品要想徹底替代可能還需要經歷很長一段時間。

（4）供應商的討價還價能力

「好車無憂」的車源供應商就是C1端用戶。他們的賣車需求是快速、高價、便捷地賣車。對於多數C1端用戶來說，處理效率是第一位，價格才是第二位。「好車無憂」的收車價格高於部分4S店、車商待檢測沒有問題後便可快速成交。這樣的方式滿足了C1端用戶對賣車效率的訴求，所以「好車無憂」在議價能力和話語權方面存在優勢。

（5）購買者的討價還價能力

「好車無憂」的購買者主要是C2端用戶（即二手車購買者），他們是企業主要的收入端。汽車金融、質保（延保）、售後等服務項都可以為企業提供持續性收入。C2端用戶的需求是低價、有質量保障、安全可靠地買到一輛稱心如意的二手車。在當前的供需關係中，由於用戶可以通過傳統二手車交易市場、電商平臺等多種渠道購買，因此具有較高的議價能力，需要「好車無憂」強化品牌、信譽、服務等方面的營運能力。

資料來源：根據網路資料整理。

## 二、企業內部環境分析

內部環境是管理者不能隨意改變的企業內部因素，如企業的使命、目標、組織結構、行銷資源和能力等。這些因素既可能促進也可能限制企業的經營管理活動。企業需要把這些因素作為背景進行自己的經營管理活動。對於企業內部環境的調查與分析包括調查和分析企業的公司戰略、使命、資源狀況、公司以前的業績、業務關係、成功的關鍵要素等，具體內容如表5-1所示。

表5-1　企業內部環境分析要點

| |
|---|
| **企業資源分析**<br>　　企業資源是指企業向社會提供產品或服務的過程中擁有或所控制的能夠實現企業戰略目標的各種要素集合。企業資源分析是從全局來把握企業資源在量、質結構和分配、組合方面的情況，它形成企業的經營結構，也是構成企業實力的物質基礎，主要包括人力資源分析、物質資源分析、金融資源分析、技術資源分析、創信資源分析和無形資產分析等。 |
| **企業能力分析**<br>　　企業能力是指企業在發展過程中完成各項預期任務和目標所必須具備的素質和技能。企業能力是企業所具有的、直接影響企業效率和效果的主觀條件。企業能力包括職能領域的能力和跨職能的能力。職能領域的能力包括市場行銷能力、企業財務能力、管理組織能力、研發能力、製造能力、人力資源、生產管理、管理信息系統和企業文化等。跨職能的綜合能力則包括學習能力、創新能力和戰略性思維能力。 |

表5-1(續)

**企業價值鏈分析**

價值鏈分析是從企業內部條件出發，把企業經營活動的價值創造、成本構成同企業自身的競爭能力相結合，與競爭對手經營活動相比較，從而發現企業目前及潛在優勢與劣勢的分析方法，它是指導企業戰略制定與實施活動的有力分析工具。在價值鏈模型中，企業所有的經營管理活動被分為基本活動與輔助活動，前者包括供應活動、生產活動、銷售活動、發送活動和售後服務等；後者包括採購、技術開發（技術活動）、人力資源管理與開發、企業基礎管理等。企業通過考察自己的價值鏈結構以及整個行業的價值鏈體系並將它們同競爭對手的價值鏈結構進行比較可以表明：誰擁有多大的競爭優勢或劣勢？是哪些成本因素導致了這種情況的出現？這些信息對制定戰略以便消除成本劣勢和創造成本優勢起著至關重要的作用。

**企業核心能力和現行戰略分析**

企業核心能力指居於核心地位並能使企業超過競爭對手並獲得較大利潤的要素作用力。企業核心能力的判斷標準包括稀有性、難以複製性、可持續性、難以替代性、獲利性和優越性等。

## 三、SWOT綜合分析

借助前面的分析，我們已經知道了組織所面臨的利與弊、機遇與挑戰，以及自身的長與短、優勢與劣勢。要想制定出能指導其生存發展的有效的戰略，就必須在組織目標、外部環境和內部條件三者之間取得動態的平衡。企業不能孤立地看待外部環境的機會和威脅，必須結合自己的經營目標和內部條件來識別適合於本組織的機會。環境中的機會只有與本企業自身所擁有的資源以及與眾不同的能力相匹配的情況下，才可能變為組織的發展機會。如果存在於環境中的機會並不與本企業的資源能力等優勢相適應，那麼組織就必須先著眼於改善和提高自身的內部條件。

為此，可以採用SWOT綜合分析法對上述的內外部環境進行總結，歸納組織在外部所面臨的機會與威脅，在內部所擁有的資源、能力及短板，幫助組織識別其所處的位置以及應當採取的戰略。SWOT分析思想是由安索夫（Ansoff）於1956年提出來的，後來經過多人的發展而成為一個用於環境戰略分析的實用方法（如圖5-3所示）。SWOT分析（SWOT analysis）就是幫助決策者在對企業內部的優勢（Strengths）、劣勢（Weaknesses）以及外部環境的機會（Opportunities）、威脅（Threats）的動態綜合分析中，確定相應的生存和發展戰略的決策分析方法。通過研究環境、認識外界的變化可能會對組織造成的威脅或提供的發展機會，同時分析企業自身在資源和能力上的優勢和劣勢，由此兩方面的結合制定出企業生存和發展方向戰略。

```
                    外部環境的機會
                         ↑
         扭轉型戰略    │   增長型戰略
              II      │       I
   內部的劣勢 ────────┼──────── 內部的優勢
              IV      │       IV
         防禦型戰略    │   多種經營戰略
                         ↓
                    外部環境的威脅
```

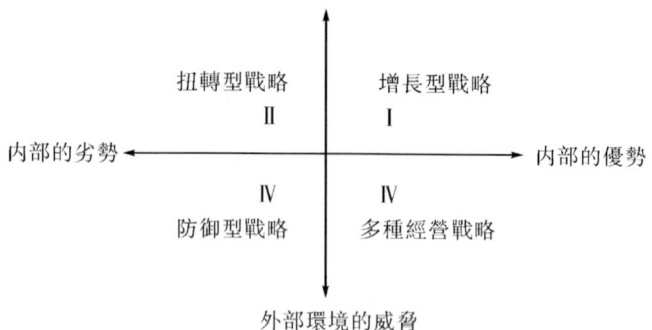

圖 5-4　SWOT 分析示意圖

圖 5-4 中 I 類企業具有良好的外部機會和有利的內部條件，可以採取增長型戰略（如開發市場、增加產量等）來充分掌握環境提供的發展良機。II 類企業雖然面臨良好的外部機會，但是受到內部劣勢的限制，因此可採取扭轉型戰略，設法清除內部不利的條件，以便盡快形成利用環境機會的能力。III 類企業內部存在劣勢，外部面臨巨大威脅，可以採用防禦型戰略，設法避開威脅和消除劣勢。IV 類企業具有強大的內部實力，但外部環境存在威脅，宜採用多種經營戰略，一方面使自己的優勢得到更充分發揮，另一方面也使經營的風險得以分散。

**管理實踐 5-3**

### 關於 OPPO 音樂手機的 SWOT 分析

| 內部因素　　　外部因素 | 優勢<br>1. 用戶黏性大<br>2. 有效的市場行銷技術<br>3. 精準的定位與戰略<br>4. 高性價比的高端影音設備技術 | 劣勢<br>1. 產品研發投入不夠<br>2. 產品線單一<br>3. 部分手機高價低配 |
|---|---|---|
| 機會<br>1. 海外市場<br>2. 粉絲經濟效應<br>3. 低收入群體日益擴大的需求 | S+O 戰略<br>開拓海外市場；<br>開發明星周邊粉絲市場 | W+O 戰略<br>加快新產品開發；<br>進一步開發低收入群體市場 |
| 威脅<br>1. 手機行業市場競爭激烈<br>2. 顧客對手機品質要求提高<br>3. 眾多的潛在競爭者<br>4. 科技產品的快速更新<br>5. 過分依賴粉絲效應 | S+T 戰略<br>增加產品特色並突出宣傳；<br>把明星粉絲轉化為品牌粉絲 | W+T 戰略<br>加強品質管理；<br>加快新產品開發；<br>把明星粉絲轉化為品牌粉絲 |

## 第三節　企業戰略

企業戰略（corporate strategy）是決定公司從事或想從事什麼業務以及它想如何從事這些業務的戰略。企業戰略是通過企業的內外部環境分析，根據企業宗旨和戰略目標，依據企業在行業內所處的地位和水準，確定其在戰略規劃期內資源分配方向及業務領域發展的戰略。它是企業的戰略總綱，是企業最高管理層指導和控制企業一切行為的最高行動綱領，涉及整個公司，覆蓋公司全部業務。企業戰略分為三大類：穩定型戰略、成長型戰略和防禦型戰略。表5-2具體列舉了企業可選擇的各種戰略類型。

表 5-2　企業戰略類型

| 分類 | 戰略 | | 定義 |
|---|---|---|---|
| 穩定型戰略 | 無變化戰略 | | 企業沒有必要進行調整，企業的戰略目標、戰略方向、戰略規劃可以基本保持不變 |
| | 維持利潤戰略 | | 企業以犧牲未來發展來維持目前利潤，度過暫時性難關 |
| | 暫停戰略 | | 企業降低發展速度，重新配置資源，進行結構調整，為今後的發展做準備 |
| | 謹慎實施戰略 | | 企業的某一環境要素難以預測，要根據情況的變化實施或調整規劃和步驟 |
| 成長型戰略 | 一體化 | 前向一體化戰略 | 企業獲得分銷商或零售商的所有權或加強對他們的控制 |
| | | 後向一體化戰略 | 企業獲得供應商的所有權或加強對他們的控制 |
| | | 水準一體化戰略 | 企業獲得與自身生產同類產品的競爭對手的所有權或加強對他們的控制 |
| | 多元化 | 同心多元化戰略 | 企業增加新的但與原來業務相關的產品與服務 |
| | | 橫向多元化戰略 | 企業向現有顧客提供新的與原有業務不相關的產品或服務 |
| | | 混合多元化戰略 | 企業增加新的與原有業務不相關的產品或服務 |
| | 專業化 | 市場滲透戰略 | 企業通過加強市場行銷提高現有產品或服務在現有市場上的市場份額 |
| | | 市場開發戰略 | 企業將現有產品或服務打入新的領域 |
| | | 產品開發戰略 | 企業通過改進或改變產品或服務而提高銷售量 |
| 防禦型戰略 | 收縮戰略 | | 通過減少成本和資本、對企業進行重組以加強企業所具有的基本和獨特的競爭能力 |
| | 依附戰略 | | 當企業處於困境又想維持自身的生存時，可以去尋找一個「救星」 |
| | 剝離戰略 | | 企業出售分部、分公司或任一部分以使企業擺脫那些不盈利、需要太多資金或其他不相適應的業務 |

**一、穩定型戰略**

1. 概念與特徵

穩定型戰略（stability strategy）是在的內外部環境約束下，企業在戰略規劃期內使得資源分配和經營狀況基本保持在目前狀態和水準上的戰略。它具有以下特徵：第一，企業滿足於它過去的效益，繼續尋求與過去相同或相似的戰略目標。第二，期望取得的成就每年按大體相同的百分數來增長。第三，企業繼續以基本相同的產品或服務來滿足它的顧客。

穩定型戰略可以保持企業戰略的穩定性，避免在內部資源配置與調整方面的重大變化。但是，這一戰略一般適用於外部環境穩定的條件下，而當外部環境向利好方面發展，或企業自身實力增強時，企業應轉為積極的成長型戰略。因為：第一，長期採用穩定型戰略可能會導致管理者墨守成規、因循守舊、不求變革的懶惰行為；第二，企業只求穩定的發展，可能會喪失外部環境提供的一些可以快速發展的機會。如果競爭對手利用這些機會能加速發展的話，則企業將處於非常不利的競爭地位。

2. 適用條件

採取穩定戰略的企業，一般處在較為穩定的外部環境中，企業所面臨的競爭挑戰和發展機會都相對較少。但是，當企業本身的資源不足時，即使市場需求以較大幅度增長，企業仍不得不採取穩定戰略。

（1）穩定型戰略應與穩定的外部環境相適應

當宏觀經濟在總體上保持總量不變或低速度增長時，就會使某一行業的增長速度降低，則該行業內的企業傾向於採用穩定型戰略。

當企業所在的行業技術相對成熟、更新速度較慢，企業過去採用的技術和生產的產品無須經過調整就能滿足消費者的需求且能與競爭對手抗衡時，企業可採取穩定型戰略。

消費者需求偏好變動較小時，企業可採用穩定型戰略，在產品領域、市場策略及經營戰略方面保持穩定不變。

對於處於行業或產品成熟期的企業，產品需求、市場規模趨於穩定，產品技術成熟，新產品開發難以成功，同時競爭對手的數目和企業的競爭地位都趨於穩定，因此適合採取穩定型戰略。

當企業所處行業的進入壁壘非常高，或由於其他原因使得該企業所處的競爭格局相對穩定，競爭對手之間很難有較懸殊的業績改變，則採用穩定型戰略能獲得較大收益。

（2）穩定型戰略應與企業資源狀況相適應

儘管外部環境較好，為企業發展提供了有利的機會，但如果企業資源不夠充分，就無法採取擴大市場佔有率的戰略，只能採用以局部市場為目標的穩定型戰略。

當外部環境不利時，資源豐富的企業可以採用穩定型戰略；資源不充足的企業可以考慮在某個具有優勢的細分市場上採用穩定型戰略，而在其他市場上實施防禦型戰略，將資源投入到發展較快的行業。

一般說來，穩定發展戰略的風險比較小，對處於穩定增長行業或穩定環境中的企業來說，它是非常有效的戰略選擇。在公用事業、運輸、銀行和保險等部門的企業，許多都採取穩定型發展戰略。

**二、成長型戰略**

企業經營戰略可以分為外延型經營戰略與內涵型經營戰略。內涵型經營戰略是向企業內部結構合理要效益，在取得經濟效益最大化的同時減少不必要的資源浪費，這種戰略在提高企業效益的同時，企業的經營規模增長緩慢。外延型經營戰略是以大量增加生產要素的投入、迅速擴大再生產為手段，不斷擴大生產規模，引進先進技術與設備，充分發揮自身優勢，在生產經營中追求產值和利潤的最大化。成長型戰略（growth strategy）就屬於外延型經營戰略。

1. 一體化戰略

一體化戰略（integration strategy）是指企業充分利用自己在產品、技術、市場上的優勢，向經營領域的深度和廣度發展的戰略。一體化戰略主要有垂直一體化戰略和水準一體化戰略。這一戰略有利於企業深化專業化協作，提高資源的利用程度和綜合利用效率。

（1）垂直一體化戰略

垂直一體化戰略也稱為縱向一體化戰略，就是企業在同行業中兩個可能的方向擴大企業競爭範圍的戰略，包括後向一體化戰略和前向一體化戰略。其中，後向一體化戰略是企業為了謀求更大的發展將價值鏈進一步反向延伸，即向原材料、零部件生產的方向擴展其生產和經營，使企業在內部就能夠滿足生產所需的大部分原材料、零部件等的供應。前向一體化戰略將企業的價值鏈進一步向前延伸，進入其產品的加工、銷售行業。如鋼鐵企業自己軋制各種型材，並將型材制成各種不同的最終產品。垂直一體化戰略可以是全線一體化，即參與行業價值鏈的所有階段；也可以是部分一體化，即進入行業價值鏈的某一個階段。只有在顯著地加強企業競爭地位的情況下，垂直一體化戰略才有吸引力。

企業採取垂直一體化戰略主要基於如下考慮：第一，降低生產成本；第二，產生以差別化為基礎的競爭優勢；第三，提高企業生產經營的穩定性；第四，提高進入障礙。企業通過垂直一體化可以獲得不錯的規模經濟效應，並在某一特定行業形成自己的規模與實力，從而獲得某種程度的壟斷。

但是這一戰略也存在著風險：第一，當外界技術發生巨變時，企業通過垂直一體化所取得的技術優勢就會顯得過時；第二，由於外界需求不定，企業垂直一體化戰略將面臨較大的風險；第三，企業有時不得不面對由於單一行業波動所帶來的巨大風險。

因此，向垂直一體化的哪個方向走取決於：第一，它是否會提高對戰略起著至關重要作用活動的業績，降低成本或加強差異化；第二，它對於協調更多階段之間的活動有關的投資成本、靈活性、反應時間以及管理費用所產生的影響；第三，它是否能夠創造競爭優勢。垂直一體化這個問題的核心在於：企業要想獲得成功，應

判斷哪些能力和活動應該在企業內部展開，哪些能力和活動可以安全地轉移給外部的供應商。如果不能獲得巨大的利益，那麼垂直一體化就不太可能成為誘人的競爭戰略選擇。

（2）水準一體化戰略

水準一體化也叫橫向一體化戰略，是指生產相似產品的企業置於同一所有權控制之下，兼併或與同行業的競爭者進行聯合，以實現擴大規模、降低成本、提高企業實力、增強競爭優勢。這種戰略一般是企業在較激烈的競爭情況下的一種選擇。

採用水準一體化戰略的好處：

第一，能夠吞併或減少競爭對手；第二，能夠形成更大的競爭力量和對手抗衡；第三，能夠取得規模經濟效益；第四，能夠取得被吞併企業的市場、技術及管理方面的經驗。

企業一般在下列情況時採用水準一體化戰略：

第一，希望在某一地區或市場中減少競爭，獲得某種程度的壟斷，以提高進入障礙。第二，企業在一個成長著的行業中競爭。第三，需要擴大規模經濟效益以獲得競爭優勢。當競爭是因為整個行業銷售量下降而經營不善時，不適於用水準一體化戰略。第四，企業具有成功管理更大的組織所需要的資本和人力資源，而競爭者由於缺乏管理經驗或特定資源停滯不前。第五，企業需要從購買對象身上得到某種特別的資源。

但是，採用水準一體化戰略可能使企業在行業中處於壟斷地位，因此在實行該戰略之前要看是否會引起法律上的訴訟。

2. 多元化戰略

多元化戰略（diversification strategy）是企業最高層為企業制定的多項業務組合戰略，是企業為涉足不同行業環境中的各項業務制定的發展規劃，包括進入何種領域，如何進入等。多元化戰略通過進入與現有事業在價值創造活動上相互關聯的事業或進入一個全新的事業領域，從而求得企業的更好發展。

（1）多元化戰略的類型

多元化戰略根據各項業務的關聯程度，可分為相關和不相關多元化戰略。相關多元化戰略是企業為了追求戰略競爭優勢，增強或擴展已有的資源、能力及核心競爭力而有意識採用的一種戰略。實行這種戰略的企業增加新的但與原有業務相關的產品與服務，這些業務在技術、市場、經驗、特長等方面相互關聯。例如，寶潔公司的系列產品包括海飛絲香波、汰漬洗衣粉、佳潔士牙膏等，這些不同的經營業務都有不同的競爭者和不同的生產要求，但這些經營都是通過同樣的批發銷售渠道，在同樣的零售點銷售，賣給同樣的顧客，並且它們採用同樣的廣告和促銷方式，使用相同的買賣技巧。這種關聯性的存在一方面可以通過資源共享，產生協同作用；另一方面，也有可能會一榮俱榮，一損俱損，難以有效地規避風險。相關多元化的適用條件如下：

第一，可以將技術、生產能力從一種業務轉向另一種業務；

第二，可以將不同業務的相關活動合併在一起運作，降低成本；

第三，在新的業務中可以借用企業品牌的信譽；

第四，以能夠創建有價值的競爭能力的協作方式實施相關的價值鏈活動。

不相關多元化戰略就是企業進入與原有行業不相關的新業務，企業經營的各行業之間沒有聯繫，美國通用電氣公司是高度多元化的典範。這種戰略的特點是企業能夠分散經營，把發展新產品和新的目標市場有機結合起來，提高企業在多變環境中的應變能力。但是，不相關多元化的實施比較複雜，容易陷入盲目性，一旦處理不好，企業可能會陷入癱瘓。不相關多元化戰略的適用條件如下：

第一，企業所在行業逐漸失去吸引力，企業銷售額和利潤下降；

第二，企業沒有能力進入相鄰行業；

第三，企業具有進入新行業所需的資金和人才；

第四，企業有機會收購一個有良好投資機會的企業。

（2）多元化戰略的動機

企業實施多元化戰略是為了增強企業的戰略競爭優勢，從而使企業的整體價值得到提升。不論是相關還是不相關多元化戰略，只要能夠讓企業增加收入和降低成本，就體現了多元化戰略的價值。多元化戰略能夠獲得比競爭對手更強的市場影響力，削弱競爭對手的市場影響力，通過業務組合降低管理者的風險等。

3. 專業化戰略

專業化戰略（specialization strategy）是集中生產單一產品或服務的成長型戰略，即企業選擇一個或幾個小市場目標，實行專業化生產和銷售，集中力量，力爭在這些小市場上佔有較大份額。美國的麥當勞公司就是採用專業化戰略最典型的企業，它的發展是通過區域擴展、維持高質量的產品和優質的服務等手段來實現的。採用這種戰略時，企業的擴張速度隨行業發展的階段不同而有所不同，如產品正處於成長期，速度可能很快，如已進入成熟期，速度就可能放慢，擴張速度還因企業採用市場行銷策略的不同而不同，如策略正確而有效，速度可望加快。

執行這一戰略的一種行之有效的方法是，確定為什麼企業過去的銷售額、利潤額或市場佔有率沒有發揮出應有的潛力。其中可能的原因包括：

（1）產品線缺口，即在相關市場內缺少完整的生產線；

（2）分配缺口，即在產品市場內或通向產品市場的銷售渠道上，缺乏實體分配系統或實體分配系統不完善；

（3）利用缺口，即市場未被充分地利用；

（4）競爭缺口，即競爭對手的銷售策略。

為了填補上面的缺口，企業可以採取如下一些措施：

（1）充實現有生產線，如為現有生產線提供新尺寸、新花樣、新顏色的產品；

（2）在現有產品線內開發新產品；

（3）擴大實體分配及銷售範圍，向國內外的新地域擴張；

（4）在一個地域內擴充分配及銷售網點；

（5）在現有的銷售網點內，擴充貨架並改善購物環境、產品陳列方式；

（6）通過廣告、促銷和特殊的定價方法來鼓勵未使用者使用企業的產品，鼓勵

產品使用者更經常地使用企業的產品；

(7) 通過定價策略、產品差別化和廣告手段向競爭對手的市場滲透。

專業化戰略有著重要的優勢，包括：

第一，通過實行專業化經營，可以使企業更清楚「我們是誰，我們在做什麼」；第二，深入地瞭解產品市場的需求；第三，節省開支，增加利潤；第四，集中各種優勢資源，創造競爭優勢。一般而言，一家專業化經營的公司越成功，就越能有效地利用其累積的經驗、特別的競爭力和品牌的聲譽，形成持久的競爭優勢，占據行業領先者的地位。

但是，採用專業化戰略的企業面臨一個主要的風險是：如果企業產品或服務的市場需求下降，則企業會遇到麻煩。一些非企業所能控制的因素可能會引起對企業產品或服務需求的下降，如顧客偏好不穩定性的增加，競爭激烈程度和複雜性的增強，技術變革，政府政策的改變，這些都對實行集中生產單一產品或服務戰略的企業構成了主要的威脅。

**三、防禦型戰略**

防禦型戰略（defense strategy）是與成長型戰略相反的經營戰略。它不謀求企業經營規模的擴大或產量的增長，而是相應地縮小和減少規模；它不謀求對新的行業或經營領域的介入，而是謀求從已有的行業或經營領域中退出或部分退出。同時，它們對企業資源的運用採取較為嚴格的控制和盡量削減各項費用支出，往往只投入最低限度的資源，戰略實施過程中會伴隨大量裁減員工的現象出現。緊縮的原因是企業現有的經營狀況、資源條件及發展前景不能應付外部環境的變化，難以為企業帶來滿意的收益，以致威脅到企業的生存和發展。但值得注意的是，防禦型並非是一蹶不振，它具有短期性、過渡性的特點，其根本目的在於為今後的發展積聚力量。

1. 防禦型戰略的優缺點

防禦型戰略具有以下優點：

第一，及時而果斷地採用防禦型戰略能幫助企業在外部環境不利的情況下，轉危為安，渡過難關。第二，在企業經營業績滑坡的情況下，能最大限度地降低損失。第三，幫助企業更好地進行資產的優化組合，使企業在面臨新機遇時不致坐失良機。

但是，它同時也面臨以下風險：

第一，可能會扼殺具有發展前途的業務和市場，使企業總體利益受損。第二，企業消極的經營狀態，會使企業員工士氣低落。第三，可能會招致社會的不良反應，影響在公眾的印象。

2. 防禦型戰略的類型

(1) 收縮戰略

收縮戰略是企業在現有經營領域不能完成原有產銷規模和市場規模的情況下，不得不將其縮小；或企業有了新的發展機會，壓縮原有領域的投資，控制成本支出，以改善現金流為其他業務提供資金的戰略方案。實施收縮型戰略經常採取的措施主

要有：

第一，調整企業組織，包括改變企業關鍵領導人，在組織內重新分配責任和權力等。

第二，降低投資成本，包括壓縮日常開支，降低管理費用；實行嚴格的預算管理，減少長期投資項目等；也可減少培訓、研發、公關等活動，必要時可裁員。

第三，減少資產，包括出售一些非關鍵的地產、建築物和設備，關閉一些生產線等。

第四，加速回收資金，包括加速回收應收帳款，降低存貨量等。

（2）剝離戰略

在收縮戰略無效時，可採用剝離戰略，即把企業的一個或幾個主要部門轉讓、出賣或者停止經營。這個部門可以是一個經營單位、一條生產線或一個事業部。這種戰略是從企業的現狀出發，以盡快收回現金為目的。

採用放棄型戰略是一個困難的決策，因為存在著許多障礙：

第一，技術或經濟結構上的障礙。如賣掉某個下屬單位，就會影響企業技術上的成套性和經濟結構的合理性，對生產經營不利。

第二，總體戰略上的障礙。由於企業內部各單位之間存在緊密聯繫和戰略依存關係，放棄某個經營單位可能會使其他業務受到影響。

第三，管理上的障礙。放棄是失敗的象徵，會使管理者的自尊心受到傷害，並威脅他們的前程。有時，放棄還同社會目標（如環境保護）相衝突。

（3）依附戰略

當企業處於困境又想維持自身的生存時，可以去尋找一個「救星」，通常是它的最大用戶，爭取成為用戶的依附者，借此生存下去，這便是依附戰略。在20世紀80年代，美國汽車零部件和電子元器件的生產廠商（一般都是小型企業），經受不住經濟衰退的折磨，就紛紛採取這種戰略，投靠到大汽車公司和電子裝置公司的門下。這些依附者本身還是獨立存在的，但已同其「救星」簽約，規定將其產品的絕大部分（如75%以上）供應給「救星」，在生產技術上接受「救星」的指導和嚴格監督，從而成為它的「衛星」企業。

中國鼓勵優勢企業兼併劣勢企業。有些劣勢企業被兼併後仍然繼續存在，只不過成為優勢企業的下屬戰略經營單位或該集團的一個成員。就這些被兼併而又繼續存在的企業來說，也可視為在執行依附戰略，不過，其依附的程度較之上述「救星」企業還更深遠些。

（4）破產或清算戰略

破產或清算戰略是企業按照相關法律的規定，通過拍賣資產、停止全部經營業務來結束自己的「生命」。顯而易見，對任何企業的管理者來說，這是最無吸引力的戰略，通常只有在其他戰略全部失靈時才被迫採用。然而，如已符合破產條件，及時進行破產清算較之固執地堅持無法挽回的事業，能使企業有計劃地、盡可能多地收回企業資產，減少損失。

3. 適用條件

從動機而言，企業採用防禦型戰略可能有三個原因。

（1）適應性防禦。企業為了適應外界環境而採取的緊縮戰略，如在經濟衰退、行業衰退或對企業的產品和服務的需求減少時，採取適應性防禦型戰略來度過危機、謀求發展。

（2）失敗性防禦。由於內部決策失誤、管理不善等原因，導致企業經營狀況惡化，競爭地位虛弱，企業不得不採取防禦型戰略，以最大限度地減小損失，保存實力。

（3）調整性防禦。企業為了謀求更好的發展機會，使有限的資源得到更有效的運用而採用的防禦型戰略。

總之，企業的資源是有限的，當企業發展到一定階段，外部環境發生變化或內部經營出現問題時，就需要採取防禦型戰略以渡過難關。防禦型戰略實施的時機要把握好，措施要得當，優柔寡斷可能會給整個企業帶來不可挽回的損失。

## 第四節　企業競爭戰略

競爭戰略（competitive strategy）是決定企業如何在每種業務上展開競爭的戰略。競爭的目的是更好地為顧客提供他們想要的東西，使企業能夠贏得某種競爭優勢，並戰勝競爭對手。因此，競爭戰略的核心是企業內部所採取的用來為顧客提供上乘價值的行動。著名的戰略管理學大師波特認為一個企業只能擁有兩種「基本的競爭優勢，即低成本和產品差異化」。這兩者與某一特殊的業務範圍（即市場細分後的目標市場範圍）相結合可以得出三個基本競爭戰略：低成本戰略、差異化戰略和聚焦型戰略。

### 一、低成本戰略

低成本戰略（low-cost strategy）又稱成本領先戰略，即企業全部成本低於競爭對手成本，甚至是同行業中最低的成本。這一戰略是以低價格為導向，提供低成本的產品和服務，保持產品和服務與競爭對手具有相似的價值。戰略目標是使企業成為行業中的低成本製造者，從而獲取比競爭對手相對低的成本，而不是獲取絕對的低成本。

低成本戰略獲取好的利潤業績有兩種選擇：第一，利用低成本優勢定出比競爭對手低的價格，大量吸引對成本敏感的購買者，進而提高總利潤；第二，不削價，滿足於現在的市場份額，利用低成本優勢提高單位利潤，從而提高企業的總利潤和總投資回報率。

1. 低成本戰略的實現途徑

低成本戰略意味整體的低成本，而不僅僅是低生產成本，即企業整個價值鏈上的累積成本必須低於競爭對手的累積成本（圖5-5）。達到這一目的有兩條途徑：

①比競爭對手更有效地從事價值鏈活動，更好地管理影響價值鏈活動成本的各個環節，以節約資源和能力，降低成本。②改造企業價值鏈，省略或跨越一些高成本的價值鏈活動。

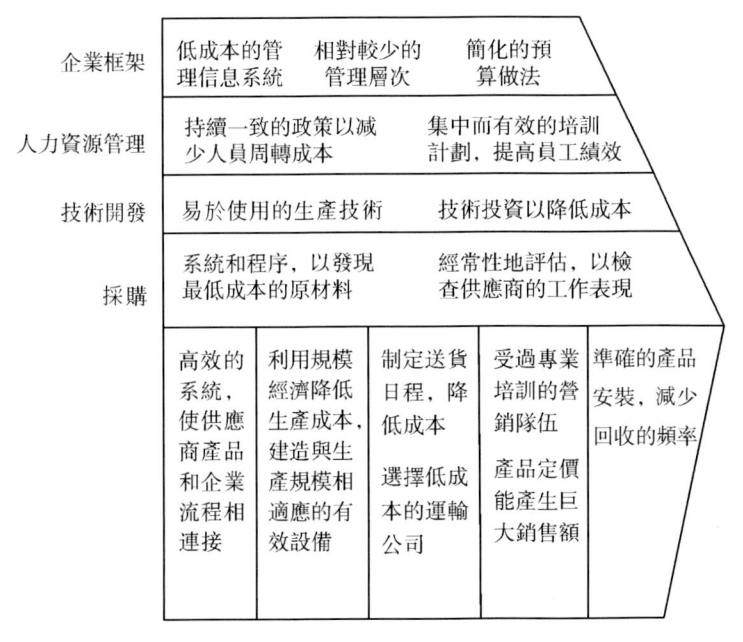

| 企業框架 | 低成本的管理信息系統 | 相對較少的管理層次 | 簡化的預算做法 | | |
|---|---|---|---|---|---|
| 人力資源管理 | 持續一致的政策以減少人員周轉成本 | 集中而有效的培訓計劃，提高員工績效 | | | |
| 技術開發 | 易於使用的生產技術 | 技術投資以降低成本 | | | |
| 採購 | 系統和程序，以發現最低成本的原材料 | 經常性地評估，以檢查供應商的工作表現 | | | |
| | 高效的系統，使供應商產品和企業流程相連接 | 利用規模經濟降低生產成本，建造與生產規模相適應的有效設備 | 制定送貨日程，降低成本 選擇低成本的運輸公司 | 受過專業培訓的營銷隊伍 產品定價能產生巨大銷售額 | 準確的產品安裝，減少回收的頻率 |

圖 5-5　與成本戰略相關的增值活動

尋找革新的途徑來改造業務中的各個過程，削減附加的「無用過程」，更經濟地為顧客提供基本的東西，這樣可以帶來巨大的成本優勢。通過改造價值鏈的結果來獲得成本優勢的主要方式有：第一，簡化產品設計；第二，削減產品或服務的附加，只提供基本的無附加的產品或服務；第三，轉向更簡單的資本密集度低的，或更簡便、更靈活的技術過程；第四，尋找各種途徑來避免使用高成本的原材料或零配件；第五，使用「直接到達最終用戶」的行銷策略；第六，將各種設施重新布置在更靠近供應商和消費者的地方等。

2. 低成本戰略成功的關鍵因素

低成本優勢的成功實現，最終取決於企業日復一日地實施該戰略的技能。成本不會因制定了戰略就自然下降，它是艱苦工作和持之以恒地重視成本工作的結果。因此，實施這一戰略的企業必須要開發或尋找成本優勢的持久性來源。

（1）準確把握成本核心的驅動因素。每個行業中關鍵的成本驅動因素都不相同，如規模經濟、學習及經驗曲線效應、關鍵資源的投入成本、與企業或行業價值鏈中其他活動的聯繫、垂直一體化相對外部尋源所具有的利益、新產品或新技術的使用時機、生產能力的利用率等。企業要獲得低成本優勢，必須深入地理解行業中關鍵的成本驅動因素在推動價值鏈中各項活動成本中的作用，在成本管理活動中做到有的放矢。

（2）建立注重成本的企業文化。成功的低成本供應商一般是通過不厭其煩地尋求整個價值鏈上的成本節約來獲得成本優勢的，所以他們通常有一種注重成本的企業文化：員工廣泛參與成本控制，不斷地將自己的成本同某項活動的最優秀展開者進行對比，深入地檢查運作費用和預算要求，制訂各項不斷改進成本的方案；經理人的額外福利不多；各種設施充足但不浪費。

（3）積極投資獲取可以實現低成本的資源和能力。低成本供應商一方面強調節約，另一方面又積極地投資獲取那些有希望能夠減少成本的資源和能力。如沃爾瑪在所有的經營運作之中使用最現代化的技術，它的分銷設施是一個自動化的陳列櫥，它使用在線計算機檢查系統，它有自己的私人通信衛星用來向供應商傳遞銷售數據。

（4）建立嚴格的成本控制體系。企業應建立起具有結構化的、職責分明的組織機構，嚴格的成本控制系統和制度以及以目標管理為基礎的激勵機制，以便於從上而下的實施最有效的控制。

3. 以低成本戰略為基礎的企業競爭優勢

行業中居於成本領先地位，可以為企業增加防禦力量。

（1）企業處於低成本地位，可以有效抵擋現有競爭對手的對抗，即在競爭對手在競爭中不能獲得利潤、只能保本的情況下，企業仍能獲利。

（2）在防禦購買者的力量方面，低成本能夠為企業提供部分的利潤率保護，防禦來自強有力的購買者的議價能力。

（3）在抵禦供應商的談判優勢方面，處於低成本地位的企業可以有更多的靈活性來解決困境。

（4）在潛在進入者方面，處於低成本地位的企業也處於一個較有利的競爭位置。同時，企業的定價和削價能力是防禦潛在進入者的有效壁壘。

（5）在與替代品競爭方面，處於低成本地位的企業也往往比本行業中的其他企業處於更有利的地位，因為它可以利用其低價格來抵禦替代產品或服務的威脅。

4. 低成本戰略的適用條件

（1）賣方之間價格競爭非常激烈。

（2）行業的產品基本上是標準化的產品，購買者很容易從其他賣方廠商那裡獲得。

（3）可獲得的產品差異化的途徑不多，從而使顧客對價格的差異非常敏感。

（4）絕大多數顧客以相同的方式使用產品，標準化的產品能夠滿足用戶的需求。

（5）購買者的轉移成本很低。

（6）買方具有很強的討價還價能力。

一般來說，購買者對價格越敏感，越傾向於將其決策置於價格最優這一點上，低成本戰略就越具有吸引力。

5. 低成本戰略的陷阱

（1）過度削價。削價只有滿足下面條件時，才能為企業提高利潤率：①削價幅度低於成本優勢的規模；②單位銷量的增加足以在降低單位銷售產品利潤率的情況

下增加總利潤。

（2）不重視採取措施獲取能夠保持專有的成本優勢或能讓競爭對手跟著自己走的成本優勢。成本優勢的價值在於它的持久性，而持久性取決於企業取得這種成本優勢的方式和途徑是否易於被對手模仿。

（3）太注重於成本的降低。產品必須包含足夠的屬性才能吸引購買者，過分熱衷於成本的降低，往往可能忽視產品的屬性是否滿足顧客需求，導致被競爭對手趁機偷襲。

即使可以避開這些陷阱，低成本戰略的實行仍有一定的風險。技術上的突破可能為競爭對手開拓降低成本的新天地，使得一個低成本領先者過去的優勢蕩然無存。而且企業很可能因陷入目前的技術、目前的戰略之中而付出極大代價。

低成本領先戰略帶來風險的一個典型例子是20世紀20年代的福特汽車公司。福特汽車公司曾經通過限制車型及種類、採用高度自動化的設備、積極實行後向一體化，以及通過嚴格推行低成本措施等取得過所向無敵的成本領先地位。然而，當許多高收入且已購置了一輛車的買主考慮再買第二輛車時，市場開始更偏愛具有風格的、改型的、舒適的和封閉型的汽車而非敞篷型的T形車。通用汽車公司看到了這種趨勢，因而投資開發了一套完整的車型，而福特公司為降低成本而付出大量投資卻成了改變車型的嚴重阻礙，使福特公司的戰略調整付出了極大代價。

**二、差異化戰略**

差異化戰略（different strategy）是指能夠提供被顧客接受的、與競爭對手不同的產品和服務，並能創造出消費者歡迎的與眾不同的價值。戰略的實質是企業在行業範圍內創造吸引顧客群與供應方的具有獨特性的戰略舉措，使競爭對手難以模仿，從而形成競爭優勢。

成功的差異化戰略可以使企業：第一，收取產品的高價；第二，提高銷量；第三，獲得購買者對品牌的忠誠。不論什麼時候，如果產品所獲得的額外價格超過了為獲得差異化而花費的成本，那麼產品的差異化就可以提高盈利能力。

1. 差異化戰略的實現途徑

成功的差異化戰略，關鍵在於用競爭對手無法模仿或抗衡的方式為購買者提供價值。一般來說有四種差異化可以為購買者提供價值：

（1）提供能夠降低購買者使用企業產品成本的產品屬性。

（2）提供能夠提高購買者從產品中得到的性能。

（3）增加能夠從非經濟或者無形性的角度提高的購買者的滿意度。

（4）以卓越的能力為基礎進行競爭，為顧客提供價值。

實際上，任何兩個價值活動都可以成為獨特價值的來源，差異化同樣來源於價值鏈。圖5-6說明，價值鏈上的許多活動都可以為提供差異化做貢獻。差異化可以表現在不同的產品特徵、及時的客戶服務、技術上的領先、在顧客心中獨特的聲譽等許多方面。但是，成功差異化戰略的實施要求企業管理者必須瞭解購買者的差異

化需求，充分地理解那些創造價值的差異化途徑，以及能夠推動獨特性的各項活動，從而選擇具有競爭力的差異化。

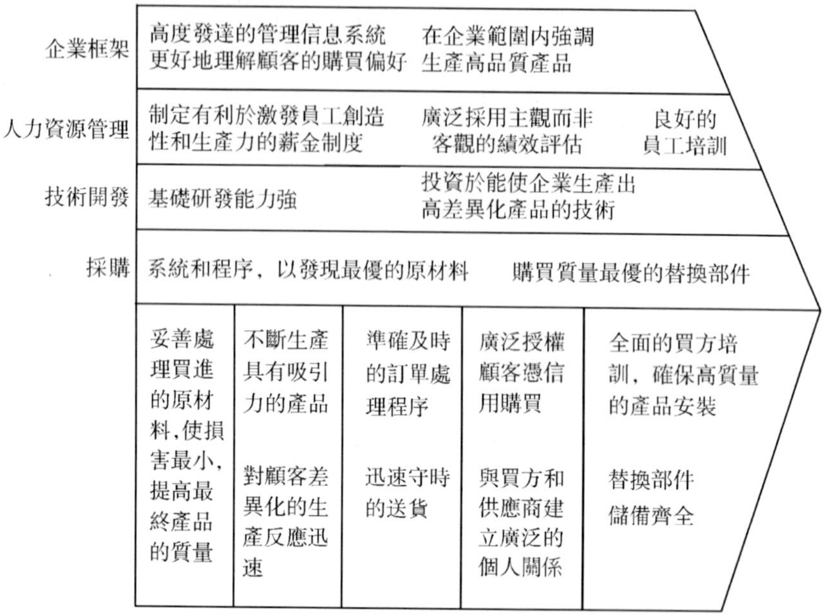

| 企業框架 | 高度發達的管理信息系統 更好地理解顧客的購買偏好 | 在企業範圍內強調 生產高品質產品 | |
|---|---|---|---|
| 人力資源管理 | 制定有利於激發員工創造性和生產力的薪金制度 | 廣泛採用主觀而非客觀的績效評估 | 良好的員工培訓 |
| 技術開發 | 基礎研發能力強 | 投資於能使企業生產出高差異化產品的技術 | |
| 採購 | 系統和程序，以發現最優的原材料 | 購買質量最優的替換部件 | |

| 妥善處理買進的原材料，使損害最小，提高最終產品的質量 | 不斷生產具有吸引力的產品 對顧客差異化的生產反應迅速 | 準確及時的訂單處理程序 迅速守時的送貨 | 廣泛授權顧客憑信用購買 與買方和供應商建立廣泛的個人關係 | 全面的買方培訓，確保高質量的產品安裝 替換部件儲備齊全 |

圖 5-6　與差異化戰略相關的增值活動

2. 差異化戰略成功的關鍵因素

要想取得差異化戰略的成功，首先，必須認真地研究購買者的需求和行為，瞭解他們認為重要的是什麼，他們認為有價值的是什麼以及他們願意支付的是什麼。從而使企業的產品或服務包含購買者想要得到的屬性。其次，企業能提供的差異化最好與獨特的內部能力、核心能力和卓越能力相聯繫，使之成為兩種持久的差異化。如果企業的差異化很快能被競爭對手所模仿，那麼企業並沒有獲得真正的差異化。再次，企業所提供的這些屬性與競爭對手所提供的屬性應有易於分辨的差別，或是開發了某種獨特的能力來滿足購買者的需求。最後，要把獲取差異化的成本控制在差異化屬性在市場上所能索要的價格之下。差異化通常會提高成本，因此提供代價並不昂貴卻能增加購買者滿意度的差異化往往具有重要的意義。

3. 以差異化戰略為基礎的企業競爭優勢

成功的差異化戰略同樣可為企業帶來一定的競爭優勢：

（1）由於差異化而帶來的客戶對品牌的忠誠敏感性的下降，為企業防禦競爭對手的挑戰開闢了一個緩衝區。

（2）產生一種顧客忠誠度或某種獨特性形式的進入壁壘，有效抵禦潛在進入者和替代品的威脅。

（3）緩和買方的議價能力。

（4）企業面對供應商時有較高的談判能力。

4. 差異化戰略的適用條件

（1）有很多途徑可以創造企業產品與競爭對手產品之間的差異，且消費者認為這些差異有價值。

（2）對產品的需求和使用多種多樣。

（3）採用類似差異化戰略的競爭對手很少。

（4）技術變革很快，市場上的競爭主要集中於不斷地推出新的產品特色。

5. 差異化戰略的陷阱

並非所有的差異化都必然能創造有意義的競爭優勢，通過差異化建立競爭優勢，企業必須找出獨特的方法，使競爭對手難以克服和模仿。在實施中，差異化戰略可能遇到的陷阱有：

（1）無價值的差異化。如果差異化既不能降低買方的成本，也不能提高買方能覺察到的價值，那麼它就是無意義的，沒人願意為此而付出代價。

（2）過度差異化。不必要的過度差異化，會導致產品的價格過高或差異化的屬性遠遠超過購買者的需求。

（3）過高的溢價。向購買者索要過高的價格附加值很可能把他們推向低價格的競爭者。

（4）忽視價值信號。忽視向購買者暗示或宣傳差異化的價值，僅僅依靠內在的產品屬性來獲得差異化。

（5）不正確的差異化。提供的差異化如不是購買者需要的差異化，那麼它也是無用的。

（6）只重視產品而忽視整個價值鏈的差異化。價值鏈上的每一環節都能為差異化提供基礎，即使是物質產品也不例外。

**三、聚焦型戰略**

聚焦型戰略（focus strategy）是指企業把經營活動的重點集中於某一特定的目標市場上，為特定的地區或特定的購買者提供特殊的產品和服務。這一戰略的前提是企業能夠以更高的效率、更好的效果為某一狹窄的戰略對象服務，從而超過在更廣闊範圍內競爭的對手。結果是，企業在服務於特定市場的過程中實現了低成本或差異化，或者兩者兼得。格力是典型的聚焦型戰略企業。面對空調市場混亂無序的競爭，一貫堅持專一化經營的格力，其產品已涵蓋了家用空調和商用空調領域的10大類、50多個系列、500多種品種規格，成為國內目前規格最齊全、品種最多的空調生產廠家，形成了業內領先的優勢。

聚焦型戰略與前面所講的兩種基本戰略不同，低成本戰略和差異化戰略都是在整個行業範圍內達到目的，但聚焦戰略是利用企業的核心競爭力，在某一特定的細分市場上提供比競爭對手更好的高效率的服務。企業目標集中意味著對於特定的目標市場，企業或者處於低成本地位，或者具有差異化優勢，或者兼有兩者。

1. 聚焦型戰略的實現途徑

企業可以通過兩種途徑實現聚焦戰略，即以低成本為基礎的聚焦戰略和以差異

化為基礎的聚焦戰略。

（1）以低成本為基礎的聚焦戰略是企業要以比競爭對手低的成本為特定市場服務。這一戰略取決於是否存在這樣一個購買者細分市場，企業滿足它們要求所付出的代價要比滿足整個市場其他部分的要求所付出的代價要小。

（2）以差異化為基礎的聚焦戰略是企業能夠給某一市場的購買者提供他們認為更能滿足自身要求的產品或服務。這一戰略取決於是否存在這樣一個購買者細分市場，他們想要得到或需要特殊的產品屬性。

不論以哪種途徑實現聚焦戰略，都需要企業發現特殊的市場需求，並集中企業的優勢以優於競爭對手的方式完成一系列競爭性活動，從而獲得競爭優勢。

2. 聚焦型戰略成功的關鍵

實際上，絕大多數中、小企業都是從聚焦型戰略起步的。這一戰略成功的關鍵在於：

（1）選好戰略目標市場。聚焦型戰略選擇目標市場的一般原則是：

第一，目標市場足夠大，可以盈利；第二，小市場具有很好的成長潛力；第三，小市場不是行業主要競爭企業成功的關鍵市場；第四，企業有相應的資源和能力，能夠比競爭對手更好地滿足目標市場；第五，企業憑借在市場內建立的顧客商譽和企業服務可以防禦行業中的挑戰者。

（2）形成獨特的能力，滿足於目標市場顧客的需求。採取聚焦戰略的企業，服務於目標市場的特殊能力是有效防禦五種競爭力量的基礎，是戰略成功的關鍵。

3. 以聚焦型戰略為基礎的企業競爭優勢

聚焦型戰略可以為企業帶來的競爭優勢有：

（1）企業對目標市場內顧客期望的滿足，可以有效地抵禦定位於多細分市場的企業的進攻；

（2）聚焦者的能力可以作為防禦潛在加入者的壁壘；

（3）企業服務於小市場的能力是替代產品生產商所必須克服的一大障礙；

（4）強大的客戶談判優勢也會因他們不願轉向那些不能滿足自己期望的其他企業而在某種程度上被削弱。

4. 聚焦型戰略的適用條件

（1）定位於多細分市場的競爭企業很難滿足目標小市場的專業化或特殊需求，或者要滿足這個市場的需求需要付出昂貴的代價；

（2）沒有其他的競爭企業在相同的目標細分市場上進行專業化經營；

（3）企業沒有足夠的資源和能力進入整個市場中更多的細分市場，而整個行業中有許多的細分市場，企業可以選擇與自己強勢能力相符且有吸引力的市場。

5. 聚焦型戰略的風險

採用任何一種聚焦型戰略的企業，都相應地面臨著一般低成本戰略或差異化戰略所面臨的風險。同時，還有以下的風險：

（1）競爭對手可能會尋找可與企業匹敵的有效途徑來服務於目標小市場。

（2）小市場上購買者的偏好和需求可能會轉向大眾購買者所喜好的屬性。

(3) 細分市場非常有吸引力，以至於其他競爭企業蜂擁而入，瓜分細分市場的利潤。

## 本章小結

1. 組織以未來為基點，在分析外部環境和內部條件的現狀及其變化趨勢的基礎上，為尋求和維持持久競爭優勢做出的有關全局的重大籌劃和謀略。

2. 戰略管理作為一個動態過程由多個相互銜接的環節構成。具體包括組織使命、外部環境分析、內部環境分析、戰略制定、戰略實施、戰略控制等六個環節。

3. 一般環境處於組織外部環境的最外層對組織具有長期性的影響。組織外部一般環境的 PEST 分析具體是指對影響組織的政治與法律環境、經濟環境、社會文化環境、技術環境等四大要素的分析。

4. 邁克爾·波特提出產業之間存在五種競爭力量，它們共同決定了產業的吸引力和盈利能力。這五種競爭力量分別是現有企業間的競爭、潛在進入者的威脅、替代品的威脅、購買者的討價還價能力、供應商的討價還價能力。

5. SWOT 分析法是指通過分析企業外部環境識別機會、威脅以及通過分析企業內部資源與能力識別企業優勢、劣勢的方法。SWOT 分析的目的在於客觀公正地評價企業的綜合情況並作為選擇和制定戰略的方法。

6. 企業戰略是決定公司從事或想從事什麼業務以及它想如何從事這些業務的戰略。企業戰略分為三大類：成長型戰略、穩定型戰略和防禦型戰略。其中成長型戰略又分為一體化戰略、多元化戰略和專業化戰略。

7. 競爭戰略是決定企業如何在每種業務上展開競爭的戰略，核心是企業內部所採取的用來為顧客提供上乘價值的行動，包括低成本戰略、差異化戰略和聚焦型戰略三種。

## 關鍵術語

戰略（strategy）
SWOT 分析（SWOT analysis）
企業戰略（corporate strategy）
成長型戰略（growth strategy）
競爭戰略（competitive strategy）
差異化戰略（different strategy）

戰略管理（strategic management）
五力模型（five forces model）
穩定型戰略（stability strategy）
防禦型戰略（defense strategy）
低成本戰略（low-cost strategy）
聚焦型戰略（focus strategy）

## 複習與思考

1. 什麼是戰略？如何辨析戰略、戰術與策略之間的關係？
2. 企業戰略包括哪三個層次？
3. 簡述戰略管理任務與過程。
4. 簡述決定行業吸引力的五種力量。
5. 簡述三種企業戰略的含義、適用條件和優缺點。
6. 簡述三種基本競爭戰略。

## 案例分析

### Netflix：應勢而變，用 20 年成為全球最大娛樂供應商

1997 年，當里德·黑斯廷斯（Reed Hastings）和馬克·倫道夫（Marc Randolph）創建 Netflix（原名 Kibble）時，這家公司只不過是一家剛剛起步的 DVD 租賃公司，其唯一真正的價值主張是郵購業務。經過 20 年的發展，Netflix 已經成為世界上大型的電視劇和電影製片公司之一，用戶數量超過了美國所有有線電視頻道的總和。Netflix 如何在短短 20 年內，從租借電影發展到製作電影的呢？一個簡單的答案是：抓住外界環境的變化不斷進行戰略變革——借助互聯網，以更加便利的 DVD 租賃業務開始，開發全新的流媒體業務，最後投資於原創內容創作。

**1997—2006 年：以郵購租賃 DVD 突圍**

20 世紀八九十年代，音像製品租賃服務在美國紅極一時。當時購買一部電影錄像帶的價格在 50~60 美元，大多數人並不能負擔購買錄像帶的高昂價格。而在那些錄像帶出租店裡，人們只需要花 2~3 美元，就可以租到一部電影錄像。Blockbuster 是當時美國最大的錄像帶出租連鎖，在全美有數千家門店。據說，里德·黑斯廷斯在將《阿波羅 13 號》的複製品歸還給當地 Blockbuster 時被告知，他欠了 40 美元的滯納金。黑斯廷斯擔心他的妻子會對交這麼貴的滯納金說些什麼，並確信一定會有更好的辦法租到電影，於是他開始設計後來成為 Netflix 的東西。

1997 年，DVD 技術剛剛出現不久，比傳統錄像帶體積小很多，便於郵寄。里德·黑斯廷斯認為，與其把成本花在實體店面和錄像帶的調配貨上，不如採用郵寄 DVD 的形式。於是，Netflix 推出了基於網上訂購和郵寄的電影租賃服務，將這個行業的核心模式從「按次收費」變為了「按月訂閱」，並借此取消了電影租賃行業長久以來的「超時費」。用戶每個月支付固定的會員費，這樣就可以在較長一段時間內保留一部電影 DVD，直到下一次需要租看其他影片時再歸還即可。

1997 年，Netflix 推出了一個大約 900 個內容的視頻庫，最長租賃期為 7 天。到 1999 年 4 月，Netflix 的視頻庫已擴展到 3,100 個內容，租金最初只需 50 美分一個。

到 2000 年 1 月，Netflix 視頻庫中的內容已經達到 5,200 個。

1999 年，Netflix 宣布其新的訂閱模式。訂閱計劃最初的價格是 15.95 美元，允許 Netflix 會員每次可以租賃 4 部電影，不限歸還日期。

2003—2006 年，Netflix 繼續改進用戶體驗，使用 Cinematch 排序算法為用戶將來的觀看提供個性化的電影建議。這反過來又可以基於訂閱用戶的租賃歷史和給予各個內容的評級，來創建他們可能感興趣的或要租賃的內容的「列表」。

截至 2006 年年底，Netflix 擁有 630 多萬用戶（7 年複合增長率為 79%），最終實現盈利，2006 年利潤超過 8,000 萬美元。然而，彼時的 Blockbuster，由於逾期罰款帶來的三億美元現金流，是其主要收入來源之一，因此受制於公司各地加盟店的強烈反對，並不敢採用 Netflix 的模式。同時，由於營運一個網上寄送 DVD 的系統，前臺後臺有許多技術細節，要靠時間去摸索優化，這為 Netflix 贏得了先發優勢，構築了較高的進入壁壘。

**2007—2012 年：流媒體視頻成主流，DVD 被取而代之**

到 2007 年，人們對 DVD 作為一種家庭娛樂形式的興趣開始減弱。越來越多的用戶家裡有寬帶上網，他們選擇在網上直接看錄像，畢竟，這比要等一天才寄到的 DVD 要快很多，也不用跑到郵局把 DVD 寄回去了。經過兩年的滯銷後，2007 年 DVD 市場萎縮了 4.5%，這是自 10 年前推出這種格式以來，DVD 銷量首次同比下降。儘管 Netflix 的 DVD 租賃業務在增長並創造了收入，但黑斯廷斯和他的團隊知道這種情況不會持續下去。他們不得不為自己建立的業務做好未來的準備，因此 Netflix 全力投入到流媒體視頻上。

Netflix 的目標一直是減少人們獲取娛樂內容的障礙。它首先通過完善和改進其 DVD 郵購服務來做到這一點，方法是引入更快的配送、建立更多的分發中心和取消滯納金。在轉換到流媒體之前，Netflix 基本上是將實體 DVD 聚合到倉庫中，然後使用互聯網將它們傳送給用戶。通過流媒體，Netflix 將娛樂內容聚合到服務器上，然後立即將這些內容分發給客戶，讓他們可以在任何設備上盡情觀看，從而徹底改變娛樂交付方式。

2007 年，Netflix 推出在線流媒體服務 Watch Now。該服務推出時有 1,000 個內容，免費包含在 Netflix 每月 5.99 美元的實體 DVD 訂閱計劃中。

2008 年，Netflix 宣布，它將在 Mac 平臺上推出 Watch Now 之後的一週內停止 DVD 零售銷售。同時，由於網上播放錄像要向影視公司支付巨額的版權費用，要一對一地磋商，涉及很多複雜的問題，如果價格過高談不攏，勢必影響用戶的觀看權限。Netflix 宣布與美國有線電視公司 Starz 達成了一項為期四年的協議，該協議允許 Netflix 訪問一個擁有 2,500 個 Starz 內容的影片庫。這筆交易價值 3,000 萬美元，為其未來的流媒體服務奠定基礎。

2011 年年底，Netflix 的用戶數量從 600 萬增加到 2,300 萬，增加了 283%。

**2013 年至今：前向一體化，Netflix 徵服世界**

在往網上直播錄像轉型的同時，Netflix 也開始感受到影視公司掣肘的痛苦。與 Starz 的協議到期時，Starz 要把收費漲到三億美元。其他影視公司也意識到 Netflix 對

其的潛在威脅，因此每當重新談判續費時，絕不放棄多從其身上擠出一滴奶的機會。2011 年 Netflix 支付了 7 億美元的版權費，2012 年這個數字達到 13 億美元，2014 年更是突破了 20 億美元。Netflix 慢慢意識到自己原創的影視劇對未來擴張的重要性。

在這個新的商業模式轉型過程中，Netflix 意識到自己所擁有的重要的優勢，即幾千萬用戶中每個人觀影習慣的即時的大數據。例如，數據顯示，大家很喜歡看演員 Kevin Spacey 和導演 David Flincher 合作的反應政治鬥爭的影視劇。

傳統的電視系列劇製作時，通常影視公司不會一上來就做長期資金承諾，而是先拍一兩集作為實驗（Pilot），如果觀眾有興趣，才會追加投資。2012 年，業內這類 Pilot 電視劇有 113 部，只有 35 部真正播出，播出後只有 13 部系列劇得以續約。

Netflix 以即時的大數據為武器，找到 Kevin Spacey，和 Flincher 的團隊達成協議，出資一億美元，無須 pilot，至少拍攝 26 集「紙牌屋」。2013 年該劇在全球播出，首季十三集同時全部網上發放。和傳統電視連續劇一集一集在規定時間播放的模式完全不一樣，訂戶在任何時候、任何地點，在有互聯網的地方就可以看，而且可以隨時跳躍到任何一個片段。

另一方面，Netflix 公司的增長主要受限於訂閱用戶數。截至 2013 年年底，Netflix 擁有 4 400 多萬用戶，比 2012 年增長 33%，總收入為 43 億美元，比 2012 年增長 21%，市場幾近飽和。但是，如果 Netflix 不能繼續吸引新的用戶，它投入的所有技術創新和原創節目最終都將毫無意義。因此，Netflix 在 2016 年進行全球擴張。

2013 年，Netflix 全球付費訂閱用戶淨增約 1,100 萬。

2016 年，Netflix 同時在全球 130 個國家上線，從一家美國公司轉變為一家全球媒體公司。同年，憑借其原創節目獲得了第 68 屆艾美獎的 54 項創紀錄提名。

2017 年，Netflix 用戶數量超過美國有線電視用戶總數。

資料來源：根據網路資料整理。

**思考題：**
1. 請借助 PEST 和波特五力模型分析 Netflix 三次戰略選擇的合理性。
2. 試談談你對於戰略環境分析與戰略選擇之間的關係的認識。

# 第六章
# 決策

## 學習目標

1. 掌握決策的含義和決策的過程
2. 理解決策的影響因素
3. 掌握定性決策和定量決策兩種決策方法

## 引例

### 盛田昭夫：奇妙的「U」形線

　　1956年2月，日本索尼公司的副總裁盛田昭夫又踏上美利堅的土地。這是他第100次橫跨太平洋，尋找收音機的銷路。當地的人們在見到這小小的收音機時，既感到十分有趣，又感到迷惘不解。他們說：「你們為什麼要生產這種小玩意兒？我們美國人的住房特點是房子大、房間多，我們需要的是造型美、音響好，可以做房間擺設的大收音機。這小玩意兒恐怕不會有多少人想要的。」

　　事情總是這樣，多餘的解釋往往不如試用中發現的道理。小巧玲瓏，攜帶方便，選臺自由，不打擾人，正是小型晶體管收音機的優點。很快這種小寶貝已為美國人所接受，銷路也迅速地打開了。有一家擁有151個聯號商店的公司表示樂意經銷，他讓盛田昭夫給他一份數量從5,000、1萬、3萬、5萬到10萬臺收音機的報價單。這是一樁多麼誘人的買賣啊！盛田昭夫不由地心花怒放，他告訴對方，請允許給他一天的時間考慮。

　　回到旅館後，盛田昭夫剛才的興奮逐漸被謹慎的思考取代了，他開始感到事情並非這麼簡單。一般說來，訂單數額越大當然就越有錢可賺所以價格就要依次下降。可是眼前索尼公司的月生產能力只有1,000臺，接受10萬臺的訂單靠現有的老設備來完成，難於上青天！這樣就非得新建廠房，擴充設備，雇用和培訓更多的工人不可，這意味著要進行大量的投資，也是一筆危險的賭註。因為萬一來年得不到同樣數額的訂貨，這引進的設備就會閒置，還要解雇大量的人員，將會使公司陷入困境，甚至可能破產。

　　夜深了，盛田昭夫仍在紙上不停地計算著，忽然他隨手畫出一條「U」字形曲線。望著這條曲線，他的腦海裡如閃電般出現了靈感——如果以5,000臺的訂貨量作為起點，那麼1萬臺將在曲線最低點，此時價格隨著曲線的下滑而降低，過最低點，也就

是超過 1 萬臺，價格將順著曲線的上升而回升。5 萬臺的單價超過 5,000 臺的單價，10 萬臺那就不用說了，差價顯然更大了。按照這個規律，他飛快地擬出一份報價單。

第二天，盛田昭夫早早地來到那家經銷公司，將報價單交給了經銷商，並笑著說：「我們的價格先是隨訂數而降低，然後它又隨訂數而上漲。就是說，給你們的優惠折扣，1 萬臺內訂數越高，折扣越大，超過 1 萬臺，折扣將隨著數量的增加而越來越少。」

經銷商看著手中的報價單，聽著他怪異的言論，感到莫名其妙，他覺得似乎被這位日本人玩弄了，他竭力控制住自己的感情說：「盛田先生，我做了快 30 年的經銷商，從沒有見過像你這樣的人，我買的數量越大，價格越高。這太不合理了。」盛田昭夫耐心地向客商解釋他制定這份報價單的理由，客商聽著、聽著，終於明白了。他會心地笑了笑，很快地和盛田昭夫簽署了一份 1 萬臺小型晶體管收音機的訂購合同。這個數字對雙方來說，無疑都是最合適的。就這樣，盛田昭夫用一條妙計就使索尼公司擺脫了一場危險的賭博。

資料來源：根據網路資料整理。

## 第一節　決策概述

### 一、決策的含義

科學決策理論認為，決策（decision）是為了達到某一特定的目的而從若干個可行方案中選擇一個滿意方案的分析判斷過程。該定義告訴我們：

1. 決策的前提：要有明確的目的

決策是為了解決某個問題，或是為了實現一定的目標。沒有目標就無從決策，沒有問題則無須決策。因此，在決策前必須明確要解決的問題，清楚要達到的目標。

2. 決策的條件：有若干個可行方案可供選擇

一個方案無從比較其優劣，也無選擇的餘地。多選擇方案是科學決策的重要原則。決策要以可行方案為依據，決策時不僅要有若干個方案來互相比較，而且各方案必須是可行的。

3. 決策的重點：方案的分析比較

每個可行方案既有其可行之處，也有其不利的一面，因此必須對每個備選方案進行綜合的分析評價，確定每個方案對目標的貢獻程度和可能帶來的潛在問題，以明確每一個方案的利弊。通過對各個方案之間的相互比較，可明晰各方案之間的優劣，為方案選擇奠定基礎。

4. 決策的結果：選擇一個滿意方案

著名經濟學家赫伯特·西蒙（Herbert Alexander Simon）認為，現實世界中的管理者不可能獲得進行決策所需要的全部信息（即不完全信息假設），許多管理者也缺乏吸收和正確評估這些信息的智能和心理能力（即有限理性假設）。在有限理性

的約束下，面對未來的不確定性、難以估量的風險以及相當程度上的模糊性，再加上時間的限制和昂貴的信息成本，管理者難以制訂出所有可能的方案。在這種情況下，管理者應遵循「滿意原則」，選擇第一個能夠滿足最低決策準則的方案。所謂的「滿意方案」，是指在諸多方案中，在現實條件下，能夠使主要目標得以實現、其他次要目標也足夠好的可行方案。

**管理背景 6-1**

### 只求最優方案為什麼不可行？

- 決策非「白」亦非「黑」，而是介於兩者之間。
- 組織所處的環境總在不斷發生變化，使得決策依據變幻莫測。
- 不充分的信息影響著方案的數量和質量，所以並不能確定和分析所有的可能方案。
- 由於人的預測能力有限，今天的理想選擇不等於是明天的理想選擇。
- 隨著目標和資源的變化，「最優」可能不再「最優」。
- 由於決策是基於不完全信息，因此過程中的調整和協調不可避免。
- 管理者經常沒有充裕的時間去收集或尋找什麼是最佳方案。

資料來源：M. K. 巴達維. 開發科技人員的管理才能——從專家到管理者 [M]. 金碧輝，等，譯. 北京：經濟管理出版社，1987：237.

5. 決策的實質：主觀判斷過程

決策有一定的規則和程序，同時又受到決策人員的價值觀念和經驗的影響。決策從本質上講是管理者基於客觀事實的主觀判斷過程。對於同一個問題，不同的人有不同的決策目標、備選方案、方案優劣判斷及滿意選擇。在管理實踐中，管理者要能夠在聽取各方面不同意見的基礎上根據自己的判斷做出正確的選擇。

**管理背景 6-2**

### 古典決策理論 VS 行為決策理論

| 古典決策理論 | 行為決策理論 |
| --- | --- |
| 基於「經濟人」假設提出；應該從經濟的角度來看待問題，即決策的目的在於為組織獲取最大的經濟利益。<br>1. 決策者必須全面掌握有關決策環境的信息<br>2. 決策者要充分瞭解有關備選方案的情況<br>3. 決策者要建立一個合理的層級結構，以確保命令的有效執行<br>4. 決策者進行決策的目的始終在於使本組織獲取最大的經濟利益 | 影響決策的不僅有經濟因素，還有決策者的心理與行為特徵，如態度、情感、經驗和動機等<br>1. 人的理性介於完全理性與非理性之間<br>2. 在對未來的情況做出判斷時，決策者直覺的運用往往多於邏輯分析方法的運用<br>3. 決策者只能做到盡量瞭解各種備選方案，而不可能全部瞭解，因此決策者選擇的理性是相對的<br>4. 在風險型決策中，與對經濟利益的考慮相比，決策者的風險態度對決策起更為重要的作用<br>5. 決策者在決策中往往只求滿意的結果，而不願費力尋求最佳方案 |

資料來源：周三多，等. 管理學——原理與方法 [M]. 7 版. 上海：復旦大學出版社，2018：146-147.

## 二、決策的分類

西蒙認為，管理就是決策，決策貫穿於管理的四項職能中。因此，管理者需要做出的決策是方方面面、多種多樣的。採用不同的標準對決策加以分類，有助於管理者更清楚地認識決策的特點與內容，瞭解決策過程，明確決策的意義，進而提高決策的質量。

### 1. 戰略決策與戰術決策

按照決策的作用範圍，可以將決策分為戰略決策與戰術決策。

戰略決策（strategic decisions）是為了組織全局的長遠發展而做出的決策，一般是由組織的高層管理者做出，如確定組織的使命、發展戰略與競爭戰略、收購與兼併等。戰略決策主要是為了適應外部環境的變化而採取的對策，以謀求長期、穩定的發展。

戰術決策（tactic decisions）通常包括管理決策和業務決策，屬於戰略決策實施過程中的具體決策。管理決策是帶有局部性的具體決策，它直接關係著為實現戰略決策所需的組織人、財、物等資源的合理調配和使用，如產品開發方案、行銷計劃和行銷策略的組合、員工招聘和培訓、財務決策等。業務決策又稱為日常管理決策，是為了提高組織日常業務活動而做出的決策，如生產任務的日常分配決策、庫存控制、廣告設計等。

戰略決策是戰術決策的前提，起著指導的作用，沒有戰略決策，戰術決策就會迷失方向；實施戰術決策是實施戰略決策的必要的環節和過程，沒有戰術決策的實施，戰略決策就失去了前進的動力。因此，戰略決策和戰術決策是相互依靠和相互補充的，缺一不可。

### 2. 程序化與非程序化決策

按決策面臨問題的性質，分為結構化問題和非結構化問題。結構化問題也稱為例行問題，是指那些重複出現的、日常的管理問題。例如產品質量、設備故障、現金短缺、供貨單位未按時履行合同等方面的問題。對於結構化問題，從根本上說，不是每次都要做決策，而是要建立某些制度、規則或政策，當問題重複發生時，不必再做決策，而只需根據已有的制度和規則按例行程序處理即可。與此相反，那些偶然發生的、新穎的、結構上不甚分明的、具有重大影響的問題屬於非結構化問題，也稱為例外問題。例如，組織結構變革問題，重大的投資問題，開發新產品或打入新市場問題，長期存在的產品質量隱患問題，重要的人事任免問題以及重大政策的制定問題等。這類問題為數不多，但卻是真正要求主管人員傾註全部精力，進行正確決策的問題。

西蒙從解決上述兩類不同性質的問題出發，將決策劃分為程序化決策和非程序化決策。程序化決策（programmed decisions）是針對例行的、重複出現的活動而言，又稱為重複性決策、常規決策。西蒙認為，程序化決策是可以程序化到呈現出重複和例行的狀態，可以程序化到制定出一套處理這些決策的固定程序，以至於每當它出現時，不需要再重複處理它們。在一般組織中，約有80%的決策可以成為程序化

決策。非程序化決策（non-programmed decisions）則是為解決不經常重複出現的、非例行的新問題所進行的決策，也稱為一次性決策、非常規決策。處理這類問題沒有固定的方法，因為這類問題在過去尚未發生過，是一種例外問題；或因為其性質和結構尚捉摸不定或很複雜；或因為十分重要而需要用「現裁現做」的方式加以處理。程序化決策與非程序化決策的差別如表6-1所示。

表6-1 程序化與非程序化決策對比

| 特點 | 程序化決策 | 非程序化決策 |
| --- | --- | --- |
| 問題類型 | 結構化 | 非結構化 |
| 管理層級 | 較低層級 | 較高層級 |
| 頻率 | 重複的、日常的 | 新的、不常見的 |
| 信息 | 已有信息 | 模糊或不完整的信息 |
| 目標 | 清晰、明確 | 模糊 |
| 解決方法的時間模型 | 短期 | 相對較長 |
| 解決方法的依據 | 程序、規則和政策 | 判斷或創造力 |

需要指出的是，它們並非是真正截然不同的兩類決策，而是像光譜一樣的連續統一體。現實中的管理決策很少是完全程序化或非程序化的，大多介於兩者之間。低層級的管理者大多依賴程序化決策，因為它們面對的是熟悉和重複性的問題。隨著管理者在組織層級中的提升，它們面對的問題變得更加非結構化。高層管理者委派下屬處理日常決策，自己應對不同尋常或困難的決策。

3. 確定性、風險型與不確定型決策

這是根據決策的備選方案、自然狀態及後果進行的分類。決策備選方案指的是可供決策者選擇的各種可行方案；決策自然狀態指決策時所面臨的不以決策者的主觀意志為轉移的客觀情況與條件；決策後果指實施決策方案的後果或引起的變化。決策後果、自然狀態和備選方案之間實際上是相互關聯的。

確定型決策（certainty decisions）指可供選擇的方案只有一種自然狀態的決策，即各備選方案所需的條件已知並能預先準確瞭解各方案的必然後果的決策。這種決策，由於各方案的條件、後果已知，所以只要比較一下各方案，就可做出最佳決策。例如，某企業要貸款，可從三家銀行獲得，利率分別為8%、7%和9%，在其他條件相同的情況下，當然是從利率為7%的銀行貸款。

風險型決策（risk decisions）指可供選擇的方案中存在著兩種以上的自然狀態，哪種狀態可能發生是不確定的，但可估計其發生的客觀概率的決策。在風險型決策中，決策者知道各備選方案所需具備的條件，但對每一方案的執行可能會出現的幾種不同的後果只有有限的瞭解，決策時需要冒一定的風險。股票投資決策就屬此類決策。此類決策一般通過比較各方案的損益期望值來進行決策。

不確定型決策（uncertainty decisions）指各備選方案可能出現的後果是未知的，或只能靠主觀概率判斷時的決策。例如，某企業擬將一種新產品投放市場，有大批量、中批量和小批量三種生產方案。由於缺乏歷史資料，對於產品投放市場後的銷

路會怎樣並不清楚,只有銷路好、一般和差的大致估計,此時的決策即為不確定型決策。處理這類問題無規律可循,一般依靠決策者的經驗和直覺來進行決策。

除了以上幾種分類外,決策還可根據所涉及的時間長短,分為中長期決策和短期決策;按決策的層次,分為高層決策、中層決策和基層決策等。

## 第二節　決策的過程與影響因素

### 一、決策的過程

決策過程是從問題提出到方案確定的整個過程。決策是一項複雜的活動,有其自身的工作規律性,需要遵循一定的科學程序。在現實工作中,導致決策失敗的原因之一就是沒有嚴格按照科學的程序進行決策,因此,瞭解和掌握科學的決策過程,是管理者提高決策正確率的一個重要方面。為了完成組織目標,決策者在進行決策的過程中應按圖 6-1 的步驟進行。

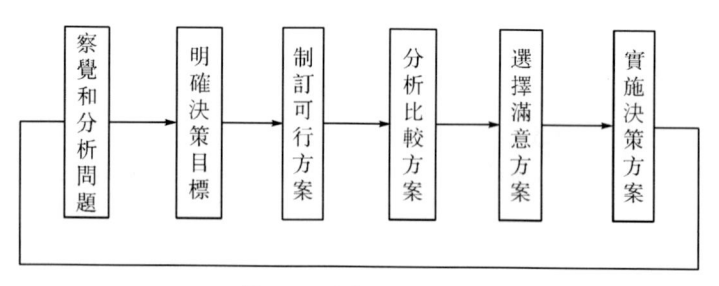

察覺和分析問題 → 明確決策目標 → 制訂可行方案 → 分析比較方案 → 選擇滿意方案 → 實施決策方案

圖 6-1　決策的制定過程

1. 察覺和分析問題

決策的第一步就是要界定將要面臨的問題,即可能的發展機會或是可能遇到的危機。通過調查、收集和整理有關信息,發現目標與現實的差距,明確奮鬥目標,是決策的起點。沒有問題,不需要決策;問題不明,則難以做出正確的決策。

決策的正確與否首先取決於對問題判斷的準確程度,因此,認識和分析問題是決策過程中最為重要也是最為困難的環節。就管理者的工作而言,若能始終正確判斷問題自然最好,但在實際工作中卻常常事與願違,要麼不能正確地判斷問題,要麼就是觸及不到問題的實質。一般情況下,管理者應該按照如下的思路判斷問題:

(1) 確定是否存在問題。發現現有的或潛在的問題是敏銳的洞察力、預見性和高度的敏感性的綜合體現。確定是否存在問題的有效方法是將現狀與理想(或期望目標)加以比較,若兩者之間存在差異,管理者就可斷定其面臨著問題。

(2) 確定問題是否需要解決。在現實生活中,並不是碰到任何問題都要採取相應措施加以解決。由於資源的有限性,對於大多數問題都可以採取聽之任之的態度,而將精力和資源集中於處理那些對於我們而言比較重要的問題。因此,決策的前提是存在著某個需要解決的問題。判斷問題是否需要解決的方法是看差異的大小是否

在管理者的容忍範圍之內。若在可容忍範圍之內，則繼續觀察，不採取任何措施；若已超出了可容忍範圍，就說明問題嚴重，需要解決。

（3）確定問題出自何處，即明確真正的問題及其可能的原因。除非問題產生的原因已昭然若揭，否則管理者就要通過收集與問題有關的信息，透過問題的表面現象，找出妨礙目標實現的阻力或出現差異的原因。只有找到了真正的問題及其原因，才能提出有效的解決方法，為正確決策奠定基礎。

（4）確定問題是否能夠解決。決策是為了解決問題，在所要解決的問題明確以後，還要確定這個問題能不能解決。有時由於客觀條件的限制，管理者儘管知道存在某些需要解決的問題，也無能為力，只能暫時先將問題「掛起來」，待條件具備後再「提上議事日程」。如果問題產生的原因在管理者的有效控制範圍之內，則問題是能夠加以解決的。

（5）確定應由誰來負責解決問題。組織中出現任何問題，管理者都負有不可推卸的責任。管理者有責任解決需要解決的問題，但這並不意味著所有需要解決的問題都必須由管理者親自來解決。應根據對真正的問題及其原因的分析來確定合適的人選，使問題能被合適的人在恰當的時間內予以解決。但不管是由你自己解決還是由下屬來解決，管理者都必須推動並監督問題的解決，並對此承擔責任。

2. 明確決策目標

在所要解決的問題及其責任人明確以後，則要確定應當解決到什麼程度，明確預期的結果是什麼，也就是要明確決策目標。所謂決策目標，是指在一定的環境和條件下，根據預測，對這一問題所希望得到的解決結果。

目標的確定十分重要。同樣的問題，目標不同時，可採用的決策方案也會大不相同。目標的確定，要經過調查和研究，掌握系統準確的統計數據和事實，然後進行由表及裡、去偽存真的整理分析，根據對組織總目標及各種目標的綜合平衡，再結合組織的價值準則和決策者願意為此付出的努力程度進行確定。制定決策目標時要注意明確：①目標的內容（盡量用數量表示）；②目標的時間要求；③各分目標的關係；④決策目標的約束條件。

3. 制訂可行方案

一旦我們明確了組織經營目標，接下來就是要制訂解決問題的備選方案。根據所搜集的信息，管理者應該盡可能多的制訂可供選擇的方案，可供選擇的方案越多，解決辦法越完善。尋求備選方案的過程是一個創造性的過程，在這一過程中，決策者必須開拓思維，充分發揮想像力。不拘泥於經驗，也不要忘記不採取任何行動也是備選方案之一。

尋找備選方案常用的方法包括頭腦風暴法（一群具備專業知識和專長的人聚集在一起，討論出盡可能多的潛在解決方案）和集思廣益法（即幾個具有不同背景和專業知識的人聚集在一起，討論出一個新的備選方案）。制訂備選方案的過程通常包括四個步驟：①組織目標、任務及環境分析；②提出設想；③形成初步方案；④制訂可行方案。

4. 分析比較方案

一旦管理者提出了各種方案，他們接下來就需要仔細評估各種方案的優劣。為此，首先要建立一套有助於指導和檢驗判斷正確性的決策準則。決策準則表明了決策者主要關心哪幾個方面，一般包括目標達成度、成本、可行性等。其次，根據決策準則衡量每個方案，並據此列出各方案滿足決策準則的程度和限制因素，即確定每一個方案對於解決問題或實現目標所能達到的程度和所需的代價，以及採用這些方案後可能帶來的後果。再次，分析每一個方案的利弊，比較各方案之間的優劣。最後根據決策者對各決策目標的重視程度和對各種代價的可承受程度進行綜合評價，結合分析比較結果，提出推薦方案。

**管理背景 6-3**

**管理者評價方案的標準**

有效評價的關鍵就在於明確機會和威脅，並制定與機會和威脅相關的影響到方案選擇的標準。總體來說，成功的管理者用四個標準來評價各種方案的利弊。

●合法性。管理者必須確保可行方案是合法的，不會違反國內和國際各項法律及政府的各項規定。

●倫理性。可行方案必須符合倫理，並不會損害相關利益集團的權益。有些決策可能會使一部分利益相關者得益，但同時也會使其他利益相關者的權益受損。所以在評估各種可行方案時，管理者必須十分明確其決策可能會產生的影響。

●經濟可行性。管理者必須判斷各種方案在經濟上是否是可行的，也就是說方案是否能達到組織的績效目標。管理者可以用成本收益分析法來決定哪一種方案能帶來最大的財務收益。

●實用性。管理者必須考慮他們是否有實施方案的能力和資源，並確保方案的實施不會威脅到其他組織目標的實現。有的方案可能剛開始看上去有明顯的利潤優勢，但仔細分析會發現它將影響到其他重要項目的實施，因而也是不可取的。

5. 選擇滿意方案

在對各種方案進行理性分析比較的基礎上，決策者最後要從中選擇一個滿意方案並付諸實施。要想做出一個好的決策，決策者必須仔細考察全部事實，確定是否可以獲取足夠的信息，並考慮組織可以利用的資源。此外，決策者在抉擇時還要注意：

（1）任何方案均有風險。即使在決策過程中絞盡腦汁，選定了一個似乎是最佳的方案，它也必定具有一定程度的風險。這是因為，人的理性是有限的，對問題的認識有限、所能想到的方案有限、分析評價能力有限，因此，因素的不確定性只能減少到最低限度而不可能完全消除，在決策時要將預感、直覺、機遇與事實、邏輯、系統分析結合起來進行抉擇。

（2）不要一味追求最佳方案。最佳方案可遇而不可求。由於環境的不斷變化和決策者預測能力的局限性，以及備選方案的數量和質量受到不充分信息的影響，決

策者可能期望的結果只能是做出一個相對令人滿意的決策。

（3）在最終選擇時應允許不做任何選擇。有時與其亂來，不如不採取任何行動，以免冒不必要的風險。而有時合併現有方案可能是更好的方案。

一旦做出決策，就要予以實施。實施決策，應當首先制訂一個實施方案，包括宣布決策、解釋決策、分配實施決策所涉及的資源和任務等。要特別注意爭取他人對決策的理解和支持，這是任何決策得以順利實施的關鍵。

6. 實施決策方案

做出決策之後，必須貫徹執行，並且還要做出與之相關問題的決策，根據實際情況，及時調整方案。決策者還要接收信息的反饋。有效的管理者總是通過回顧分析來從過去的成功和失敗中獲取經驗教訓。不對決策的結果進行重新評價的管理者就不會從經驗中吸取知識，就會停滯不前，很可能在以後的工作中再犯同樣的錯誤。

**二、決策的影響因素**

在組織中，影響決策行為及其有效性的因素主要有四個方面。首先，決策是為組織的運行服務的，而組織總是在一定的環境下運行的，所以決策首先受到環境的影響。在其他條件相同的情況下，環境的不同會導致不同的決策行為。具體來說，環境的穩定性、企業所面對的市場結構類型以及買賣雙方在市場中相對地位的變化等都會對決策產生影響。其次，決策作為一個過程，是在組織中完成的。決策所針對的是組織內部產生的問題或組織所面臨的機會，最終選擇的行動方案是在組織內部實施的並且需要消耗組織的資源，所以決策還受到組織自身因素的影響。現實中，面對同樣的環境，不同組織表現出很大的行為差異就是一個很好的依據。具體來說，組織文化、組織的信息化程度以及組織過去對環境的應變模式等都會對決策產生影響。再次，由於決策的對象是組織在運行過程中產生的問題，問題的性質成了環境與組織自身因素以外的第三個影響決策的因素。問題的重要性與緊迫性都會對決策產生影響。影響決策的最後一個因素是決策主體，無論是作為個體，還是作為群體，決策者的心理與行為特徵均會左右決策。具體來說，個人對待風險的態度、個人能力、個人價值觀以及決策群體的關係融洽程度等都會影響到決策。需要指出的是，四類影響因素並不是割裂的，而是相互聯繫的。

1. 環境因素

（1）環境的穩定性。一般來說，在相對穩定的環境下，組織過去針對同類問題做的決策比較有價值，因為過去決策時所面臨的環境與現時差不多。有時，今天的決策僅僅是簡單重複昨天的決策。這種情況下的決策一般由組織的中低層管理者進行。而當環境變化不定時，組織常常要緊迫地做出決策，由於時過境遷，所以過去決策的借鑒意義不大。為了適應環境，組織各方面要及時做出調整。

（2）市場結構。如果組織面對的是高程度壟斷的市場，其重點的決策通常在於改善生產條件、擴大生產規模、降低生產成本等。如果組織面對是高競爭程度的市場，其決策重點在於密切關注競爭對手的動向、針對競爭對手的行為快速做出反應、

完善網路行銷、向市場推出新產品等。

（3）買賣雙方在市場的地位。在賣方市場的條件下，組織作為賣方，在市場上居於主導地位。組織所做的決策的出發點是組織自身的生產條件與生產能力。而在買方市場條件下，組織作為賣方，在市場上居於被動地位。組織所做的決策的出發點是市場的需求情況。

2. 組織自身的因素

（1）組織文化。在保守型組織文化中生存的人們受這種文化的影響傾向於維持現狀。在這種文化氛圍中，如果決策者想堅持實施一項可能給組織成員帶來較大變化的行動方案，就必須首先勇於破除原有的文化，而這必然有一定難度。在這種文化中的人們不輕易容忍失敗，因而不願意做出改變。結果是那些旨在維持現狀的行動方案被選中並實施，進一步強化了文化的保守性。然而，在進取型組織文化中生存的人們歡迎變化，勇於創新，寬容地對待失敗。在這樣的組織中，容易進入決策者視野的是給組織帶來變革的行動方案。有時候，他們進行決策的目的就是製造變化。

（2）組織的信息化程度。信息化程度對決策的影響主要體現在其對決策效率的影響上。信息化程度較高的組織擁有較先進的信息技術，可以快速獲取質量較高的信息；另外在這樣的組織中，決策者通常掌握著較先進的決策手段。質量的信息與先進的決策手段便於決策者快速做出較高質量的決策。不僅如此，在高度信息化的組織中，決策者的意圖易被人理解，決策者也較容易從他人那裡獲取反饋，使決策方案能根據組織的實際情況進行調整從而得到很好的實施。因此，在信息時代，組織應致力於加強信息化建設，借此提高決策的效率。

（3）組織對環境的應變模式。通常，對一個組織而言，其對環境的應變是有規律可循的。隨著時間的推移，組織對環境的應變方式趨於穩定，形成組織對環境特有的應變模式。這種模式指導著組織今後在面對環境變化時如何思考問題，如何選擇行動方案等，特別是在創立該模式的組織最高領導尚未被更換時，其制約作用更大。

3. 決策問題的性質

（1）問題的緊迫性。當決策的問題對組織來說非常緊迫時，速度比質量更重要。這種決策在組織中不常出現，但是每次出現都給組織帶來重大影響。

（2）問題的重要性。問題的重要性對決策的影響有多方面：首先，重要的問題可能引起高層領導的重視，有些重要問題甚至必須由高層領導親自決策；其次，越重要的問題越有可能由群體決策，因為群體決策比個體決策認識更全面、質量更高；最後，越重要的問題越需要決策者慎重，越需要決策者避開各類決策陷阱。

4. 決策主體的因素

（1）個人對待風險的態度。人們對待風險的態度有三種類型：風險厭惡型、風險中立型和風險愛好型。我們通過如下例子解釋風險態度對決策的影響。假如你面臨兩個方案：方案一，不管情況如何變化，你都會在1年後得到100元收入；方案

二，當情況向好的一面發展時，你將得到 200 元收入，而當其朝壞的一面發展時，你將得不到任何收入，情況向好和向壞發展的可能性各佔一半。試問你更願意採用哪個方案？如果選擇方案一，那麼你將得到 100 元確定性收入；如果選擇方案二，那麼你將得到期望收入為 $200\times0.5+0\times0.5=100$（元）。如果你寧願選擇方案一，你就屬於風險厭惡型；如果你寧願選擇方案二，你就屬於風險愛好型；如果你對選擇哪個方案無所謂你就屬於風險中立型。可見，決策者對待風險的不同態度會影響行動方案的選擇。

（2）個人能力。決策者個人能力對決策的影響主要體現在以下方面：首先，決策者對問題的認識能力越強，越有可能提出切中要害的決策；其次，決策者獲取信息的能力越強，越有可能加快決策的速度並提高決策的質量；再次，決策者的溝通能力越強，他提出的方案越容易獲得通過；最後，決策者的組織能力越強，方案越容易實施，越容易取得預期的效果。

（3）個人價值觀。組織中的任何決策既有事實成分，也有價值成分。對客觀事物的描述屬於決策中的實施成分，如對組織外部環境的描述，對組織自身問題的描述等都屬於事實成分。事實成分是決策的起點，能不能做出正確決策很大程度上取決於事實成分的準確性。對所描述的事物所做的價值判斷屬於決策中的價值成分。顯然，這種判斷受個人價值觀的影響，決策者有什麼樣的價值觀，就會做出什麼樣的判斷。也就是說，個人價值觀通過影響決策中的價值成分來影響決策。

（4）決策群體的關係融洽程度。如果決策是由群體做出的，那麼群體的關係融洽程度也會對決策產生影響。首先，群體關係影響較好行動方案被通過的可能性。在關係融洽的情況下，大家心往一處想，勁往一處使，話往一處說，事往一處做，較好的方案容易獲得通過。然而，在關係緊張的情況下，最後被通過的方案可能只是一種折中方案，而未必是較好的方案。其次，群體關係影響決策的成本。在決策群體關係緊張的情況下，方案可能長時間議而不決，決策方案的實施所遇到的障礙通常也較多。

## 第三節　決策的方法

　　決策的科學性主要體現在決策過程的理性化和決策方法的科學化上，管理者應為進行正確決策而學會一整套的專門方法。總體來說，決策方法可以歸納為定性決策方法和定量決策方法兩大類。每種方法各有優缺點，在實際決策中要根據各種決策問題靈活運用。

### 一、定性決策方法

1. 程序化決策方法

程序化決策方法常用於處理反覆出現的日常問題，如公文傳遞、設備使用等方

面問題。對於這些問題，我們可依據政策、規章制度、工作程序進行決策。

（1）政策。政策是處理各種組織活動（從項目投資到工作計劃）的普遍適用的原則。政策為決策限定了範圍。例如，一個商店可能有允許顧客無條件退貨的承諾，那麼在一般情況下，當顧客要求退貨時，其回答應是肯定的。

（2）規章制度。組織的規章制度規定了在某種情況下必須遵守的一系列行為準則。如工作時間是上午9點到下午5點，員工就必須按時上下班。由於規定是專門的，因此員工剩下的決策就是是否遵守它。

（3）程序。政策或規章制度規定必須幹什麼，工作程序則是指執行某項任務時如何一步步做。例如，商店的退貨政策可能要求按以下程序操作：先檢查購貨發票，再審查貨物情況，然後做出接受退貨或拒絕退貨要求的決定。

程序化決策方法可幫助管理者更快地處理日常事務，節省時間和精力以處理其他問題。例如，為創造和保持組織的良好形象，組織常常要進行大量的公關活動和對外宣傳活動，組織每天要接待各種來訪、考察，接受檢查，還要外出參加一些社會活動。對於各種來訪由何人接待、如何接待等，如果都由主要管理者臨時做出決策，他就無法集中精力考慮組織發展的重大問題。制定出一套公關接待的程序和辦法，由下屬按程序辦，規定只有程序中沒有指明的情況才能匯報請示，這樣主要管理者就不會顧此失彼。但是，程序化決策方法也有其弊端，比如它可能會產生組織惰性，減少發現和處理組織問題的方法。因為政策、規章制度、工作程序一旦建立，即使存在更好的解決方法或明知照此並不能達到目的，人們也常常習慣性地依此決策。為避免這種情況，管理者應定期檢查組織政策、規章制度和程序的有效性。

2. 適應性決策方法

當管理問題複雜且模糊、多變時，管理者就難以依靠程序化決策方法進行決策，而要採用適應性決策方法。所謂適應性決策方法，是指先朝著某一方向跨出一步，然後根據上一步行動的結果來決定下兩步的行動，從而一步步地向目標逼近的方法。適應性決策方法有兩種基本方式：

（1）漸近式決策方法

當決策者面臨複雜、不確定問題時，可在眾多的途徑中先選擇一條走一步，然後慢慢地向希望目標逼近。在這裡，最終目標比較模糊，每一步驟在實施前後都要進行評價，假如所採取的行動有助於目標的實現，那麼可以重複這一行動或採取下一步行動。如相反，則對這一行動進行調整。例如，在中國剛開始進行改革時，由於沒有前人經驗可循，所以在改革前幾年，我們採用的是「摸著石頭過河」的方式，先進行各種各樣的試點，不成功的改進，成功的便推廣，從而打開了改革的局面。漸近式決策方法是處理複雜多變環境中不確定性問題的有效方法，它減少了犯大錯誤的風險，儘管缺乏力度和直接性，但它為組織最終解決問題指明了方向。

（2）經驗式決策方法

當管理者採用適應性決策方法時，常常會借助於一系列的經驗總結來指導其決策。經驗式決策方法並不提供任何專門的解決途徑，但它為管理者在複雜多變的環

境中尋找解決問題的方案提供了有用的指導原則。例如，「形勢危急時，將球踢出場」就是對足球運動員有用的一個決策指導原則。事實上，本書中的許多觀點都可看作是經驗總結。經驗式決策方法將一個複雜的問題變為可管理的問題，且有助於管理者避免重大錯誤。但採用這種方法正確的前提條件是現在與過去一樣，對於處理複雜問題有過於簡單化的傾向。

3. 創造性決策方法

創造性決策方法是指發現新的、富有想像力的解決問題的方案的方法。主要用於新產品開發、戰略設計、商業模式創新等，其中包括頭腦風暴法和發散思維法。

（1）頭腦風暴法——通過專家們的相互交流，在頭腦中進行智力碰撞，產生新的智力火花，使專家的討論不斷集中和精化。頭腦風暴法主要吸收專家積極的創造性思維活動。

（2）發散思維法——這是促使人們通過發散思維方式從全新的角度來提出解決問題的方案的方法。發散思維法鼓勵人們擺脫傳統的思維方式，從不同的角度去看待問題，提出解決問題的方案。

**二、定量決策方法**

1. 盈虧平衡分析法

盈虧平衡法也稱為量本利分析法。它是根據業務量、成本、利潤三者之間的依存關係進行綜合分析，用以進行企業經營決策、利潤預測、成本控制、生產規劃的一種簡便可行的方法。盈虧平衡圖如圖 6-2 所示。

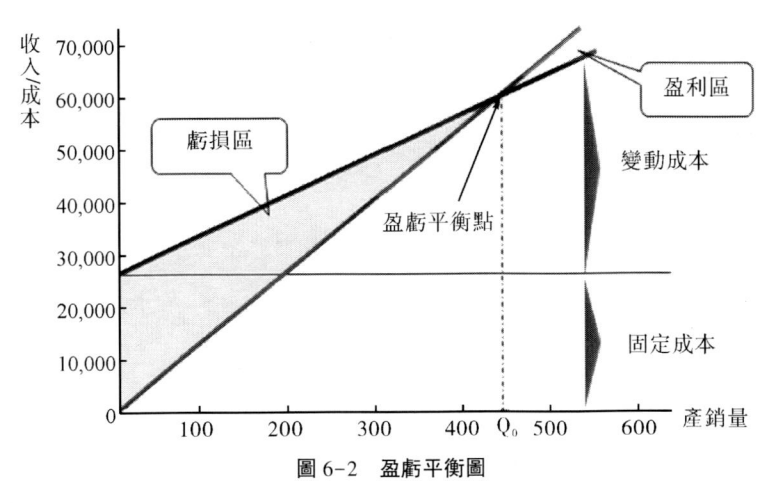

圖 6-2　盈虧平衡圖

盈虧平衡分析法的基本公式如下：

$$\pi = R - C = Q(p-v) - F \tag{6-1}$$

式中：$\pi$ 表示利潤；$R$ 表示銷售收入；$C$ 表示總成本；$Q$ 表示銷售量；$p$ 表示銷售單價；$v$ 表示單位變動成本；$F$ 表示固定成本。

在圖 6-2 中，銷售收入減去變動成本後的餘額稱為臨界貢獻。用臨界貢獻減去

固定成本後的餘額為利潤。當總的臨界貢獻與固定成本相等時,恰好盈虧平衡。這時,在一定範圍內增加產銷量會增加利潤。

在式(6-1)中,當 $\pi=0$ 時,企業盈虧平衡,則有:

$$Q_0(p-v) = F$$

$$Q_0 = \frac{F}{p-v} \tag{6-2}$$

式中:$Q_0$ 代表盈虧平衡點的產銷量;$p-v$ 表示單位臨界貢獻。

$$R_0 = \frac{F}{1-\frac{v}{p}} \tag{6-3}$$

式中:$R_0$ 表示盈虧平衡點的銷售收入;$1-\frac{v}{p}$ 表示臨界貢獻率。

式(6-3)還可以寫成:

$$R_0 = \frac{F}{U} \tag{6-4}$$

式中:$U$ 表示加權平均臨界貢獻率。

企業在滿足市場需求的前提下,要以利潤最大化為主要的經營目標,因此求得一定目標利潤下的產銷量已經成為盈虧平衡分析的重要問題,可以利用以下的公式計算:

$$Q_\pi = \frac{F+\pi}{p-v} \tag{6-5}$$

$$R_\pi = \frac{F+\pi}{1-\frac{v}{p}} \tag{6-6}$$

**管理實踐 6-1**

盈虧平衡點的計算

某企業生產某種產品,單位售價為 300 元,單位產品變動成本為 200 元,生產該產品的固定成本為 4,000 元,盈虧平衡點是多少?

【解】根據盈虧平衡圖和公式 $Q_0 = \frac{F}{p-v}$ 得:

$Q_0 = 4,000/(300-200) = 40$(件)

即盈虧平衡的銷售量為 40 件,若銷售量小於 40 件,企業就虧損;若銷售量大於 40 件,企業就盈利。

我們還可以據此分析企業的經營安全率 $(L) = (Q - Q_0)/Q \times 100\%$。

根據經驗數據,當企業的經營安全率在 40% 以上時,表明企業非常安全;處於 30%~40% 區間,表示安全;處於 20%~30% 區間,表示比較安全;處於 10%~20% 區間,表示安全性值得注意,而處於 10% 以下則表示危險。

## 2. 期望值法

（1）風險型決策

期望值法多用於風險型決策。當管理者面臨的各備選方案存在兩種以上的自然狀態，且管理者可以估計每一種自然狀態發生的客觀概率時，就可用期望值法進行決策，即依據各方案的期望值大小來選擇行動方案。

例如，某企業計劃生產某新產品投放市場，其生產成本為 40 元，在定價時，人們提出了三種方案，即每臺 50 元、60 元和 70 元。由於價格不同，其銷售量將會有所不同，相應地其預期收益也不同。表 6-2 表明了在不同的價格水準和自然狀態下可能的銷量，要求據此對定價方案做出抉擇。

首先，根據銷售量、生產成本及定價，計算出各方案在不同銷路下可能獲得的收益大小。

$$預期收益 = 銷售量 \times （售價-成本）$$

其次，計算出各方案的收益期望值。

期望值 = $\sum_{i=1}^{n}$（策略方案在 $i$ 狀態下的預期收益）×（策略方案 $i$ 狀態發生的概率）

最後，根據各方案期望值的大小，決定定價方案。由於高價策略所能獲得的預期收益最高，因此，人們一般將選取高價策略，即定價 70 元。

表 6-2　不同方案的銷路及概率

| 方案 | 不同狀態下的銷量(萬臺)及概率 ||| 期望值(萬元) |
|---|---|---|---|---|
|  | 暢銷(0.25) | 一般(0.5) | 差(0.25) |  |
| 1.高價(70 元) | 30(900) | 25(750) | 20(600) | 900×0.25+750×0.5+600×0.25=750 |
| 2.平價(60 元) | 48(960) | 36(720) | 28(560) | 960×0.25+720×0.5+560×0.25=740 |
| 3.低價(50 元) | 100(1,000) | 60(600) | 46(460) | 1,000×0.25+600×0.5+460×0.25=665 |

## 管理背景 6-4

### 決策樹

上述分析還可以通過繪製決策樹法的方法進行。

畫決策樹應從左向右，即先在左邊畫出決策點，從決策點出發引出若干方案枝，方案枝末端畫出自然狀態點，從自然狀態點引出概率枝，概率枝末端標出損益值。然後進行計算和分析，計算出各方案在不同自然狀態下的損益期望值，並註明在各方案狀態點上，再比較大小後進行優選。

通過繪製決策樹的方法，表 6-2 的示例可繪製為如圖 6-3 的決策樹。圖中：☞表示決策點，從決策點引出的分枝稱為決策方案，每一條決策方案枝代表一個方案，並在該方案枝上標明該方案的內容；○表示自然狀態點，從它引出的分枝稱為概率枝，每個概率枝代表一種隨機的自然狀態；每條概率枝末端的△稱為結果點，在該點上標出該自然狀態下的損益值。

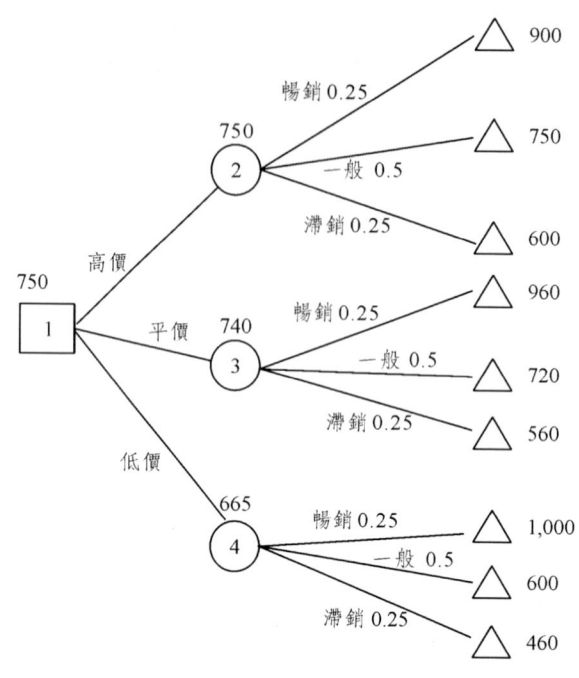

```
                              暢銷 0.25
                         ┌─────────────── △ 900
                    ⑵ 750
               高價   ├─── 一般 0.5 ──── △ 750
                    │
                    └─── 滯銷 0.25 ──── △ 600
          750
    ┌──┐          暢銷 0.25
    │1 │─── 平價 ──⑶ 740 ─── 一般 0.5 ──── △ 960
    └──┘                                △ 720
               低價              滯銷 0.25 △ 560
                    665    暢銷 0.25
                    ⑷ ─────────────── △ 1,000
                         ─── 一般 0.5 ──── △ 600
                         ─── 滯銷 0.25 ──── △ 460
```

圖 6-3 決策樹

**（2）不確定型決策**

在上述問題中，若各種狀態發生的概率無法確定，則此問題的決策變成了不確定型決策。這時應選取哪一種定價方案，在很大程度上取決於決策者的風險價值觀。一般情況下，根據對待風險的態度和看法，決策者可分成三種類型，相應地就有三種不同的選擇標準，如表 6-3 所示。

表 6-3 不確定型決策　　　　　　　　　　　　　單位：萬元

| 備選方案 | 高價 損益值 | 高價 後悔值 | 平價 損益值 | 平價 後悔值 | 低價 損益值 | 低價 後悔值 |
|---|---|---|---|---|---|---|
| 銷路好 | 900 | 1,000−900=100 | 960 | 1,000−960=40 | 1,000 | 0 |
| 銷路一般 | 750 | 750−750=0 | 720 | 750−720=30 | 600 | 750−600=150 |
| 銷路差 | 600 | 600−600=0 | 560 | 600−560=40 | 460 | 600−460=140 |
| 最小損益值 | 600 | | 560 | | 460 | |
| 最大損益值 | 900 | | 960 | | 1,000 | |
| 最大後悔值 | | 100 | | 40 | | 150 |

第一，保守型決策。這類決策者對於利益的反應比較遲鈍，而對損失的反應比較敏感，不求大利，唯求無險；不求有功，但求無過。這類決策者在進行不確定型決策時，往往依據極大極小損益原則（悲觀原則），即在計算出各方案的期望值後，先找出各方案的最小損益值，再從這些最小損益值中選擇損益值最大的方案為決策

方案。

在上例中，高價方案的最小損益值為 600 萬元，平價和低價方案的最小損益值分別為 560 萬元和 460 萬元。根據極大極小損益原則，取這三個最小損益值中最大的，即 600 萬元所對應的方案——高價策略為決策方案。

據此做出的決策比較悲觀且比較保守，其總體精神是由於前途未卜，一切以謹慎為上，確保即使在最壞的情況下也能取得最好的結果。在上例中，由於採用高價策略，即使在銷路差的情況下，也能獲得 600 萬元的利潤，比其他方案好；如銷路一般或銷路好，則能取得更大收益。這種決策準則的缺陷在於，在銷路一般或銷路好時，可能由於採用高價策略而使本來可以到手的高額利潤失去。

第二，進取型決策。這類決策者對於損失的反應比較遲鈍，而對利益的反應比較敏感，他們往往謀求大利、不怕風險、敢於進取、以求突破。在進行不確定型決策時，他們依據的常常是極大極大損益原則（樂觀原則）。樂觀原則與悲觀原則相反，其總體精神是大膽進取敢於冒險，力求獲得最大的收益。它的決策過程是先找出各方案在不同情況下的最大損益值，如本例中的 900 萬元、960 萬元、1,000 萬元，再在這些損益值中選擇損益值最大的方案為決策方案，在本例中即為低價方案（最大損益值為 1,000 萬元）。

依據這種決策原則，在銷路好時，能確保組織獲得最大收益；但當銷路不理想時，其收益就大為減少甚至可能出現虧損，所以要冒較大的風險。

第三，穩妥型決策。這類決策者既不願冒大風險，也不願循規蹈矩，在決策時，往往依據最小後悔值原則。最小後悔值原則以各個方案的機會損失大小作為判別方案優劣的依據。機會損失也稱後悔值，是以由於沒有採取與以後實際狀態相符的決策方案所造成的收益差額來衡量的。

例如，我們原來認為銷路會好，所以選取了低價方案，但後來發現銷路不怎麼樣，只能獲得 460 萬元的收益，而若採用高價方案，在此情況下本來是可獲得 600 萬元利潤的，也就是說，由於決策失誤，使本來可以獲得的 140 萬利潤失去了，其後悔值即為 140 萬元。為了把可能出現的決策方案與實際之間的收益差距盡可能地減到最小，在決策時先計算各個方案的後悔值，找出各個方案的最大後悔值，如本例中的 100 萬元、40 萬元、150 萬元，再從中選取後悔值最小的方案為決策方案，即平價策略。採用平價策略，在銷路好、差或一般時，機會損失都不大。

上述三類決策者由於各自的價值觀不同，對同一個問題，在決策時依據不同的原則選取了不同的決策方案。

### 三、提高決策正確性的技巧

決策既是一門科學，又是一門藝術。從前面的論述中，我們可以看到，影響決策的因素眾多。我們雖然無法排除不確定因素和各種風險的干擾，但完全可以通過學習科學決策理論和方法來增強識別它們的能力。

遵循理性決策過程有助於提高決策的正確率。儘管它並不能夠保證最終的決策一定正確，但如果決策出現失誤，必然是因為沒有遵循理性決策過程，在其中的一

個或幾個環節出現了失誤。具體而言，在實際決策時，我們要特別注意以下問題。

1. 準確地收集和利用信息

信息是決策的基礎，決策的正確性在很大程度上取決於決策時所依據的信息量大小。為了理解並找出真正的問題，需要準確地收集和分析與問題有關的各種信息。如果可以獲得完全信息，就可以做出最優決策。因此，為了提高決策的正確率，我們有必要擴大決策所依據的信息量，將決策建立在群體信息基礎之上。一方面，我們要意識到個人在知識、能力和經驗上的局限性，願意並善於徵求他人的意見；另一方面，在收集和利用信息時，還要避免因疏忽而誤入「陷阱」。

第一，要從各方面聽取意見，並注重分析比較。不要輕信別有用心或與該決策有根本利害關係的人提供的信息，偏見會導致信息的扭曲。第二，不要輕易放棄相互矛盾或截然相反的意見。既然有不同意見，就必然存在著一些問題，要注意深入調查，在搞清事實的基礎上做出決策。

第三，對專家意見要避免盲從。同樣的一組事實或信息，可做出種種不同的解釋，專家的解釋和建議為決策者以同樣的方式去理解信息提供了便利，但不可盲從專家的意見。無論何時，只要有可能，就應當根據專家提供的有關建議得出自己的結論。

第四，要注意信息的時間性和獲取信息的代價，不要指望在收集到所有的信息後再做決策。信息本身並不能告訴我們解決問題的方案，而且情況隨時在變，收集有關問題的每一點信息都需要付出相應的代價。

2. 正確運用直覺

直覺是人們下意識地根據自己以往的經歷和經驗對所面臨的問題做出判斷的過程。直覺可以幫助人們更好地面對不確定型和模糊型環境。

人們在思考問題時，本能上具有偏重左腦思維或右腦思維的傾向。左腦思維是線性的、邏輯的和分析性的思維方式，它通常使用知識、技能，運用邏輯推理得出結論，分析事物以獲得整體認識。右腦思維是整體的、相關的和非線性的思維模式，它通常為情緒和感覺所左右，靠預感得出結論，使用形象思維產生新想法。左腦思維和右腦思維在決策中分別表現為理性決策和直覺決策。儘管嚴格區分這兩種思維方式非常困難，但傾向於這兩種思維模式的人各占一半。

一個優秀的管理者應努力學會正確運用自己的直覺，在普通管理者尚未發覺之前就能感知到問題的存在，在最終決策時能夠運用直覺對理性分析的結果進行檢查，從而協助其做出正確的抉擇。

直覺不是理性的反義詞，更不是隨意的猜測過程。相反，它建立在分析問題和解決問題的廣泛的實踐經驗基礎之上，只要這些實踐經驗是有根據的、是合乎邏輯的，那麼直覺也會是合乎邏輯的。當我們面臨一個新問題時，我們的思維就開始在我們長期記憶的分類信息中搜索，一旦發現存在類似或相關的情況，我們的腦海中就會閃出一個念頭，這就是直覺。

應當明確，直覺不是對嚴密的理性分析的替代，而是對理性分析的補充，兩者相輔相成。一般而言，在理性分析的基礎上再依據直覺做出決策，其正確的概率比

單純地依賴理性分析或直接依靠直覺做出的決策更高，因為前者決策時基於的信息比後兩者更寬廣。

**管理背景 6-5**

直覺在決策中的作用

在決策過程中，直覺起重要作用。直覺決策是基於感受、判斷力和累積的經驗做出決策。直覺分為如圖 6-4 所示的五個方面，包括經驗、情緒、認知、潛意識和價值觀。直覺決策可以補充理性決策和有限理性決策。首先，對於同一種問題或現象，有經驗的管理者往往可以憑借過去經驗的幫助，對有限的信息做出快速的反應。同時，最近的一項研究發現，在決策時體驗到強烈感受和情緒的人實際上會獲得更高的決策績效，尤其當他理解自己做出決策時的感受時。因此，「管理者應該在決策時忽略情緒」的這一古老說法可能已不是最佳的建議。

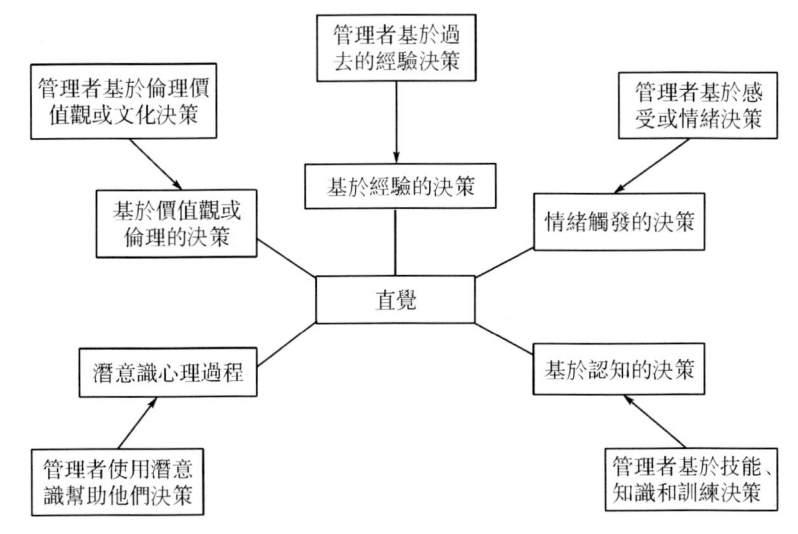

圖 6-4　直覺在決策中的作用

資料來源：L. A. Burke and M. K. Miller. Taking the Mystery Out of Intuitive Decision Making [J]. Academy of Management Executive, 1999 (10): 91-99.

3. 明智地把握決策時機和確定決策者

應該懂得，在不適當的時候做出正確的回答仍是一項低劣的決策。輕率浮誇是工作的大敵，過早做出決策或在時機尚未成熟的情況下草率做出決策，很可能得不到應有的效果；而拖延決策，可能會進一步擴大矛盾，帶來不可收拾的後果。因此，在工作中要明確各類問題的核心和關鍵，分清輕重緩急，以準確把握決策時機。

正確的判斷是決策的關鍵。決策不僅僅表現為在適當的時機果斷決策，還表現為在適當的情況下改變決策。把一個決策當作是最終的決策，是決策實施階段常犯的錯誤。沒有任何東西可長期保持不變。一個決策在上周看還很好，而在這周就可能變得不切實際。優柔寡斷是錯誤的，墨守成規也是錯誤的。因此，我們必須認識

到決策是一個開放的不斷反覆的過程，在決策實施過程中密切關注事態的發展，一旦原有的決策方案不再能夠達到原有的決策目標時，就要準備重新開始決策。

另外，作為管理者而言，還要認識到並不是所有問題都必須由你來解決。作為管理者，與其說是個問題解決者還不如說是個問題發現者。對於現實中發生的很多問題，並不需要管理者親自去解決。在面對問題時，管理者更多的時候不是直接決策，而是問一些簡單的問題：在這個組織中，誰最適合來解決這個問題？我可不可以只做適當的指示，然後把整個問題的解決都交給下屬？在管理實踐中，決定由誰來決策有多種選擇，如表6-4所示。

表6-4 決策方式的選擇

| 決策方式 | 特點 | 優點 | 缺點 | 適用場合 |
| --- | --- | --- | --- | --- |
| 個人決策 | 由個人評估問題，根據自己的判斷做出決定 | 決策速度快 | 依賴於個人經驗和知識 | 時間緊迫或危機問題；秘密性質的問題 |
| 協商決策 | 在與他人協商和聽取他人意見的基礎上由決策者做出最終決定 | 基於群體信息 | 需較多時間，容易受他人影響 | 時間允許且其他人對此問題有相關經驗時；需要他人參與實施的決策 |
| 集體決策 | 將問題交由團隊分析，通過相互交流，最終由團隊按少數服從多數的方式確定決策方案 | 群體信息和智慧；相互交流和啟發，可產生更具有創造性的方案 | 效率低下，不一致時需要妥協；有被個別人操縱的可能 | 問題重大，需要考慮多方面因素或需要創新性方案時；實施需要各方面配合或涉及多方利益時 |

4. 克服決策過程中的心理障礙

在面臨決策問題時，有些管理者會表現出以下三種典型的心理：

第一，優柔寡斷。有些管理者在實踐中慣於採用「迴避決策的戰術」，包括決策前過於強調信息的不足；決策時希望問題會自生自滅，拖延決策；讓他人代為決策或不到萬不得已不做出決策等。他們考慮最多的常常是如何避免風險、明哲保身，如何把個人承擔風險的可能性降至最低，而不是考慮如何解決問題，因此面臨決策時總是猶猶豫豫、唯恐出錯。

第二，急於求成。與優柔寡斷者相反，有些管理者不願意忍受問題的煎熬，希望問題能迅速得到解決。因此在決策時，他們幾乎從不考慮問題的根源，而只是窮於應付。他們常常採用應急管理方法，處理問題時僅憑條件反射，在考慮還不周到的情況下就貿然決策，強行採取行動。這些管理者實際上常常只是在同問題的表面現象打交道。「欲速則不達」，當我們發現存在某個問題時，最好是把它當作一種症狀來處理，然後通過各種方法找出真正的問題，就事論事只會導致同一問題的一再發生。

第三，求全求美。有的管理者面臨問題時，總是希望找到一個十全十美的方案，這會導致問題遲遲不能得到解決。如果我們要開發出完美的產品才把它推向市場，那麼我們能夠實施決策的機會非常少。我們尋求的是能解決問題的方案，它們不一

定要非常完美，只要這些方案可行、能解決問題、易於管理並能滿足目標要求就可以了。

5. 學會處理錯誤的決策

決策者在決策時或因為知識面窄，或由於決策能力的限制，或由於只憑經驗看待問題，處理某些問題感到力不從心，難免會出現各種各樣的決策差錯（圖6-5）。通過自我反省認識錯誤，並採取適當方法予以彌補，可提高我們的決策能力。因此，一旦發生決策錯誤，應當採取以下積極的行動：

第一，承認。要有勇氣承認客觀事實，錯誤已經發生，就應當承認過失，以集中精力分析原因，及時加以彌補，而不要忙於追究責任或推卸責任。

第二，檢查。由於決策過程中包含了很多步驟，因此要追溯決策的全過程，逐一檢查，以找出在哪一步上犯了錯誤。此外，還要分析決策的時間、方式和方法。通過檢查反思，可使你學到一些決策的技巧，並避免重蹈覆轍。

第三，調整。若一個決策總的來看是可行的，而只是在貫徹執行上發生了問題，則可通過發現薄弱環節予以調整，使這一決策趨於完善。

第四，改正。若一項決策經過檢查和調整仍無法修正，則要針對原因擬訂一個修正計劃，以改正決策錯誤，減少由於決策失誤而可能造成的損失。

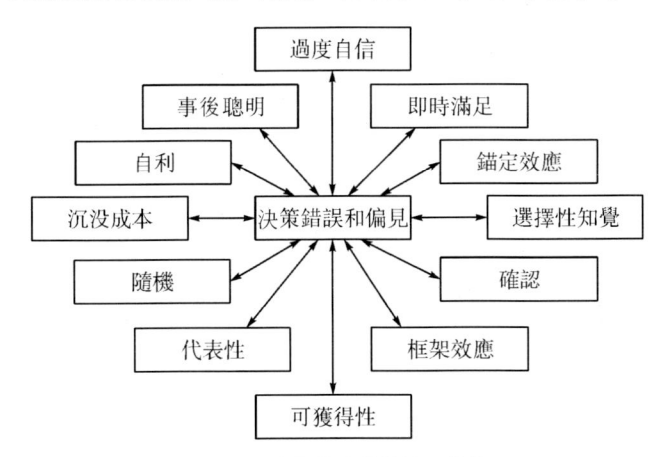

圖 6-5　常見的決策錯誤和偏見

## 本章小結

1. 決策是指管理者為達到一定目的而從若干可行方案中選擇一個滿意方案的分析判斷過程。在管理實踐中，管理者要能夠在聽取各方面不同意見的基礎上根據自己的判斷做出正確的選擇。

2. 決策時，管理者應遵循「滿意原則」，選擇第一個能夠滿足最低決策準則的方案。

3. 決策可以分為戰略決策和戰術決策；程序化決策和非程序化決策；確定型決策、風險型決策和不確定型決策等類別。

4. 理性決策過程始於察覺和分析問題、繼之以決策目標的明確、可行方案的制定、不同方案的分析比較、滿意方案的選擇、決策方案的實施。決策的關鍵在於準確地判斷問題的實質。

5. 在決策過程中，環境因素、組織自身因素、決策問題的性質和決策者自身素質是影響決策的主要因素。

6. 不同的問題必須採用不同的決策方法。決策方法可分為定性決策方法和定量決策方法。前者是決策者根據已知的情況和現有資料，直接利用個人的知識、經驗和組織規章進行決策，簡單易行、經濟方便；後者包括量本利分析法和期望值法。各種方法各有其優缺點，分別適用於不同場合。

7. 決策既是一門科學，又是一門藝術。可以通過學習增強識別各種不確定因素和風險的能力。在進行重大問題的決策時，遵循理性決策過程有助於提高決策的正確率。決策者要善於學習提高決策正確性的方法和技巧。

## 關鍵術語

決策（decision）　　　　　　　　戰略決策（strategic decisions）
戰術決策（tactic decisions）　　　程序化決策（programmed decisions）
非程序化決策（non-programmed decisions）　確定型決策（certainty decisions）
風險型決策（risk decisions）　　　不確定型決策（uncertainty decisions）

## 複習與思考

1. 決策是如何定義的？
2. 簡述決策的制定過程。
3. 決策的類型有哪些？
4. 為什麼說「管理就是決策」？
5. 試比較程序化決策和非程序化決策。
6. 在哪些情況下可以考慮用直覺決策模式？
7. 如何才能提高決策的正確率？
8. 什麼是決策的「滿意標準」？為什麼不建議使用「最優標準」？

# 案例分析

## 一份問卷改變世界——堪薩斯工程和新口味可口可樂

20 世紀 70 年代中期以前，可口可樂公司是美國飲料市場上的第一品牌，占據了全美 80% 的市場份額，年銷量增長速度高達 10%。然而好景不長，20 世紀 70 年代中後期，百事可樂的迅速崛起令可口可樂的市場增速從原有的 13% 降到了 2%。與此形成鮮明對比的是，百事可樂來勢洶洶，異常紅火。百事可樂推出了「百事新一代」系列廣告和體現青春形象的第二輪廣告，將促銷鋒芒直指飲料市場的最大消費群體——年輕人。在第二輪廣告中，百事可樂公司還大膽地對顧客口感試驗進行了現場直播，即在不告知參與者在拍廣告的情況下，請他們品嘗各種沒有品牌標示的飲料，然後說出哪一種口感最好。百事可樂公司的這次冒險成功了，幾乎每一次試驗後，品嘗者都認為百事可樂更好喝。其後，百事可樂在美國的飲料市場份額從 6% 猛升至 14%，品牌知名度與可口可樂持平。

鑒於此，可口可樂認為消費者的口味變化是造成可口可樂市場份額下降的一條重要原因。為了驗證這一假設，可口可樂公司發起了一場代號為「堪薩斯工程」的大規模市場調研。

### 「堪薩斯工程」的兩輪市場調研

1982 年，可口可樂公司調研人員廣泛地深入到美國 10 個主要城市中，進行了約 2,000 次的訪問，通過調查，確定口味因素是否是可口可樂市場份額下降的重要原因，同時徵詢顧客對新口味可樂的意見。於是，在問卷設計中，詢問了例如「可口可樂配方中將增加一種新成分，使它喝起來更柔和，你願意嗎？可口可樂將與百事可樂口味相仿，你會感到不安嗎？您想試一試新飲料嗎？」等問題。

調查結果顯示，只有 10%~12% 的顧客對新口味可口可樂表示不安，表明顧客們願意嘗試新口味的可口可樂。得到該調研結果之後，可口可樂決定修改已經存在了 99 年的經典口味配方，開發一種全新口感、更愜意的可口可樂。1984 年 9 月，一種全新的、比老可樂口感更柔和、口味更甜、泡沫更少的新可口可樂樣品隨之誕生。可口可樂公司組織了品嘗測試，在不告知品嘗者飲料品牌的情況下，請他們說出哪一種飲料更令人滿意。測試結果令可口可樂公司興奮不已，顧客對新可口可樂的滿意度超過了百事可樂。

為了萬無一失，可口可樂公司又傾資 400 萬美元，在美國 13 個城市中，邀請了約 19.1 萬人參加對無標籤的新、老可樂進行口味測試的活動。這次市場調研結果顯示：在口味測試中，老可口可樂以 10~15 點落後於百事可樂，而新可口可樂以 6~8 點的領先優勢擊敗百事可樂，新可口可樂也擊敗了老可口可樂；盲測結果表明，消費者對新可口可樂的滿意度超過老可口可樂 10 點，為 55% 對 45%；在允許消費者看到商標的情況下，對新可口可樂的滿意度更高了，為 61% 對 39%。

就在市場調研新口味可口可樂全勝的結果下，新口味產品的上線也只是時間問

題了。但此時可口可樂公司又面臨著一個新問題：是為「新可樂」增加一條生產線還是用「新可樂」徹底取代傳統的可口可樂呢？可口可樂公司決策層認為，新增加生產線肯定會遭到遍布世界各地的瓶裝商們的反對，因為此舉會加大瓶裝商的成本。經過反覆權衡後，可口可樂公司決定「新可樂」取代傳統可樂，停止傳統可樂的生產和銷售。

### 市場災難

1985年4月23日，可口可樂公司正式宣布推出新可口可樂，同時全面停止傳統可口可樂的生產和銷售。新口味可口可樂上市初期反響很好，全美國超過1.5億的人都嘗到了新口味的可口可樂。一切似乎都在向著好的方向發展。但災難就這麼毫無徵兆地突然出現了。

新口味可口可樂上市後1個月，負面作用開始井噴，可口可樂公司每天接到超過5,000個抗議電話，而且更有雪片般飛來的抗議信件。可口可樂公司不得不開闢了83條熱線，雇用了更多的公關人員來處理這些抱怨和批評。這其中的大部分人並非是因為口味本身抗議，而是因為99年秘不示人的可口可樂配方代表了一種傳統的美國精神，而熱愛傳統配方的可口可樂就是美國精神的體現，放棄傳統配方的可口可樂意味著一種背叛。雖然可口可樂公司當初也想到了這種情況，但沒想到反對聲音如此激烈。

在西雅圖，一群忠誠於傳統可樂的人組成「美國老可樂飲者」組織，準備發起全國範圍內的「抵制新可樂運動」。在洛杉磯，有的顧客威脅說：「如果推出新可樂，將再也不買可口可樂。」在1985年5月的一個月裡，可口可樂公司在美國45個城市舉行新可口可樂「派對」，共送出100萬罐飲料，但是幾乎每一次他們得到的都是一陣陣抗議聲。而和新口味可口可樂的遭遇形成鮮明反差的是，已經停產的經典可口可樂的價格卻水漲船高。

新口味產品上市後三個月，可口可樂公司再也坐不住了。1985年6月份的調研表明，已只有49%的人表示喜歡新可樂，而51%的人喜歡老可樂。1985年7月初，對900人的每週一次的調研表明，喜歡新可樂的人數只有30%，有70%的人喜歡老可樂。

資料來源：根據網路資料整理。

### 思考題：

1. 在新可樂上市前，可口可樂公司不能不說是格外慎重地進行了準備工作。它費時兩年、耗資400萬美元，調查了近20萬名消費者，而且調查結果「既合理又有利」，做出上市「新可樂」的決策似乎合情合理，無懈可擊，但結局為什麼會與當初的判斷截然相反呢？

2. 如何看待信息在決策中的作用？

# 第七章
# 組織設計

## 學習目標

1. 掌握組織設計的六大核心要素
2. 理解機械式結構和有機式結構
3. 理解影響組織結構選擇的權變因素
4. 掌握常見的組織結構類型

## 引例

### 韓都衣舍的組織設計

自 2006 年創立以來,韓都衣舍(集團)創造了一個服裝電商界的神話,從一個小淘寶賣家成為中國互聯網快時尚第一品牌。截至 2015 年 12 月,韓都衣舍有 58 個業務部門,員工超過 2,600 人。通過內部孵化、合資合作及代營運等方式,韓都衣舍品牌集群達到 28 個,包含女裝品牌 HSTYLE、男裝品牌 AMH、童裝品牌米·哈魯、媽媽裝品牌迪葵納、文藝女裝品牌素縷、箱包品牌貓貓包袋等知名互聯網品牌。其中包括韓風系、歐美系、東方系等主流風格,覆蓋女裝、男裝、童裝、戶外、箱包等全品類。

在一個傳統的服裝行業裡面,幾乎都是採用科層制的組織結構,基本上分成四大模塊:一個是研發部門,專門做產品的研究;一個部門是銷售部門,包括銷售策略的制定和渠道的管理;一個部門是採購部門,負責各種資源,包括工廠管理等;還有一個是服務部門。四個模塊各司其職,類似於流水線作業。

韓都衣舍則採取了小組制的結構,具體的實施方式是:將產品設計開發人員、頁面製作人員、庫存採購管理人員三個人組成一個小組。產品設計開發相當於傳統企業的產品研發,在這裡包括面料、款式、顏色、尺碼等的選擇。頁面製作就是傳統企業的市場和產品管理,主要是產品定價、產品定位、產品特色、賣點提煉、頁面視覺設計、市場活動策劃等,負責同公司客服、攝影部門進行溝通協作。庫存採購管理崗位等同於傳統企業的供應鏈管理,包括打樣、下訂單、簽合同、協調生產、庫存管理等,負責給公司核心服務層的供應鏈、倉儲物流下訂單。

在小組結構的基礎上,韓都衣舍提出了以產品小組為核心的單品全程營運體系,英文名稱「Integrated Operating System for Single Product」,簡稱 IOSSP。公司平臺為

所有的小組提供共性的 IT 平臺支持、物流倉儲服務、樣品攝影服務、客服和供應鏈服務。每個小組都作為一個獨立的利潤中心，按照小企業、小商店的方式進行獨立經營。小組裡面的設計開發人員最初並不完全等同於傳統意義上的設計師，韓都衣舍的大部分品牌都是採用的「買手制」，因而這樣的小組也被稱為買手小組。買手小組負責跟蹤諸多韓國品牌的產品動態，從中選出他們認為款式不錯的產品，然後進行樣衣採購、試銷，之後再根據試銷情況在中國找工廠量產。

資料來源：中國管理案例共享中心，有刪減。

當組織制定了合理的目標、戰略與行動方案時，就需要選擇合適的組織結構來促進目標的實現。組織設計工作在組織演進的過程中起著至關重要的作用，韓都衣舍的成功很大程度上就是源於其小組制的結構設計和以產品小組為核心的單品全程營運體系。

## 第一節　組織設計概述

### 一、組織設計的六大核心要素

組織是指為了實現某個特定目的而對人員的精心安排。組織設計是組織工作的一項重要內容。組織結構（organizational structure）是組織內正式的工作安排，組織設計（organizational design）就是確定適當的組織結構的過程。通常人們會用組織結構圖來討論組織結構。組織結構圖（organizational chart）是用方框和連線說明上下級部門間的權力關係。圖 7-1 表明了某公司的部門設置及部門間的報告關係，但單憑組織結構圖並不能顯示出該公司組織結構的全貌。因此還需瞭解組織設計的核心要素與過程，這將有助於正確地認識組織結構圖以及組織結構的其他特徵。

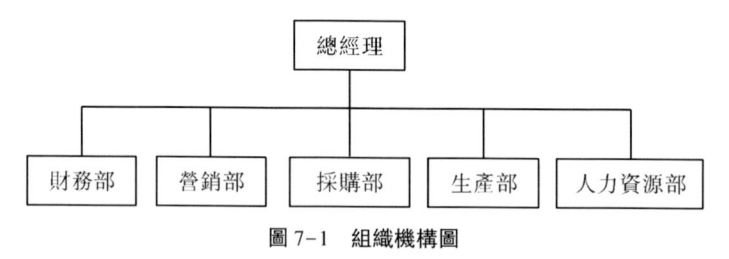

圖 7-1　組織機構圖

1. 工作專門化

工作專門化（work specialization），也可稱之為勞動分工，是將實現組織目標的工作任務劃分為一項項單獨工作的過程。員工可以「專門」從事完整工作任務的一部分活動來提高工作效率。20 世紀上半葉以前，人們相信工作專門化可以導致生產率的大幅提高，將組織中的工作設計得盡可能簡單。時至今日，大量的工作仍然按照專業化分工的原則進行，如裝配流水線上的工作，護士、會計、廚師及其他很多的工作。適度的工作專門化的確有利於工作效率的提高，但過度的專門化往往帶來

員工的疲倦、厭煩、不滿，工作之間的協調成本上升，從而導致低生產率與高離職率。因此，如何克服過於專業化而產生的種種弊端成為今天很多管理者努力的方向。

2. 部門化

一旦將組織的任務分解成了具體可執行的工作，第二步就是將這些工作按某種邏輯合併成一些組織單元，這一過程就是部門化（departmentalization）。部門的劃分是組織的橫向分工，具有普遍性，其目的在於：確定組織中各項任務的分配與責任的歸屬，有效達到組織目標。通常部門的劃分有五種類型。圖 7-2~圖 7-6 展示了部門化的每一種類型。

職能部門化（functional departmentalization）是現代組織採用最為廣泛的一種方法。這種方法根據專業化的原則，以工作的性質為依據劃分部門。職能部門化的優點是：遵循分工和專業化原則，有利於提高人員使用效率；重視組織中的基本活動，從而有利於實現組織目標。職能部門化的最大缺陷在於：容易產生「隧道視野」，各職能主管只關注於自身領域內的問題，忽視了組織的總體目標。地區部門化（geographic departmentalization）是把某個區域的業務活動集中起來，形成區域性部門。地區部門化的優點在於：有利於地區活動的協調；能夠更好地滿足區域市場的獨特需要。其缺點在於：機構重複設置導致費用增加；可能與其他領域產生隔離。產品部門化（product departmentalization）是按產品或產品系列來組織業務活動的一種方法。許多多元化經營的企業常採用這種劃分部門的方法。其優點在於：有利於產品和服務的改進和發展；管理者可能成為某一行業的專家；更貼近顧客。其缺點在於：職能部門重複設置，增加成本；缺乏對組織整體目標的認識。顧客部門化（customer departmentalization）是按各類客戶群體來劃分部門的方法。其優點是：重視顧客的需要；由專家來滿足顧客的需求和解決相關問題；其缺點是：職能部門重複設置，增加成本；缺乏對組織整體目標的認識。流程部門化（process departmentalization）是依據產品或顧客的流動來組合工作，使各項工作活動沿著處理產品或為顧客提供服務的工藝過程的順序來組織，過程部門化的優點是使工作流程運行更加高效；缺點是只適用於某些類型的生產。

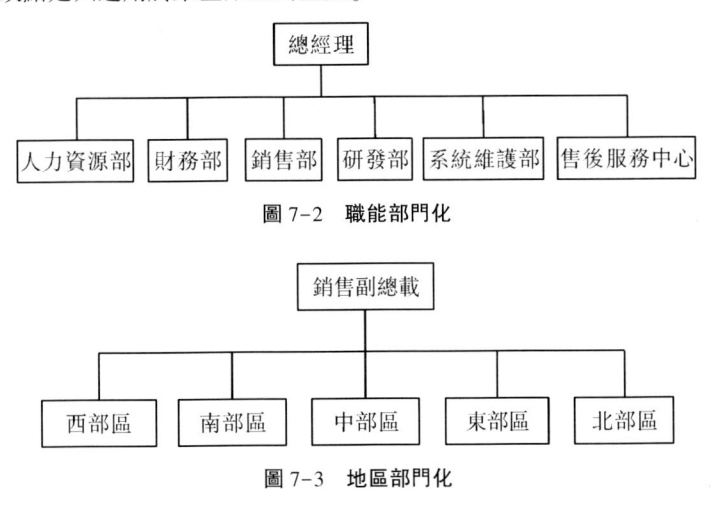

圖 7-2　職能部門化

圖 7-3　地區部門化

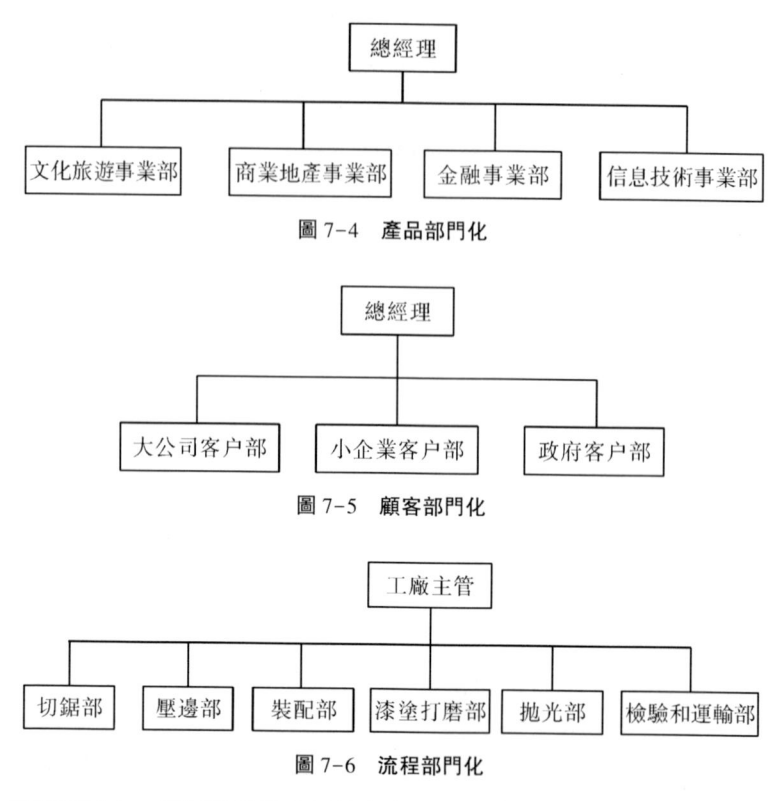

```
        總經理
    ┌────┬────┼────┬────┐
文化旅遊  商業地產  金融事業部  信息技術
事業部    事業部              事業部
```

圖 7-4　產品部門化

```
        總經理
    ┌────┼────┐
 大公司   小企業   政府
 客戶部   客戶部   客戶部
```

圖 7-5　顧客部門化

```
              工廠主管
    ┌────┬────┬────┬────┬────┐
  切鋸部 壓邊部 裝配部 漆塗打磨部 拋光部 檢驗和運輸部
```

圖 7-6　流程部門化

在實際運用中，每個組織都應根據自身的特定條件，選擇能取得最佳效果的劃分方法。在很多情況下，常常採用混合的方法來劃分部門，以求更有效地實現組織的目標。

3. 指揮鏈

指揮鏈（chain of command）是指從組織高層延伸到基層的一條職權線，它界定了誰向誰報告工作，它幫助員工回答「我遇到問題時向誰請示」，或者「我對誰負責」這類問題。職權與職責和統一指揮是其中重要的三個概念。

職權（authority）是某個職位本身所具有的發布命令和希望命令得到執行的一種權力。指揮鏈上的管理者要想通過協調和監管其他人的工作實現組織目標，就必須被賦予職權。職權表現為三種類型：直線職權、參謀職權和職能職權。直線職權（line authority）是向管理者授予直接指揮下屬工作的職權。每一層管理者都應具備這種權力，其職權的大小範圍各有不同。管理者應當在自己職權範圍內做出決策，當問題超越自身職權界限時，應提交給上級。參謀職權（staff authority）是組織成員所擁有的向其他組織成員提供諮詢或建議的權力。組織中的任何一位成員都擁有參謀職權，他們可以就組織發展中存在的問題發表自己的意見。隨著組織規模的日益擴大，管理者，尤其是高層管理者會在組織中設立專門的參謀人員來協助自己，促進決策的科學性與合理性。職能職權（functional authority）是高層管理者把一部分原屬自己的直線職權授予參謀人員或某個部門的主管人員，從而使其擁有對其他

部門或人員的指揮權。職能職權是一種有限的權力——只有在被授權的職能範圍內有效。職能職權介於直線職權與參謀職權之間，這是因為隨著管理活動的日益複雜，主管人員僅依靠參謀的建議還很難做出最後的決定，為了改善和提高管理效率，便產生了職能職權。在實踐中，為了避免衝突，應該限制職能職權使用的範圍和級別。

職責（responsibility）是指任職者完成分配的工作任務所需承擔的相應責任。當管理者行使職權向下屬分配工作任務時，下屬也就承擔了完成任務的職責。職權與職責應該合理匹配，只有職責而沒有職權，會導致工作無法順利開展，職責無法履行；只有職權而無職責，就會造成濫用職權。

統一指揮原則（unity of command），由法約爾最先提出，強調一個下級只能向一個上級匯報，只有這樣才能保證政令統一、行動一致。如果兩個管理者同時對同一個人或同一件事行使他們的權力，就會出現混亂。實踐中，很多圍繞項目開展工作的公司往往打破了統一指揮原則，一個下級不止向一位上級匯報工作，結果也保證了項目的有效完成。

4. 管理幅度

管理幅度（span of control）是指某一管理者可有效管理的直接下屬的數量。它與管理層次一起決定了組織的規模。管理層次（level of control）是指在職權等級鏈上所設置職位的級數。在管理幅度一定的條件下，管理層次與組織規模的大小成正比，組織規模越大，管理層次越多；在組織規模一定的條件下，管理層次與管理幅度成反比，每個主管直接控制的下屬人數越多，組織所需的管理層次越少。

假設兩個組織都擁有4,096名員工，一個組織的管理幅度是4，另一個組織的管理幅度是8，兩個組織的管理層次分別為7和5，如圖7-7所示。前者管理幅度小，管理層次多，這種組織結構被稱之為垂直型結構（tall structure）；後者管理幅度大，管理層次少，則被稱為扁平型結構（flat structure）。從圖中可以看出，扁平型組織比垂直型組織少了兩個管理層次，並少了760名管理者。假設管理者平均一年10萬元年薪，那麼扁平型組織每年將節省7,600萬元。由此可見，就成本而言，扁平型結構將更加有效。除此之外，扁平型結構因更加靈活、更貼近顧客、更向員工授權等優勢成為當下組織設計的方向。

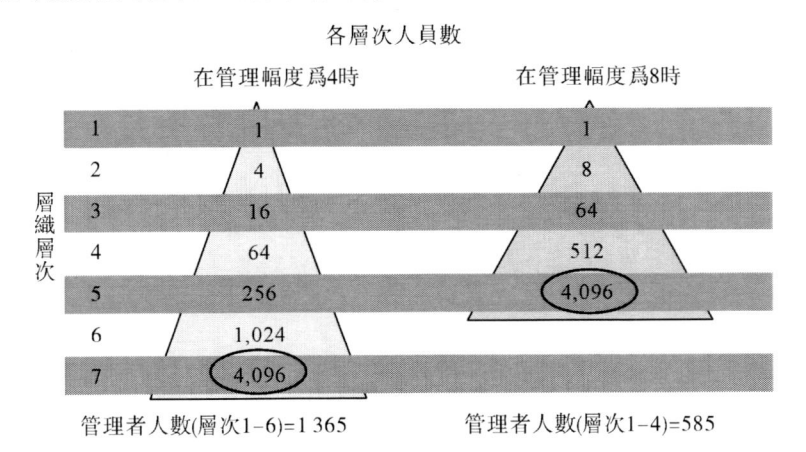

各層次人員數

| 組織層次 | 在管理幅度為4時 | 在管理幅度為8時 |
|---|---|---|
| 1 | 1 | 1 |
| 2 | 4 | 8 |
| 3 | 16 | 64 |
| 4 | 64 | 512 |
| 5 | 256 | 4,096 |
| 6 | 1,024 | |
| 7 | 4,096 | |

管理者人數(層次1-6)=1 365　　管理者人數(層次1-4)=585

圖7-7　管理幅度與管理層次

究竟一個管理者管理多少下屬合適，一些學者用確切的數字給出了答案。但實際上，管理者能夠有效管理下屬的數量受到很多因素的影響，包括主管與其下屬雙方的素質與能力、工作任務的相似性和複雜性、下屬工作地點的接近程度、應用標準化流程的程度、信息系統的先進程度、組織文化的強度以及管理者的偏好等，因此每個組織應根據自身的特點，選擇適當的管理幅度。

5. 集權和分權

集權（centralization）是指決策權集中在組織高層的程度；與此相對應，分權（decentralization）是指決策權分散在組織低層的程度。在組織管理中，集權和分權是相對的，不存在絕對的集權或分權。管理者要根據組織所處的內外環境，確定合適的集權或分權程度。表 7-1 列舉了組織集權或分權的影響因素。

表 7-1　組織集權或分權的影響因素

| 更加集權 | 更加分權 |
| --- | --- |
| 簡單的、穩定的環境 | 複雜的、動態的環境 |
| 低層管理者尚不具備決策能力 | 低層管理者具有決策能力 |
| 低層管理者決策的重要性較低 | 低層管理者決策的重要性較高 |
| 組織文化倡導令出高層、低層執行 | 組織文化允許低層有決策權 |
| 組織面臨危機或失敗的風險 | 組織並未面臨危機或失敗的風險 |
| 戰略的有效實施取決於高層管理者 | 戰略的有效實施取決於參與決策的管理者及決策制定的靈活性 |

傳統的組織普遍存在集權的傾向，權力往往集中在組織的高層及其附近層次，以保證組織政令的統一和執行效率。但是隨著組織的日益複雜，為了提高決策的準確度，很多管理者認為決策應該由最接近問題的組織層次來制定，組織的低層得到的權力越來越多，組織決策出現了分權化的趨勢，員工獲得更多的決策權，這種狀況被稱之為員工授權（employee empowerment）。

6. 正規化

正規化（formalization）是指組織中各項工作的標準化程度以及員工行為受規則和程序指導的程度。正規化界定了與組織決策、溝通和控制相關的結構。高度的正規化意味著組織有著清晰明確的組織目標、完善的規章制度、合理的工作流程，員工遵章執行即可，並無多少自主權。事實上所有的組織都有某種程度的正規化，但即使是最正式的組織也還是會有某種程度的非正規化，即通過非正式的但是有影響力的溝通、決策和控制手段來指導和規範員工的行為。組織結構圖體現出來的是組織決策、溝通和控制的正式結構，非正式的結構往往體現不出來，但卻是組織中普遍存在的。

## 二、組織設計的基本模式：機械式結構和有機式結構

基本的組織設計主要表現為兩種組織形式，機械式組織和有機式組織（圖 7-8）。

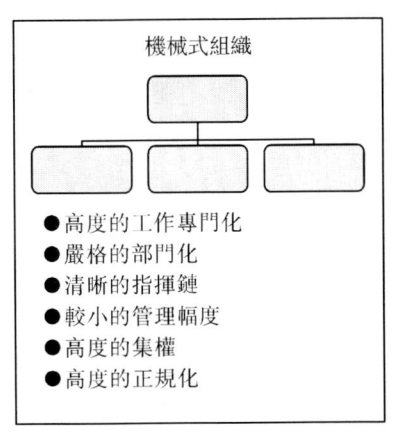

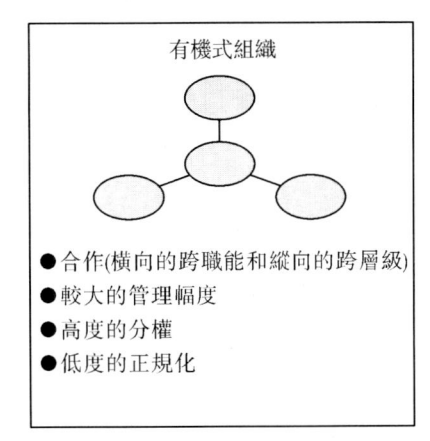

```
┌─────────────────────────┐  ┌─────────────────────────┐
│      機械式組織          │  │      有機式組織          │
│                         │  │                         │
│   ●高度的工作專門化       │  │  ●合作(橫向的跨職能和縱向的跨層級) │
│   ●嚴格的部門化          │  │  ●較大的管理幅度         │
│   ●清晰的指揮鏈          │  │  ●高度的分權            │
│   ●較小的管理幅度         │  │  ●低度的正規化          │
│   ●高度的集權            │  │                         │
│   ●高度的正規化          │  │                         │
└─────────────────────────┘  └─────────────────────────┘
```

圖 7-8　機械式組織和有機式組織

機械式組織（mechanistic organization）也稱官僚行政組織，它是上文組織設計的六個核心要素相互結合的結果，是一種僵化和嚴密控制的組織設計。機械式結構具有高度的專業化分工，並通過部門化的方法進一步實現工作的專門化；有著正式的職權等級系統，遵守統一指揮原則，每個人只接受一個上級的監督和控制；管理幅度較小，管理層次較多，從而形成了垂直型結構；由於管理層次的增多，高層管理者更多地通過規章制度來規範員工的行為。

有機式組織（organic organization）也稱適應性組織，是一種鬆散和靈活的組織設計。該結構也存在勞動分工，但組織成員往往是專業人士，所從事的工作並不是標準化的，高層管理者只需用很少的規則來監管和規範員工的行為；組織成員間有著跨部門、跨層級的溝通和合作渠道；組織的集權化程度較低，有著專業技能的組織成員擁有較大的自主權，可以自行決策。

## 第二節　組織設計的影響因素

有效的組織結構取決於若干權變因素。這些因素主要包括戰略、環境、規模與技術等。

### 一、戰略與結構

有效的組織結構應能促進組織目標的實現，目標是戰略的重要組成部分，因此組織結構與戰略之間存在著密切的關係。阿爾弗雷德·錢德勒（Alfred Chandler）在其著作《戰略與結構：美國工業企業史的若干篇章》中，對結構與戰略之間的關係進行了研究，提出「結構跟隨戰略」的觀點。戰略是影響組織結構選擇的一個重要因素，很多研究表明，當組織制定某種特定的戰略時，應當選擇最適合的組織結構與戰略相匹配。當企業戰略目標是努力擴大產品市場份額、提高效益、降低成本時，有著高度的正規化、強調嚴密控制的機械性組織會比較有效。當企業戰略目標是開

拓市場、開發新產品時，選擇分權化、多渠道的溝通與合作的有機式結構將更有助於戰略目標的實現。

**管理實踐 7-1**

**騰訊和阿里巴巴的基於戰略升級的組織變革**

騰訊繼 2005 年、2012 年兩次上升到戰略層面的組織架構調整後，在 2018 年 9 月末騰訊開啓了第三次基於戰略升級的組織變革：在原有七大事業群的基礎上重組整合成新的六大事業群。2005 年騰訊的第一次大規模的組織變革，從職能式轉向了業務系統式，結束了原有架構的管理，騰訊也由此進入了快速發展期。2012 年的第二次重大組織架構調整主要業務單元的優化，即 BG（事業群）化，後將微信獨立，單獨成立了微信事業群，形成第三次變革前的七大事業群格局，騰訊也借此抓住了移動互聯網的發展節點，迎來新一波的高速成長。而最新的這次組織變革一樣是結合騰訊自身發展和市場變化所做出的決策，比如雲與智慧產業事業群能夠增強騰訊的 2B 能力，這跟 AI、大數據、物聯網等前沿技術掀起的新一輪產業革命不無關係。

自張勇 2015 年接任 CEO 一職後阿里巴巴就進行了三次大的系統性的組織變革。接任 CEO 的當年，張勇宣布成立中臺事業群，構建「大中臺、小前臺」組織機制和業務機制。2017 年年初，張勇又實施了面向「五新」（新零售、新金融、新製造、新技術和新能源）戰略的組織架構調整，推動了「五新」業務的發展。2018 年 11 月底，張勇宣布了最新的組織變革，包括阿里雲事業群升級為阿里雲智能事業群、成立新零售技術事業群和天貓升級成為「大天貓」等一系列調整。張勇在其內部信中說道：「我們就要面向未來，不斷升級我們的組織設計和組織能力，為未來 5 年到 10 年的發展奠定組織基礎和充實領導力量。」

資料來源：根據網路資料整理。

**二、環境與結構**

環境與組織結構之間也存在著特定的關係，組織良性運行的前提是對環境不確定性的有效應對，選擇合適的組織結構則能降低環境不確定性對組織的影響。外部環境的不確定性可以用環境的複雜程度和環境的變化程度兩個指標來衡量。研究表明當組織處於簡單穩定的環境中時，機械式結構會比較有效；反之，當組織處於複雜動態的環境中時，有機式結構會比較有效。

對絕大多數企業來說，外部環境正變得越來越不確定，經濟發展進入新常態、全球化競爭、顧客消費觀的不斷升級等環境更需要靈活的有機式組織，機械式組織將很難應對。

**三、規模與結構**

組織規模的大小也是影響企業組織結構選擇的一個重要因素。一般來說，大型組織比小型組織具有更高程度的專門化、部門化、集權化和正規化。小型組織結構則相對靈活，但由於小企業自身的劣勢，它們又不斷地尋求擴大組織的規模。隨著

組織規模的擴大，組織人數的增加，組織層級將會加大，組織的機械性程度往往隨之提高。但規模與結構之間並非簡單的線性關係，隨著組織的不斷擴張，規模對結構的影響力會逐漸減弱。

**管理實踐 7-2**

「大企業病」診斷書

2019 年 3 月 6 日，寶潔對外宣布，將在泛歐交易所退市。消息一出，唱衰言論四面而起。事實上，這個曾被寫進教科書，作為經典案例的全球巨擘，此時正深陷業績連年下滑的困境。財報顯示，2008 年、2011 年和 2012 年，寶潔營業收入均突破 800 億美元，達到歷史巔峰。然而，從 2103 年起，寶潔業績出現停滯甚至下滑，一度跌至 2006 年的水準。對寶潔來說，中國市場曾是其最大的國外市場，業績表現搶眼。不過，這些年來，中國的消費格局早已發生巨大變化。隨著消費升級，一些耳熟能詳的品牌，已被越來越多的選擇所替代；新一代的消費者甚至視其為「媽媽的牌子」。寶潔在中國市場的表現差強人意，CEO 大衛‧泰勒感嘆中國的消費者是「世界上最挑剔的消費者」。面對這種局面，寶潔開始一系列的自救行為：連換 4 任 CEO、品牌瘦身、削減預算等，但截至目前仍未有顯著起色。不少人已指出了這家大企業的問題：定位不清、品牌老化、行銷方式落伍、銷售渠道單一……這些問題都反應出了寶潔對時代變化的遲鈍感知力。而從根源上來講，這是因為寶潔患上了「大企業病」。

所謂「大企業病」，是指企業發展壯大到一定規模後，原有的企業管理機制開始滋生出阻滯企業發展的「毒瘤」，讓企業變得決策遲緩、思想僵化、效率低下等。大企業病有九大症狀：機構臃腫、決策緩慢、多重領導、管理過頭、獨斷專行、思想僵化、效率低下、協調困難、人才流失。機構臃腫是大企業病的根本特徵，本來一個人能夠處理的事務卻安排一個小組，一個小組能處理的事務安排大隊人馬。結果導致效率低下，人浮於事，難於管理，以至於對市場反應遲緩和遲鈍，成為名副其實的「官僚機構」，最後必然的結果是腐敗和衰落。

資料來源：根據網路資料整理。

**四、技術與結構**

技術水準不僅影響組織活動的效率和效果，而且對組織結構的選擇產生影響。在高度信息化的組織中，由於大量的工作部分或全部由計算機完成，致使管理者的管理幅度加大、管理層次減少，使組織從「高聳結構」轉變為「扁平結構」。

組織的技術水準不同，其對組織結構的影響方式也不同。最早對技術作為結構選擇的一個決定因素的關注，是瓊‧伍德沃德（Joan Woodward）的研究。她為了確定指揮統一和管理幅度這些傳統原則與公司成功的關係程度，對英國南部的近 100 家小型製造企業進行了調查。她一直無法從所收集的數據中得出任何一種相關關係，直至她按生產進行的規模將這些企業劃分為三種類型。這三種類型反應三種不同的

技術，它們在技術複雜程度上漸次提高。第一類，單件生產（unit production），由進行定制產品生產的單位或小批生產者組成。第二類，大量生產（mass production），包括大批和大量生產的製造商，它們提供諸如冰箱和汽車之類的產品。第三類，連續生產（process production），這是技術最複雜的一類，如煉油廠和化工廠這類有著連續流程的生產者。表 7-2 為伍德沃德的研究發現。

表 7-2　伍德沃德關於技術與結構的研究發現

|  | 單件生產 | 大批量生產 | 連續生產 |
| --- | --- | --- | --- |
| 結構特徵 | 低度的縱向分化<br>低度的橫向分化<br>低度的正規化 | 中度的縱向分化<br>高度的橫向分化<br>高度的正規化 | 高度的縱向分化<br>低度的橫向分化<br>低度的正規化 |
| 最有效的結構 | 有機式 | 機械式 | 有機式 |

其他學者的研究成果也表明了組織將視技術的常規化程度來調整組織結構，使結構與技術水準相匹配。一般而言，組織的技術愈常規，組織結構就愈機械，反之技術愈非常規，組織結構將愈有機。

## 第三節　常見的組織結構類型

組織結構有很多種類型，如職能制、事業部制、矩陣制等，這些都是基本的、常見的組織結構類型，是對現實中的組織結構在理論層面上的抽象。儘管現實中大多數組織結構不是純粹的基本類型，而是混合型，但也是以其中的某種類型為基礎，然後結合環境的特點和組織戰略的要求進行改造，從而形成一種最有利於實現組織目標的「專屬的」組織結構。因此，本節將重點討論四種基本的組織結構類型。

### 一、職能制結構

職能制結構（functional structure）是採用按照職能劃分部門的方式建立起來的，把從事相似工作的人員組合在一起的組織設計形式。如圖 7-9 所示。

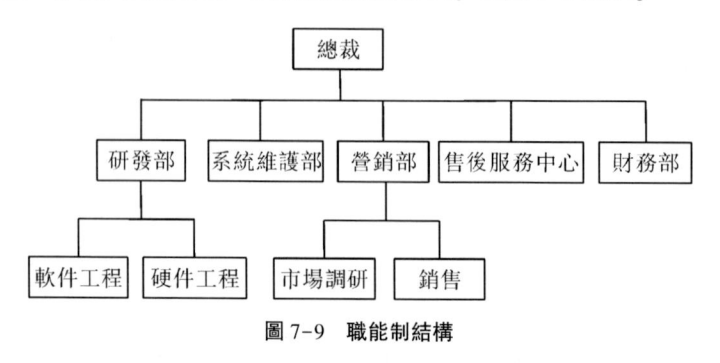

圖 7-9　職能制結構

職能型結構繼承了職能部門化的優劣勢。這種結構分工明確，將從事相似工作的人員組織在一起有利於發揮職能專業化的優勢，可以提高規模經濟性和實現資源的高效利用。但是，各部門容易過分強調本部門的重要性而忽視與其他部門的配合，忽視組織的整體目標。為了使組織順利營運，最高主管必須對各部門活動進行有效的協調。這種結構比較適合於中小型組織，便於最高主管個人對整個組織的活動進行監督和協調。隨著組織規模的不斷擴大，職能制結構的適用性會越來越差。

### 二、事業部制結構

與依據員工的技能或專業來歸類的職能制組織結構不同，事業部制結構（divisional structure）是在產品部門化、地區部門化或顧客部門化的基礎上建立起來的，由相對獨立的事業部（division）或業務單元組成，總部是最高決策機構、各事業部獨立核算，實行分權管理的一種組織結構形式。如騰訊公司根據自身的產品或項目設立的企業發展事業群、互動娛樂事業群、技術工程事業群、微信事業群、雲與智慧產業事業群、平臺與內容事業群六大事業群，是基於產品的事業部制；漢獅影視廣告公司在北京、上海、廣州、香港設立了四家分公司，這是基於地區的事業部制。

圖 7-10 是基於顧客的事業部制組織結構，根據公司的兩個客戶群設立了兩個事業部：大公司客戶事業部和小企業客戶事業部。通過圖 7-9 和圖 7-10 的對比發現，在職能制組織結構中，全體研發人員、銷售人員、系統維護人員分別都被歸到一起，為所有客戶工作；而在事業部制組織結構中，各個事業部都是獨立的單元，每個事業部內都設立了研發部門、銷售部門和系統維護部門，每個部門更小並且聚焦於各自的顧客群。由此，研發、銷售、系統維護的不同意見會在事業部的層面上解決，而不是由總裁來解決。因此，事業部制組織結構強調分權化，決策制定至少被下放了一個管理層級，使總裁和其他高層管理者不必從事戰略計劃以外的決策。

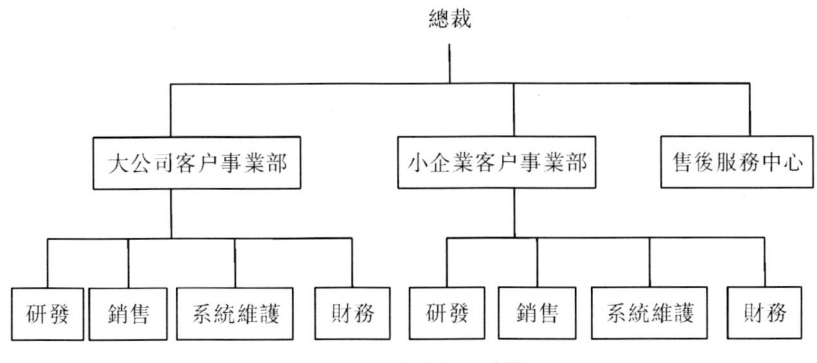

**圖 7-10　事業部制結構**

事業部制結構的優點在於：根據不同的事業部來安排員工和資源，使得每個事業部更適合所在的環境，因此組織具有更大的靈活性，能對變化快速回應；事業部內的員工集中在同一區域、同一產品或同一客戶，跨職能部門間的協調會更好；組織最高層擺脫了日常管理事務，有利於集中精力做好長遠規劃和戰略決策；事業部

經理負責領導一個獨立經營的部門，相當於一個完整的企業，有利於培養全面的管理人才。但是，由於事業部高度自主經營，同一企業的不同事業部之間往往存在著競爭關係，事業部間協作較差；職能部門重複設置，導致了成本提高。這種組織結構多適用於規模較大的組織。

### 三、矩陣制結構

矩陣制結構（matrix structure）是把按職能部門化建立的結構和按產品（項目）部門化建立的結構綜合起來所形成的一個雙重結構（圖7-11）。這種結構打破了傳統的一個員工只有一個上司的統一指揮原則，創造了一種雙重指揮鏈，許多員工同時要對兩個經理（項目經理和職能經理）負責。

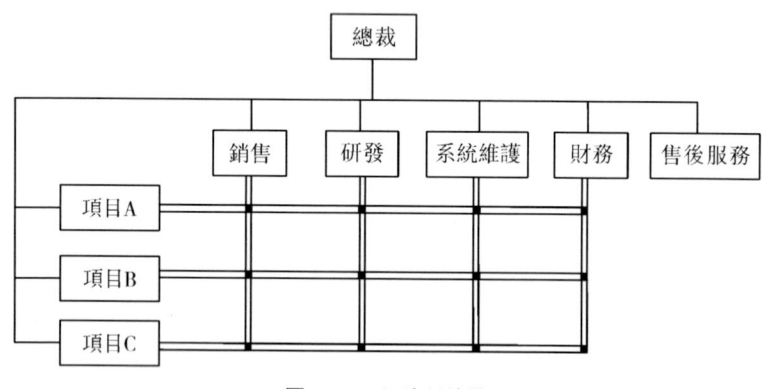

圖 7-11　矩陣制結構

矩陣制結構的優點在於：有利於加強部門間的橫向聯繫；靈活性和應變能力較強；有利於實施分權管理，高層管理者可以集中精力解決重大的戰略性問題。其缺點主要在於：由於實行縱向和橫向的雙向領導，職能主管和項目主管之間容易產生衝突或互相推諉。矩陣制組織結構一般適合於外界環境變化非常劇烈，組織需要處理的信息量非常大，迫切需要分享組織資源的情形等。

### 四、網路式結構

網路式組織結構是一種全新的組織形式，是由傳統的「命令和控制」型組織向「以信息為基礎」的組織的重大轉變。網路式結構（network structure）是由內部員工完成某些工作，其他工作外包給供應商的結構。如圖7-12所示，中心組織是網路的核心節點，設計、製造和配送等職能已經不再設置在中心組織中，而是通過簽訂合同的方式將這些工作外包給分散在世界各地的供應商，供應商和核心組織間通過計算機系統、協同軟件和互聯網連接，保證了組織間能夠迅速、暢通地交換數據和信息，從而構建一個由中心組織、製造商、配送商、設計公司等組織構成的網路。

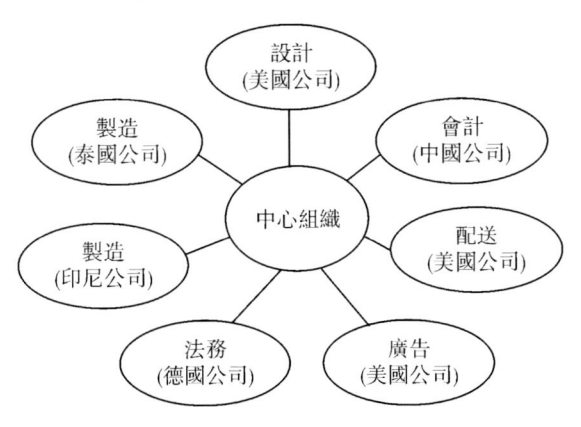

圖 7-12　網路式結構

**管理實踐 7-3**

Smart Balance 公司

　　Smart Balance 公司有 67 名員工，但有將近 400 人為此公司工作。Smart Balance 公司以生產黃油起家，現有一系列產品，包括全天然的花生醬、營養強化奶、奶酪、酸奶油、爆米花和其他產品。管理者把公司的創新和迅速擴張歸功於虛擬網路。

　　Smart Balance 公司把產品開發和行銷事務保留在公司內，其他所有的事務，包括生產、配送、銷售、信息技術服務和研發與測試都外包給承包商。公司進入奶製品行業的方式向我們展示了虛擬網路如何幫助組織提高速度和靈活性。產品開發部副總裁彼得‧德雷（Peter Dray）可以從承包商處獲得他想要的幫助，用來改進公司的產品。外部的科學家和研發諮詢顧問以這種方式一起工作：公司與一個奶製品加工商簽訂了測試和試製產品的合同，由一家外部實驗室來評估產品的營養成分，另一家公司負責顧客的口味測試。

　　每天早晨，全職員工和虛擬工作者互通郵件和電話，相互交換前一天發生了什麼事和今天需要做些什麼的信息。高層管理者花大量的時間管理關係。他們每年會召開兩次全公司會議，參會人員包括全職員工和承包商，這使得信息得以廣泛分享。管理者特別強調對承包商所做貢獻的認可，這也有利於營造出團結和言出必行的氛圍。

　　資料來源：理查德‧達夫特. 管理學 [M]. 王薔，譯. 北京：中國人民大學出版社，2018：283.

　　網路式結構或許是所有組織結構中扁平化程度最高的，不需要很多的部門和人員，而且組織中的人員、決策權限、角色和領導關係是根據特定的項目或事件組成的，一旦需要，可能隨時改變。因此，組織可以通過不斷創新來快速適應新產品和市場。但是該結構最大的弊端是缺少真正的控制。中心組織和供應商之間依靠合同、計算機網路把一切整合在一起，彼此間微弱的聯繫和模糊的邊界將帶來更大的不確定性和對管理者更高的要求。

## 本章小結

1. 組織設計包括六大核心要素：工作專門化、部門化、指揮鏈、管理幅度、集權和分權、正規化。
2. 部門的劃分通常有五種類型：職能部門化、地區部門化、產品部門化、顧客部門化和流程部門化。
3. 職權表現為三種類型：直線職權、參謀職權和職能職權。
4. 管理幅度與管理層次一起決定了組織的規模。在管理幅度一定的條件下，管理層次與組織規模的大小成正比；在組織規模一定的條件下，管理層次與管理幅度成反比。
5. 在組織管理中，集權和分權是相對的，不存在絕對的集權或分權。管理者要根據組織所處的內外環境，確定合適的集權或分權程度。
6. 基本的組織設計主要表現為兩種組織形式，即機械式組織和有機式組織。有效的組織結構選擇取決於戰略、環境、規模與技術等權變因素。
7. 職能制結構、事業部制結構、矩陣制結構、網路式結構是常見的組織結構類型，每種類型有著各自的優缺點和適用範圍。

## 關鍵術語

組織結構（organizational structure）　　部門化（departmentalization）
直線職權（line authority）　　參謀職權（staff authority）
職能職權（functional authority）　　管理幅度（span of control）
管理層次（level of control）　　垂直型結構（tall structure）
扁平型結構（flat structure）　　集權（centralization）
分權（decentralization）　　機械式組織（mechanistic organization）
有機式組織（organic organization）　　職能制結構（functional structure）
事業部制結構（divisional structure）　　矩陣制結構（matrix structure）
網路式結構（network structure）

## 複習與思考

1. 逐項討論組織設計的六個關鍵因素的傳統觀點和當今的觀點。
2. 比較機械式組織和有機式組織。
3. 比較職能制、事業部制和矩陣制三種類型的組織結構。
4. 哪些因素會影響組織結構的選擇？具體如何影響？

# 案例分析

　　新新公司是中國一家大型的廣告公司。在創建初期，該公司設在開發區內，由於距離市區較遠，所以在市區內設立了一個業務部和一個廣告設計部，其中業務部負責招攬業務，調查客戶的基本需求，開展商務談判等，然後他們會將接獲的廣告業務交給廣告設計部去設計。廣告設計部除了要聽取業務部在具體業務內容上的要求以外，也需要直接與客戶打交道，瞭解他們的意見和建議以及獲得他們對於設計的認可，但在與客戶打交道的過程中，他們經常發現業務部的一些要求與客戶的實際要求出入很大。因此，兩個部門經常發生矛盾。為此，公司在開發區總部專門設立了一個市場研究部，從事市場信息收集和顧客想法的收集工作。但是運行了一段時間以後，新成立的市場研究部受到了業務部和廣告設計部兩個部門的許多指責，認為市場研究部收集的信息全是垃圾。市場研究部則抱怨說這不能怪他們，是客戶的問題。

　　隨後公司撤銷了市場研究部，在市區買了一棟小樓，然後將所有的部門都集中在一起辦公。業務部和設計部因為可以直接由公司總經理進行高效率的協調，所以業務有了很大的發展。在後來近3年的高速增長期之中，公司先後成立了財務部、總務部、客戶關係部、媒體協作部等部門，但是隨之而來的問題是經常會出現客戶抱怨他們不知道應該找哪個部門去處理他們廣告項目中出現的各種問題，各部門之間的矛盾越來越大，需要總經理協調的業務越來越多。

　　經過管理諮詢，總經理在自己的公司中選拔了一些人作為廣告客戶經理，每個人可以組建自己的團隊，負責自己客戶的廣告業務。這一做法實行了一段時間後，這些廣告客戶經理相繼找總經理反應問題，問題的核心在於各個部門的主管不支持他們的工作，他們幾乎是「光杆司令」，沒有資源，在為客戶服務中很難協調各部門所管轄的業務，而客戶卻將全部抱怨都發在他們身上，所以沒法干了。同時，各個部門的負責人也不斷向總經理抱怨說那些廣告客戶經理們經常不通過他們就找他們的屬下加入團隊，導致工作秩序很混亂。總經理又一次陷入了麻煩之中。

**思考題：**

　　1. 案例中指出，「隨之而來的問題是經常會出現客戶抱怨他們不知道應該找哪個部門去處理他們廣告項目中出現的各種問題，各部門之間的矛盾越來越大，需要總經理協調的業務越來越多」。請問問題產生的原因是什麼？

　　2. 請根據前兩段的表述，畫出新新廣告公司的組織結構圖，說明組織結構的類型。

　　3. 經過管理諮詢後，公司的組織結構類型是否發生變化？請畫出新的組織結構圖，說明組織結構的類型。

　　4. 為什麼會出現廣告客戶經理與各部門負責人之間的矛盾？

# 第八章
# 人力資源管理

**學習目標**

1. 描述人力資源管理及其職能
2. 描述工作分析的過程與收集信息的方法
3. 描述人力資源規劃的過程
4. 解釋招募的途徑與影響因素
5. 解釋如何選擇不同的甄選工具
6. 描述培訓的過程
7. 解釋如何選擇績效評估工具
8. 描述薪酬和福利的構成

**引例**

華為作為全球領先的信息與通信技術（ICT）解決方案供應商，在過去三十年中取得了巨大的成就。華為快速發展的三十年歷程中，員工數量不斷快速增長的同時，通信行業產業環境也發生了天翻地覆的變化，這使得華為公司需要不斷變革自身人力資源體系以應對隨之而來的各種挑戰，從而形成了不同的人力資源發展階段。華為的人力資源管理進程分為四個階段：

**第一階段：傳統人事管理（1987—1991年）**

1987年，華為在深圳成立，包括股東在內只有14名員工。到1991年，華為公司也只有50名員工，員工之間的利益分配相對直接和簡單，只需要對員工進行合理的貢獻評估即可。從1991年開始，華為通過讓員工購買公司的股份以提供額外的獎勵，這一員工內部持股機制被多位學者認為是今後華為人力資源管理變革的先決條件。

**第二階段：人力資源管理（1992—1997年）**

1992年華為銷售額達到1億元，員工人數從50人增加至270人，1995年時員工超過1,800名。傳統人事管理已經不能夠服務於公司的發展，華為人力資源管理階段從此開始。

（1）以員工的個人能力為標準的聘用機制。1996年，華為人力資源體系首個重大變革拉開帷幕，員工聘用機制變革首先在市場部實施。1月，市場部的所有經理

被要求同時上交一份年度述職報告和一份辭職報告，用於重新評估他們的績效並衡量他們是否適合當前的崗位。通過這樣的變革，市場部超過30%的經理被更有雄心和激情的新人替代。這次強有力的震盪使得華為變得更具競爭力，並得以進一步發展壯大，在中國市場的份額也實現了增長。

（2）薪酬體系的建立。由於沒有清晰的考核標準，華為很難公平地評估每個員工的工作，這對公司的進一步發展是極其不利的。為此，華為聘請了合益集團幫助開發一套正式的、綜合的薪酬評價體系，決定公司每一個崗位的薪酬級別。合益集團將職能薪酬體系引入華為公司，從知識能力、解決問題和職責範圍三個維度衡量每一個特定崗位的價值。這一體系在整個公司今後的人才選拔、評估和提拔的過程中扮演了重要角色。

### 第三階段：戰略性人力資源管理（1998—2010年）

（1）招聘開道。為了在技術迅速迭代變化的產業中不斷提升自身技術能力，華為需要聘請更多的研發人員。華為專門設計了個人素質測試模型用於員工的招聘和開發，模型包括思考能力、合作能力、學習能力、首創精神、堅毅品質以及渴求成功的激情六個維度。個人素質測試模型取得很大成功，不僅新員工的離職率降低了，而且整個部門的招聘效率也大幅度提升了。

（2）「導師」帶路。華為的導師制就是為了使老員工能帶著新員工更好地去理解華為的文化，更快地熟悉工作環境。老員工不僅需要將華為組織文化的核心價值觀灌輸給新員工，還需要將新員工介紹給辦公室的同事，這樣當新人遇到問題時就可以向周圍的員工尋求幫助。隨後導師制演變成對老員工晉升的一項考核要求，即員工必須成功當過「導師」，才能被提拔。

（3）考核機制。為了保證員工的工作動力以及長期穩定的高水準工作產出，華為在已有人力資源體系中加入了輪崗制和末位淘汰制。這一體系是提升和培養員工很有效的手段，可以有效避免一些不良小團體的控制，通過培養優秀員工和淘汰不良員工來激活組織活力。

（4）培訓基地——華為大學。2005年華為再次與合益集團合作，打造了一個全新的領導力培訓項目，從領導力培養、領導力開發以及領導力評估三個維度建立了領導力培訓的標準模式。同年華為大學成立並正式運行。華為大學的成立是華為人力資源體系建設的一個里程碑，它標誌著華為已經有能力在公司內部為員工提供領導力培訓。人力資源部門的發展也保證了華為能使用內部培養的人才去代替那些即將離開華為的員工。

### 第四階段：員工賦能管理（2011年至2017年）

華為在2011年至2017年，通過輪值CEO、建立戰略預備隊、啟用戰略預備隊計劃等為員工賦能，持續激發個體的創造活力。到2017年，華為人力資源管理已經系統化，不論是招聘、培訓、績效還是薪酬，都形成了自己獨特的模式。過去三十年的發展已經使華為人力資源管理趨向完美，但華為始終不會停止前行，因此對人力資源管理的探索依舊會昂首向前。

資料來源：中國管理案例共享中心，有刪減。

知識經濟時代，企業的關鍵資產更多的是無形資產而不是有形資產，這些無形資產包括公司的文化、品牌、領導力、客戶服務和知識等，人力資源作為這些不可替代資產的精髓，會直接影響這些資產的價值。人力資源管理是對員工的態度、行為以及績效產生影響的各種政策、管理實踐以及制度的總稱。有效的人力資源管理是戰略性的，能夠提高員工和客戶的滿意度，提高企業的績效。

## 第一節　人力資源管理概述

### 一、人力資源管理及其職能

人力資源管理（human resource management）是一個獲取、培訓、評價員工以及向員工支付薪酬的過程，同時也是一個關注勞資關係、健康和安全以及公平等方面問題的過程。員工是企業最重要的資產，越來越多的企業將員工視為合作夥伴，把人力資源管理視為能夠支持企業戰略實現的有效手段。表 8-1 展示了人力資源管理的主要職能，包括工作分析、人力資源規劃、招募甄選、培訓與開發、績效管理和薪酬管理等。圖 8-1 描述了人力資源管理各職能之間的聯繫。

表 8-1　人力資源管理的主要職能

| 職能 | 職責 |
| --- | --- |
| 工作分析 | 明確工作的具體職責以及任職者應具備何種特徵的過程 |
| 人力資源規劃 | 確保組織在正確的時間、正確的位置上獲得正確數量、類型的合格員工 |
| 招募與甄選 | 吸引和篩選求職者以獲取最合適人選 |
| 培訓 | 使新員工或當前員工獲得完成工作所需的各種知識和技能 |
| 績效管理 | 識別、衡量以及開發個人和團隊績效，使這些績效與組織戰略目標保持一致 |
| 薪酬管理 | 為員工完成工作提供內在和外在的報酬 |

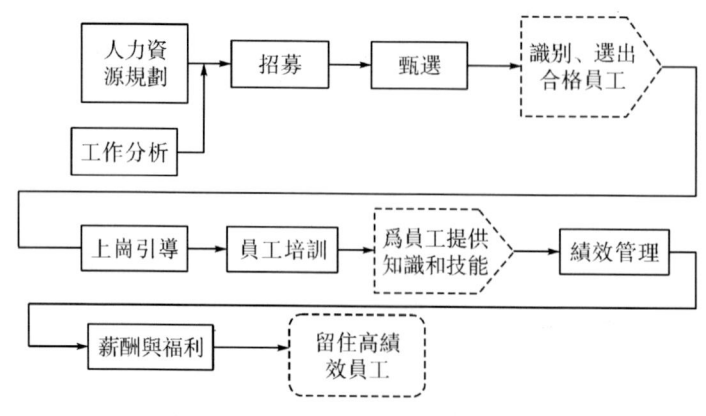

圖 8-1　人力資源管理各職能間的聯繫

## 二、人力資源管理職能的戰略角色

人力資源管理部門在過去常常以「人事部」的形象出現，現在這一形象正在淡化，人力資源管理部門逐漸成為公司戰略的重要組成部分。人力資源管理對戰略管理過程的影響主要表現在兩方面：一是幫助企業縮小戰略選擇的範圍；二是使企業高層關注如何有效獲取實現戰略所必需的人力資源。戰略管理決策過程通常發生在組織高層，即由首席執行官、首席財務官以及各分管副總裁等組成的戰略規劃團隊，戰略管理決策過程的每一個步驟都會涉及與人有關的問題。因此，人力資源管理職能需要參與到戰略決策的每一個步驟之中。

在人力資源管理職能和戰略管理職能之間存在四種不同層次的整合程度：行政管理聯繫、單向聯繫、雙向聯繫以及一體化聯繫（圖8-2）。行政管理聯繫是最低層次的聯繫，人力資源管理部門從事的是日常行政事務工作，沒有機會參與企業的戰略規劃。在單向聯繫這一層次上，在戰略制定階段並沒有將人力資源問題考慮在內，企業的戰略部門只是會將戰略規劃的結果告知人力資源管理部門。雙向聯繫是企業在整個戰略制定過程中都將人力資源問題考慮在內。戰略規劃團隊把企業正在考慮的各種戰略選擇告知人力資源管理部門，人力資源管理者分析各種戰略對人力資源的不同要求，並把分析結果展示給戰略規劃團隊。戰略決策做出後再傳達給人力資源管理者，由他們來設計實施戰略規劃的具體方案。一體化聯繫是一種動態的、多方面的聯繫。人力資源管理職能直接扎根於企業的戰略制定和戰略執行過程之中，而不僅僅是一種以交換信息為目的的互動過程。

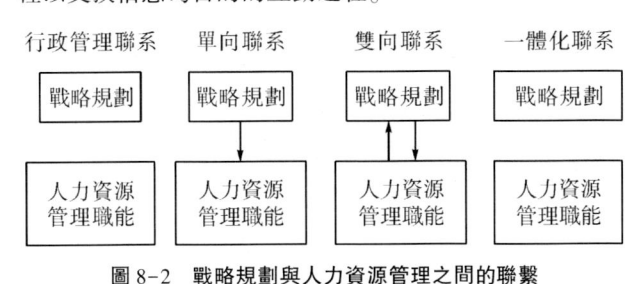

**圖8-2 戰略規劃與人力資源管理之間的聯繫**

資料來源：K. Golden and V. Ramanujam. Between a Dream and a Nightmare: On the Integration of the Human Resource Function and the Strategic Business Planning Process [J]. Human Resource Management 1985 (24)：429.

## 三、人力資源管理部門的角色

企業的人力資源管理部門可能會承擔多種不同的職責和角色，這主要取決於公司規模、員工隊伍的特徵、行業特點及公司的價值觀。在有些公司中，人力資源管理部門可能會承擔起全部的人力資源管理職責；而在另一些公司中，人力資源管理部門則需要與其他部門（如財務部門、營運部門或者信息技術部門）的管理者共同分擔人力資源管理職責。在有些公司中，人力資源管理部門可以向企業高層管理人員提出建議；而在另一些公司裡，人力資源管理部門卻只能在高層管理人員做出經營決策之後，才能做出人員配置、培訓、績效和薪酬等方面的決策。

換一個角度，可以把人力資源管理的職責劃分為三條產品線。圖 8-3 展示了人力資源管理的這三條產品線。第一條產品線是行政服務與事務性工作，這是人力資源管理提供的傳統產品，對工作人員的知識和技能要求相對不高，有些企業會把這部分職能外包給專業的服務機構，既減少了人員支出，又能獲得更專業化的高效服務。第二條產品線是業務夥伴服務，包括招聘、培訓、績效和薪酬等職能，這些職能的履行需要相關職能部門的密切配合。最後一條是人力資源管理的最新產品線——戰略夥伴，從人力資源戰略的視角為企業戰略出謀劃策，需要具備前瞻性的洞察力。

| 行政服務與事務性工作： | 業務夥伴服務： | 戰略夥伴： |
|---|---|---|
| 薪酬、雇傭與人員配置<br>重點：資源使用效率和服務質量 | 開發有效的人力資源管理系統，幫助執行各項經營計劃，實施人才管理<br>重點：瞭解經營活動並施加影響——解決問題，設計有效的系統確保公司得到所需的各種勝任能力 | 基於人力資本、業務能力、準備度等方面的考慮為企業戰略做出貢獻，將人力資源管理實踐作為區別於競爭對手的一種手段加以設計<br>重點：人力資源、經營、競爭、市場以及經營戰略等方面的知識 |

圖 8-3　人力資源管理部門的產品線

資料來源：E. F. Lawler. From Human Resource Management to organizational Effectiveness ［J］. Human Resource Management 2005（44）：165-169.

## 第二節　人力資源管理職能——做好戰略規劃

　　管理者在招募與甄選求職者填補某個職位空缺之前，首先應該明確這個職位承擔哪些職責，具備什麼素質的人適合這個空缺，還要明確需要招募多少員工來填補空缺。這些活動涉及人力資源管理的兩個職能——工作分析和人力資源規劃。

### 一、工作分析

#### 1. 工作分析的概念

　　工作分析（job analysis）是人力資源管理工作的基礎，能夠為幾乎所有的人力資源職能提供支持，如招募與甄選、培訓、績效評價和薪酬管理等。工作分析就是確定組織中所有職位的工作職責以及任職者應具備何種特徵的過程。工作分析是一個不斷收集與工作有關信息的過程，通過大量的信息收集，組織就能夠編寫職位描述和任職資格。

　　職位描述是對職位應該做什麼、如何去做以及該職位的工作條件等做出的書面陳述。職位描述並沒有一個標準的格式，通常大多數職位描述都包括以下幾部分內容：職位標示、職位概要、工作職責、工作權限、績效標準和工作條件等。

　　任職資格是在職位描述基礎上確定要有效地完成這個職位的工作，任職者必須具備哪些知識、能力和經驗等。它說明了應當為該職位招募什麼樣的人以及在甄選

測試時應當重點考察求職者哪些方面的特徵。任職資格既可以作為職位描述的一部分來編寫，也可以形成一份單獨的文件。

2. 工作分析的過程

工作分析包含如下六個基本步驟：

步驟一：確定工作分析的目的。有些工作分析信息收集技術（如訪談法）非常適合編寫職位描述。而其他一些工作分析信息收集技術（如職位分析問卷法）能夠提供對每一個職位做出定量評價的信息，在確定薪酬時可以利用這些信息明確各職位的相對價值。

步驟二：查閱相關背景信息。工作分析就是不斷獲取職位信息的過程，通過查閱職位相關的背景（如組織結構圖、工作流程圖等），能夠初步瞭解組織中的工作分工情況、職位在整個組織中的位置和工作中的聯繫等，為後面設計問卷和訪談提綱提供基礎信息。

步驟三：選擇有代表性的職位。由於有很多職位是相似的，因此沒有必要對所有職位都進行分析，只需要選擇恰當的職位樣本進行分析即可。

步驟四：職位分析。通過觀察、問卷和訪談等方法收集與職位相關的信息，以確定每個職位的工作職責、工作聯繫、工作條件、職位要求、任職者具備的特徵和能力等。

步驟五：核實職位分析信息。與職位的當前任職者及其直接上級共同核實得到的職位分析信息，這一步驟將有助於確定這些信息的準確性。

步驟六：編寫職位描述和任職資格。

3. 收集工作信息的方法

收集信息的方法主要有直接觀察法、面談法、問卷法和職位分析問卷法等。每種方法的優缺點及適用範圍如表8-2所示。

表8-2 收集工作信息的方法

| 方法 | 適用範圍及優缺點 |
| --- | --- |
| 訪談法 | 個人訪談或小組訪談<br>結構化訪談或非結構化訪談<br>簡單、廣泛應用<br>可能存在信息扭曲（誇大或弱化某些職責）<br>耗時 |
| 問卷法 | 結構化問卷、非結構化問卷或兩者結合<br>快速、高效、低成本獲取信息<br>設計和分析問卷難度大<br>員工可能歪曲問題 |
| 觀察法 | 工作現場觀察，不適合包含較多腦力活動的工作<br>獲取客觀、準確的信息<br>費時，員工可改變日常工作行為<br>與訪談法結合效果好 |

表8-2(續)

| 方法 | 適用範圍及優缺點 |
|---|---|
| 職位分析問卷法 | 基於計算機的、高度結構化和標準化的問卷法<br>對職位進行量化評價<br>將職位分類<br>確定職位的相對價值 |

### 二、人力資源規劃

1. 人力資源規劃的概念

人力資源規劃（human resource planning）是將組織戰略在人力資源管理職能上的分解。人力資源規劃是確保組織在正確時間、正確位置上獲得正確數量合格員工的過程。人力資源規劃能夠幫助組織避免突如其來的人員短缺或人員過剩。概括來講，人力資源規劃包含兩大層面的規劃：宏觀上對組織人力資源數量、結構和素質的規劃；微觀上對組織人力資源管理各項具體職能的規劃，如對招聘、培訓、績效和薪酬等進行規劃。

2. 人力資源規劃的過程

人力資源規劃過程包括人力資源需求預測、人力資源供給預測、確定勞動力過剩（或短缺）、制定人力資源規劃、人力資源規劃的執行與評價。圖8-4是人力資源規劃的過程。

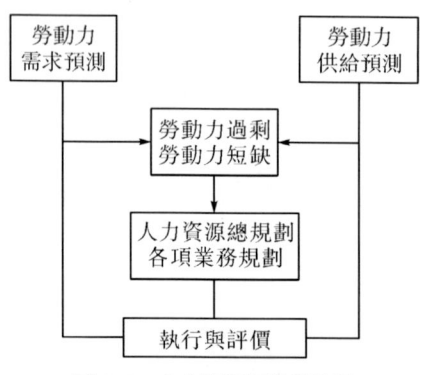

圖8-4 人力資源規劃的過程

（1）需求預測。首先對當前員工的情況進行整理，瞭解員工的教育程度、工作經歷和專業技能等多方面的信息；然後結合企業的使命、目標和戰略，預測企業在未來對具有某種技能的人或承擔某種職位的人的需求情況。對人員需求進行預測的工具包括趨勢分析、比率分析以及散點分析等。

（2）供給預測。供給預測包括內部供給預測和外部供給預測。大多數企業都是先從內部候選人開始著手的，通過對目前不同職位上（或具有某些技能）的人員數量進行詳細的分析，預測公司未來由於員工退休、晉升、調動、自願流動以及解雇等原因出現的一些變動。如果沒有足夠多的內部候選人能填補預期出現的職位空缺，或者由於其他方面的原因而希望雇用企業外部的候選人，企業就要轉而去尋找外部候選人。

（3）確定勞動力過剩（或短缺）。完成了對勞動力供給和勞動力需求的預測後，接下來就可以對兩個方面的數據進行比較，從而確定在特定職位中將會出現的是究竟勞動力過剩還是勞動力短缺。然後，企業就可以採取措施來解決這些潛在問題。

（4）制定人力資源戰略規劃。人力資源戰略規劃包括兩個層面：一是宏觀層面，幫助企業確定在未來的哪些職位需要雇用（辭退）多少數量什麼素質的員工，來幫助企業解決勞動力短缺（或過剩）問題；另一層面是人力資源各職能規劃，包括招募甄選計劃、培訓開發計劃、績效薪酬計劃和職業生涯規劃等。

（5）人力資源規劃的執行與評價。在執行階段必須確保有具體的人來負責既定目標的達成，同時還要確保實施規劃方案的人擁有必需的權力和資源。此外，要定期獲取方案執行情況的進展報告，以確保所有的方案都能夠在既定時間裡執行到位。

## 第三節　人力資源管理職能——選到合適的人員

根據人力資源規劃，如果存在職位空缺，就需要進行員工招募和甄選。招募扮演的角色是為企業吸引足夠多的候選人，甄選的任務是從候選人中選出合格的員工。

### 一、人員招募

1. 招募及其影響因素

招募（recruitment）可以定義為企業吸引和發現候選人的過程。對有效招募的重要性怎麼強調都不為過。如果有兩個職位空缺，而剛好只有兩名候選人來申請，那就意味著你無法通過有效的甄選來獲取優秀的員工。但招募的目的也絕不是簡單地吸引大批求職者，如果招募過程吸引了大量不合格的求職者，那麼企業將不得不在甄選上支出大量的成本，而真正找到能填補職位空缺的人卻為數不多。

招募的影響因素。從圖8-5中可以看出人事政策、招募者特徵和招募渠道影響了求職者的工作選擇。①人事政策會影響到企業向求職者提供哪些類型的職位。②招募者的特徵及行為即影響空缺職位的特徵又能夠影響求職者的特徵。③用來獲取求職者的招募渠道，會影響到吸引來的求職者類型。這三方面因素通過對職位空缺和求職者特徵的影響，最終影響了求職者的工作選擇。

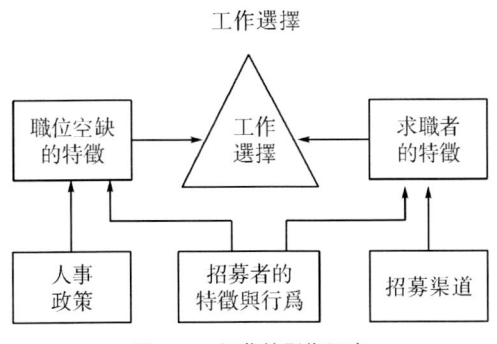

圖8-5　招募的影響因素

2. 招募渠道

招募是用人單位發布需求信息吸引求職者的過程，選擇什麼樣的渠道發布信息對招募效果至關重要。表 8-3 列舉了用人單位發現潛在求職者的不同渠道及其優缺點。

表 8-3　招募渠道

| 途徑 | 優點 | 缺點 |
| --- | --- | --- |
| 報紙和期刊 | 最普遍，受眾廣 | 候選人質量低，成本高 |
| 員工推薦 | 現有員工提供本公司信息；與員工聲望相關，現有員工進行初篩，帶來優質求職者 | 限制員工多樣性<br>推薦被拒會有不滿 |
| 公司網站 | 輻射範圍廣；瞄準特定群體 | 產生很多不合格候選人 |
| 校園招聘 | 有針對性獲取管理和技術人才 | 費時，費用高 |
| 獵頭公司 | 專業性強，資源豐富，節約時間 | 費用高，不完全理解企業需求 |
| 就業服務機構 | 對行業挑戰和要求具備深入認知 | 對特定組織沒什麼承諾 |

## 二、人員甄選

1. 甄選的概念

在吸引到一大批求職者之後，人力資源管理職能的下一個步驟就是甄選，即對求職者進行篩選以確定某項工作的最適合人選。管理者需要謹慎地進行甄選，因為甄選失誤可能會造成嚴重影響。

甄選（selection）是預測哪些應聘者會在雇用後取得成功。如果是在為一個銷售崗位進行招聘，那麼甄選過程應該預測哪些應聘者會帶來更高的銷售額。任何希望通過人來競爭的企業都必須對自己挑選組織成員的方式高度重視，企業做出的人員甄選決策對於其生存能力和每位求職者的生活都至關重要。企業必須確定的一點是：關於錄用哪些人和不錄用哪些人的決策要最大限度地促進公司的利益，同時對參與的各方都要公平。

2. 甄選的標準

我們知道甄選是對應聘者未來績效的預測，需要使用一些測試工具來提高預測的準確性。通常，我們在使用一項測試時都假設這個工具既可信又有效，信度和效度是衡量甄選工具是否有效的標準。

信度是指一種測試手段不受隨機誤差干擾的程度，即測試的一致性。對於任何一種測試手段而言，信度都是需要達到的一個非常關鍵的標準。一種有信度的甄選工具意味著在測量同一事物上一直保持一致的結果。如果對智力這樣一種較為穩定的特徵進行測試的某種工具是可信的，那麼，用此測試工具在不同時間、不同環境對一個人進行測試所得的分數就應當具有一致性。而如果某人在 2 月份參加的智力測試中得了 90 分，而在 3 月份的重測中卻得了 130 分，那麼這個測試就是不準確的。

效度指一個人在某種測試中得到的結果與這個人實際的工作績效之間的相關程度。效度分為測試效度和內容效度。測試效度指甄選工具測出的分數與實際工作績效之間存在相關關係，即求職者在測試中的得分是對此人在未來工作崗位上的績效進行預測的有效指標。如果公務員測試成績高的，在實際工作中的績效也高，那麼公務員測試就有好的測試效度。所謂內容效度就是要證明在測試中設計的那些問項、提出的問題或者設置的難題能夠很好地代表實際工作中存在的典型問題。一項具有較高內容效度的測試會把求職者置於與實際工作非常類似的情境之中，然後測試求職者目前是否具有足夠的知識、技能或能力來處理將來可能面臨的這些情況。

3. 甄選工具

最常用的甄選工具包括面試、身體能力測試、認知能力測試、人格測試、管理評價中心以及背景調查等。表8-4列舉了每一種工具的特點。

表8-4 甄選工具

| 甄選工具 | 特點 |
| --- | --- |
| 申請表 | 應用最普遍<br>能夠預測工作績效<br>設計申請表難度大 |
| 筆試 | 必須與工作相關<br>包括知識、資質、能力、性格和興趣測試<br>能夠相對較好地預測管理崗位的績效 |
| 面試 | 收集信息和評價求職者是否具備任職資格的對話過程<br>應用廣泛，對管理崗位的甄選效果好<br>效度低，成本高<br>提高效度的方法：目標集中、標準化、結構化、情境化、面試官受過培訓 |
| 身體能力測試 | 適用於需要某些特定身體能力的求職者<br>肌肉張力、肌肉力量、肌肉耐力、心肌耐力、靈活性、平衡能力、協調能力<br>效度高<br>可能對殘疾人和女性不利 |
| 認知能力測試 | 根據個人的腦力特徵而不是身體能力來對人進行區分<br>語言理解能力、數字分析能力、推理能力<br>效度與職位複雜性相關，職位複雜性高，效度高 |
| 人格測試 | 按照人的個性來對其進行歸類<br>態度、動機、性格等無形特徵<br>大五人格：外向性、穩定性、宜人性、責任感、開放性<br>人格測試與工作績效之間具有相關性 |
| 管理評價中心 | 2~3天的模擬過程，專家觀察候選人的領導力潛質<br>內容：文件筐、無領導小組討論、管理游戲、客觀測試、面試等<br>有效的甄選管理候選人的手段<br>開發費用高 |
| 背景調查 | 用於核實求職者信息——有價值的信息來源<br>用於核實推薦信——不是一種有價值的信息來源 |

**管理實踐 8-1**

### 谷歌招聘的行為準則

- □ 雇用那些比你更聰明、更有見識的人。
- □ 不要雇用那些不能讓你有所收穫也不能對你構成挑戰的人。
- □ 雇用那些能對產品和文化帶來價值的人。
- □ 不要雇用那些無法為產品和文化帶來積極影響的人。
- □ 雇用那些做實事的人。
- □ 不要雇用那些只想不做的人。
- □ 雇用那些滿腔熱情、自動自發的人。
- □ 不要雇用那些只想混口飯吃的人。
- □ 雇用那些能啓發別人且善於與人相處的人。
- □ 不要雇用那些偏愛自己單干的人。
- □ 雇用那些能隨著團隊和企業一同成長發展的人。
- □ 不要雇用那些枯燥乏味、不具備全面技能的人。
- □ 雇用那些多才多藝、兼有獨特興趣和天賦的人。
- □ 不要雇用那些只為工作而活的人。
- □ 雇用那些道德高尚、坦誠溝通的人。
- □ 不要雇用那些趨炎附勢、工於心計的人。
- □ 務必雇用優秀的候選人。
- □ 寧缺毋濫。

資料來源：埃里克·施密特. 重新定義公司［M］. 靳婷婷, 譯. 北京：中信出版社, 2015：118.

## 第四節 人力資源管理職能——促使績效最大化

通過招聘和甄選雇用的員工，並不能確保他們都能符合組織的要求，取得令人滿意的績效。原因是員工進入新的環境，如果不知道該做什麼以及如何做，是很難完成自身的工作的。因此，要通過培訓使員工掌握完成工作所需知識和技能。接下來，組織就希望能夠激勵並留住這些勝任的高績效員工，在這方面，績效管理與薪酬管理發揮了重要作用。

### 一、培訓

**1. 培訓與上崗引導**

培訓（training）是指為使員工獲得與工作相關的態度、知識和行為而採取的有計劃的活動。培訓的對象包括新員工和現有員工。現有員工需要通過一些培訓項目來實現知識和技能的提高或更新。新員工的培訓稱為上崗引導，包括組織上崗引導和部門上崗引導。組織上崗引導是告知新員工組織的歷史、戰略、價值觀、工作程序以及規章制度等，幫助新員工與組織建立情感上的聯繫，以便更快更好地投入工

作。工作部門上崗引導是使員工熟悉工作單位的目標，向新員工提供著手工作所需要的一些信息，也包括向新員工介紹新同事等。

2. 培訓的過程

培訓活動一般包括四個步驟。

第一步：培訓需求分析。培訓需求分析一般包括組織分析、人員分析和任務分析。組織分析通常要考慮培訓的背景，確認培訓是否支持公司的戰略；人員分析有助於瞭解誰需要培訓；任務分析確定需要培訓的重要內容。新員工的培訓需求分析要先確定職位包括哪些工作任務，然後把任務分解成更小的任務單元，再把這些任務按單元逐個教給新員工。現有員工的培訓需求分析更複雜，首先要判斷培訓本身是不是解決問題的有效途徑，然後通過績效分析明確現有員工的培訓需求。

第二步：培訓設計階段。在掌握了培訓需求後，管理人員就開始設計培訓方案。培訓方案包括：為培訓確定具體的、可衡量的知識和績效方面的培訓目標；確定培訓的內容（如課程、教材和課時等）以及如何實施培訓（例如，是採用在職培訓的方式還是採用脫產培訓的方式，是自己開發培訓內容還是購買培訓內容）；為培訓項目編製預算，典型的培訓費用包括開發成本、培訓師成本、受訓人員的薪酬等。

第三步：實施培訓計劃。運用在職培訓或在線培訓等對目標員工群體實施培訓。在實施階段，為受訓者提供與其實際工作環境相似的培訓體驗和條件（環境、設備等）、創造好的學習氛圍、與受訓者互動、獲得受訓者上級領導的支持、提高員工的自我管理能力等。

第四步：評估階段。這一階段能夠提供培訓是否有效、培訓的收益和如何改進培訓的相關信息。評估某一培訓項目，企業必須明確怎樣判斷項目的有效性，即確定培訓的成果。通常，可以從六個方面來評估培訓成果：反應成果、學習或認知成果、行為與技能成果、情感成果、績效成果以及投資回報率。

3. 培訓的技術

可以用來幫助員工獲取新知識、新技能和新行為的培訓方法有很多種，有傳統的培訓方法，也有基於新技術的培訓方法。表 8-5 概括了各種培訓方法的使用情況。

表 8-5　各種培訓方式

| | | |
|---|---|---|
| 傳統培訓方法 | 在崗培訓 | 新員工先觀察，然後再實際執行工作任務來學習技能<br>有吸引力的培訓方法<br>投入較少的時間或費用 |
| | 講座法 | 培訓師用語言傳達學習內容，單向溝通<br>受歡迎、成本低、耗時少<br>缺少受訓者的參與和反饋，與實際工作環境聯繫不密切 |
| | 學徒制 | 與經驗豐富的員工一起工作，獲得其知識、技能、支持和鼓勵<br>學習者在學習的同時獲得收入<br>開發成本高、耗時，實習結束後可能沒有職位空缺 |
| | 商業遊戲和案例研究 | 設計場景讓受訓者玩商業遊戲或分析討論<br>適合開發高級智力技能，如分析、綜合及評估能力<br>激發學習動力 |

表8-5(續)

| 基於新技術的培訓方式 | 計算機學習 | 使用軟件或光盤學習<br>受訓者可以與培訓內容互動<br>無法與其他培訓者合作 |
|---|---|---|
| | 在線學習 | 基於互聯網學習，培訓範圍更廣，不受時間和地點的限制<br>促進與培訓內容、其他學員的互動<br>有利於培訓成果的轉化 |
| | 社交媒體學習 | 利用創造互動溝通的在線或移動技術學習<br>學員之間能夠進行知識共享<br>使用簡單、可讀性強 |

**管理實踐 8-2**

IBM：「魔鬼」訓練

有人稱 IBM 的新員工培訓是「魔鬼訓練營」，因為培訓過程非常艱辛。除行政管理類人員只有為期兩週的培訓管理外，IBM 所有銷售、市場和服務部門的員工全部要經過三個月的「魔鬼」訓練，內容包括：瞭解 IBM 內部工作方式，瞭解自己的部門職能；瞭解 IBM 的產品和服務；專注於銷售和市場，以模擬實踐的形式學習 IBM 怎樣做生意；學習團隊工作和溝通技能、表達技巧等。這期間，十多種考試像跨欄一樣需要新員工跨越，包括做講演、筆試產品性能，練習扮演客戶和銷售市場角色等。全面考試合格，才可成為 IBM 的一名新員工，有自己正式的職務和責任。之後，負責市場和服務部門的人員還要接受 6~9 個月的業務學習。

## 二、績效管理

### 1. 績效管理的定義

績效管理（performance management）是識別、衡量以及開發個人和團隊績效，並且使這些績效與組織戰略保持一致的過程。績效管理要求管理者確保員工的工作活動和產出與組織的目標保持一致，並幫助組織贏得競爭優勢。因此，績效管理在員工績效和組織戰略之間搭起了一座橋樑，使員工對組織做出貢獻的大小更為明確。我們需要將績效管理與績效評價區分開來。如果一個組織只是每年對員工的績效進行一次評價，而並沒有通過對員工提供持續性的反饋和輔導來幫助他們改進績效，那麼在這個組織中就沒有真正的績效管理體系，只不過有一個績效評價體系而已。

### 2. 績效管理的過程

績效管理的過程包括四個步驟，如圖 8-6 所示。

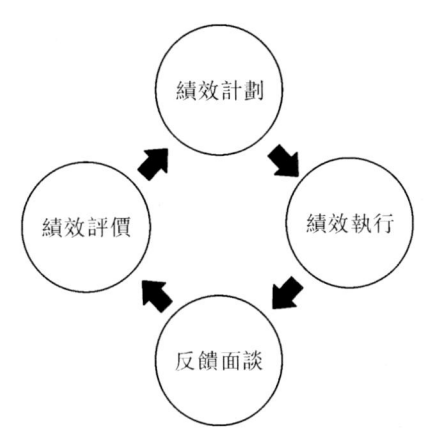

```
        績效計劃
       ↙      ↘
  績效評價    績效執行
       ↖      ↙
        反饋面談
```

圖 8-6　績效管理的過程

　　(1) 制訂績效計劃。在每一個績效週期開始時，上級和下屬通過面談溝通，就下屬員工需要承擔的工作職責、達到的工作標準以及將來使用的評價方法達成一致。

　　(2) 績效執行。績效週期開始後，員工要展示出期初承諾的那些行為，滿足績效計劃提出的各項要求。主管也要通過觀察收集下屬的績效信息，進行持續性的績效反饋和指導。

　　(3) 績效評價。將下屬員工的實際工作績效與事先確定的績效標準進行比較，看員工在多大程度上展現出組織期望的那些行為和績效。直接上級是提供績效信息非常重要的人，同事和下屬也會參與這一過程。此外，員工的自我評價也納入評價過程。

　　(4) 面談反饋。一旦清楚地界定了組織期望的績效，並且對員工的實際績效進行了評價，接下來需要做的就是將績效信息反饋給員工，針對任何需要改進之處共同制訂開發計劃。績效反饋過程非常複雜，而且會讓管理人員和員工雙方都感到焦慮。因此，管理者需要具備一定的面談技能，並在面談前做好充分的準備。

　　3. 績效評價技術

　　儘管評估績效並非易事，特別是針對那些在工作上表現不佳的員工，但管理者還是可以採用多種不同的績效評估方法來更好地進行評估。表 8-6 對每一種評估方法及其特點進行了描述。

表 8-6　績效評估工具

| 評估方法 | 特點 |
| --- | --- |
| 圖尺度評價法 | 針對每一項考核項目清晰定義<br>管理者和員工都能夠理解評價等級<br>應用最普遍，簡單、清晰、成本低<br>偏鬆、偏緊、居中趨勢 |

表8-6(續)

| 評估方法 | 特點 |
| --- | --- |
| 強制分佈法 | 以群體形式對員工排序<br>避免居中、偏鬆和偏緊等偏差，不每個排序，工作量小<br>無法得到員工績效的具體信息 |
| 關鍵事件法 | 區分有效和無效績效的關鍵行為<br>實例豐富，有利於績效輔導<br>耗時、無法量化、無法在員工間比較 |
| 行為錨定等級評價法 | 將關鍵事件法和圖尺度評價法結合，對工作行為量化評分<br>聚焦於具體的、可衡量的工作行為<br>耗時、開發困難 |
| 360度評估法 | 利用來自上司、員工本人、同事和客戶的反饋來評估員工<br>從多個來源採集數據<br>有利於員工開發<br>需要時間和精力來收集、處理信息 |
| 關鍵業績指標法 | 可量化或可行為化的指標體系<br>對組織戰略起增值作用的績效指標<br>上級與員工績效溝通的基石<br>耗時、開發困難 |
| 平衡計分卡法 | 衡量財務、客戶、內部流程、創新與學習四個績效維度<br>把組織戰略目標轉化成部門和員工個人的績效指標<br>系統、全面、關注非財務指標<br>耗時、開發困難 |

## 管理實踐 8-3

### 銷售技能

超市收銀員：責任感、仔細準確地完成顧客所購買物品的結帳工作。在確保按照價格精確收款以及把優惠券信息輸入機器方面一絲不苟。

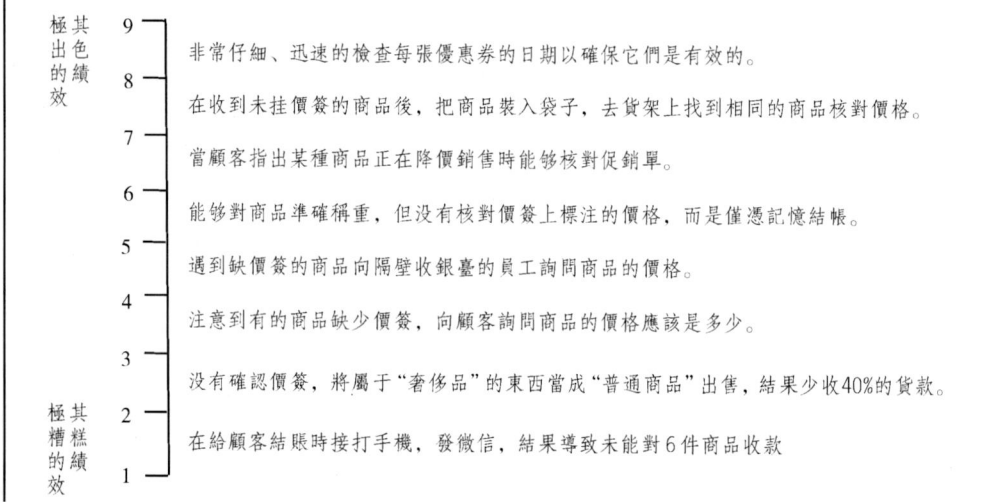

極其出色的績效

9

8 ── 非常仔細、迅速的檢查每張優惠券的日期以確保它們是有效的。

7 ── 在收到未挂價簽的商品後，把商品裝入袋子，去貨架上找到相同的商品核對價格。

6 ── 當顧客指出某種商品正在降價銷售時能夠核對促銷單。

5 ── 能夠對商品準確稱重，但沒有核對價簽上標注的價格，而是僅憑記憶結帳。

4 ── 遇到缺價簽的商品向隔壁收銀臺的員工詢問商品的價格。

3 ── 注意到有的商品缺少價簽，向顧客詢問商品的價格應該是多少。

2 ── 沒有確認價簽，將屬於"奢侈品"的東西當成"普通商品"出售，結果少收40%的貨款。

1 ── 在給顧客結賬時接打手機、發微信，結果導致未能對6件商品收款

極其糟糕的績效

### 三、薪酬與福利

1. 薪酬

薪酬（compensation）是指員工因為完成工作而獲得的全部內在和外在報酬的總和。內在薪酬和外在薪酬共同構成了總體薪酬。內在薪酬反應了員工完成工作所產生的一種心理狀態，如成就感、責任感和榮譽感等；外在薪酬又包括貨幣性報酬和非貨幣性報酬，貨幣性報酬包括工資、獎金、佣金及紅利等；非貨幣性報酬主要指各種福利，如保險和帶薪休假等。

一旦對員工進行了績效評價並提供了反饋，員工就希望能夠領取薪酬。從員工的角度來看，薪酬會對他們的總收入進而對生活水準產生很大的影響，薪酬收入還常常被視為地位和成功的標誌。從企業的角度來看，薪酬是一項重要的組織成本，不僅能夠對員工的態度和行為產生重要影響，有競爭力的薪酬還能夠幫助企業吸引並留住優秀的人才，是推動企業戰略目標實現的強有力工具。

2. 薪酬體系

公司戰略是企業確定薪酬體系關鍵決定因素。如果管理者希望通過員工的知識來為企業創造價值，那麼他們就會設計以知識（或技能）為基礎的薪酬體系。如果管理者希望通過激勵員工高績效的表現來提高盈利水準、擴大市場份額，那麼他們就會設計一個績效加薪體系而非等級工資體系。

目前應用最為廣泛的方法是職位薪酬體系，即根據員工所處的職位來確定其薪酬。但是這種方法存在一些問題：一方面，職位薪酬體系不會激勵學習行為，而員工學習是組織在變化的市場環境中適應和生存所需要的；另一方面，這個體系強化了組織等級和集權控制，與鼓勵員工參與和強化員工責任心的趨勢相悖。

技能薪酬體系是基於員工表現出的工作技能和能力來確定薪酬。在這種類型的薪酬體系下，員工的工作崗位名稱並不能決定他所獲得的工資範疇。擁有更高技能的員工會獲得更高的報酬，相反，低技能的員工報酬較低。以技能為基礎的薪酬體系目前主要應用於製造行業，因為這樣行業的工作通常涉及團隊合作、多種技能和彈性化。

3. 薪酬公平

薪酬公平包括內部公平和外部公平。內部公平可以通過職位評價來實現。職位評價是系統地確定職位之間的相對價值，建立職位等級結構的過程。其原則是：那些要求任職者具備更高的任職資格、承擔更多工作職責的職位，應當比那些在這些方面要求低的職位價值高，這樣員工在與組織內其他人比較時會感覺到薪酬公平。外部公平是通過薪酬調查來實現。薪酬調查是搜集和判斷其他雇主支付給其員工薪酬信息的過程，薪酬調查能夠提供一個組織在制定相對於競爭對手的薪酬政策，以及將這種政策轉化為薪資水準和薪資結構時所需要的資料。企業可以通過電話、報紙、互聯網或者專業機構來進行薪酬調查。

4. 績效工資

越來越多的公司提供績效工資來提高生產率、降低勞動力成本、更好地適應全

球競爭環境。績效工資又稱激勵薪酬，指員工薪酬中至少有一部分與其努力和績效掛勾，它可以通過加薪、獎金、團隊獎勵、各種收益分享方式或利潤分享計劃來實現。在績效工資下，每個人受到激勵的水準與他在幫助組織達到戰略目標過程中所付出的努力相一致。員工會努力幫助組織實現更高的效率和效益，因為假如組織的目標無法達到，員工就不會得到任何獎金。

5. 福利

過去，雇員福利會排在諸如工資、發展機會、工作保障及組織認可等報酬形式的後面。但近來，隨著福利成本尤其是醫療保險成本的飛速上漲，福利也越發受到人們的青睞。福利指員工因為保持與企業之間的雇傭關係而獲得的各種間接的經濟性或非經濟性的報酬，是任何一位員工薪酬收入中一個非常重要的組成部分。成功的公司都把福利作為吸引和留住優秀雇員的關鍵因素。福利通常分為法定福利和企業酌情自定的福利。法定福利是法律要求組織必須提供某些福利，如社會保障、失業救濟、工傷賠償等。酌情自定福利是根據企業戰略和文化提供給員工的，比如健康保險、休假、內部幼兒園和教育費用報銷等。儘管法律沒有強制規定，但是提供這些福利有助於公司吸引並留住高績效員工。

**管理實踐 8-4**

IBM 公司為我們提供了管理者如何利用薪酬政策來支持戰略目標實現的經典案例。當路易斯·郭士納於 20 世紀 90 年代就任 IBM 公司首席執行官的時候，他發現 IBM 的員工已經變得過於驕傲自滿。因而，他制定了四項新的薪酬政策，使員工更多地關注競爭。這些政策的內容包括：

1. 根據市場支付薪酬。針對不同的職位分別制訂不同的薪酬計劃以及績效加薪預算，使公司能夠以一種更為市場化的方式來針對不同職位中的員工支付不同的薪酬。

2. 等級更少的寬帶職位。拋棄了過去 24 個狹窄的薪酬等級，根據技能、領導力要求以及範圍（影響）三個因素將所有的職位分成了 10 個等級，職位名稱的數量從 5,000 種減少到了 1,200 種。

3. 給管理者薪酬決策權。簡化加薪方式，為管理者提供加薪預算和關於如何實施加薪方案的指導，管理者能夠將本部門績效優異者和績效平平者的薪酬拉開差距。

4. 增加獎勵薪酬。過去非高層管理類員工的現金薪酬只有基本薪酬，郭士納上任後，使績效獎勵成為所有員工薪酬構成的一部分。

# 本章小結

1. 人力資源管理是一個獲取、培訓、評價員工以及向員工支付薪酬的過程，同時也是一個關注勞資關係、健康和安全以及公平等方面問題的過程。人力資源管理的主要職能包括工作分析、人力資源規劃、招募甄選、培訓與開發、績效管理、薪酬管理等。

2. 工作分析就是確定組織中所有職位的工作職責以及任職者應具備何種特徵的過程。通過工作分析收集的大量信息，組織就能夠編寫職位描述和任職資格。工作分析的過程包括確定工作分析的目的、查閱相關背景信息、選擇有代表性的職位、職位分析、核實職位分析信息、編寫職位描述和任職資格。

3. 人力資源規劃是確保組織在正確時間、正確位置上獲得正確數量、類型合格員工的過程。人力資源規劃過程包括人力資源需求預測、人力資源供給預測、確定勞動力過剩（或短缺）、制定人力資源規劃、人力資源規劃執行與評價。

4. 人力資源招募是企業吸引和發現潛在員工的過程。招募的影響因素包括人事政策、招募渠道、招募者的特徵及其行為。招募渠道包括報紙和期刊、員工推薦、公司網站、校園招募、獵頭公司等。

5. 甄選是對求職者進行篩選以確定某項工作的最佳人選。為了提高甄選準確性，甄選工具要具有信度和效度。常用的甄選工具包括申請表、筆試、面試、身體能力測試、認知能力測試、人格測試、管理評價中心和背景調查等。

6. 培訓是指為使員工獲得與工作相關的態度、知識和行為而採取的有計劃的活動。培訓一般包括四個步驟：培訓需求分析、培訓設計、實施培訓計劃、培訓評估。培訓分為傳統培訓和基於新技術的培訓。傳統培訓包括在崗培訓、講座法、學徒制、商業遊戲和案例研究。基於新技術的培訓包括基於計算機培訓、在線學習和社交媒體學習。

7. 績效管理是識別、衡量以及開發個人和團隊績效，並且使這些績效與組織的戰略保持一致的過程。績效管理的過程包括制訂績效計劃、績效執行、績效評價、面談反饋。績效評估工具包括圖尺度評價法、強制分佈法、關鍵事件法、行為錨定等級評價法、360度評估法、關鍵業績指標、平衡計分卡。

8. 薪酬是指員工因為完成工作而獲得的全部內在和外在報酬的總和。目前常用的薪酬體系是職位薪酬體系和技能薪酬體系。福利指員工因為保持與企業之間的雇傭關係而獲得的各種間接的經濟性或非經濟性的報酬，通常分為法定福利和企業酌情自定的福利。

## 關鍵術語

人力資源管理（human resource management）　　工作分析（job analysis）
人力資源規劃（human resource planning）　　招募（recruitment）
甄選（selection）　　培訓（training）
績效管理（performance management）　　薪酬（compensation）

# 複習與思考

1. 一些人認為人力資源管理部門誇大了該部門的作用。你如何看待這一觀點？
2. 請選擇一個你熟悉的工作崗位，為其編製職位描述和任職資格。
3. 描述不同的招募渠道，並分析其適用的職位。
4. 描述各種甄選工具，分析其適用的職位。
5. 描述組織的員工培訓方式。
6. 描述不同的績效評估方法。
7. 描述薪酬和福利的構成。

# 案例分析

### 解碼中國平安科技轉型下的智慧人才經營

2018年4月，平安推出自主研發的HR-X智慧人事系統，利用AI、大數據等新技術形成招聘、績效、培訓發展、薪酬激勵、員工服務+數據平臺的5+1新格局。大數據在底層構建員工全景檔案，通過人崗畫像精準匹配，提供五大人事場景決策建議，實現「用數據找人、看人、用人、育人」，先知先覺先行的智慧人才經營，為企業短期業績增長和基業長青夯實人才基礎。

如何以最快方式定位並招攬合適人才，是企業人才管理中首先面臨的問題。HR-X智能招聘平臺一鍵直連7大招聘渠道，打通全球人才資源庫，同時開放平安崗位畫像數據及智能招聘模型，跨越式提升人才資源量級與推薦精準度。統一測試中心、AI智能面試等工具還賦予業務部門極大的招聘自主權，賦能直線主管完成95%的招聘工作，自動推進80%招聘環節，使員工入職週期從30~40天縮短為3~4天，試用成功率從67%提升至99%。

「引才」之外，如何持續激發人才活力，留住優秀人才是組織運行的每日課題。平安在管理上強調「制度建立在流程上，流程建立在系統上」，延續近30年的績效管理機制在新環境下也需要創新的績效考核系統加以支撐。HR-X績效系統全過程串接KPI制定與分解、工作追蹤、考核排名、上下級溝通輔導等考評環節，將經營和績效打通，確保企業目標層層穿透組織，分解抵達遍布全國的每一位員工。

同時，系統建立行為數據異常預警機制，及時識別員工勝任力短板，為主管提供個性化績效面談策略及培訓建議，員工崗位勝任度提升30%。績效考核結果也應用到薪酬激勵，系統為主管提供智能定調薪建議並即時監測團隊投產。由此形成貫穿組織、上下一致的強大執行力，推動企業戰略達成。

在為組織創造價值的同時，HR-X智慧人事系統也在回應員工日益增強的自我實現願望及服務體驗需求。在職業發展過程中，「千人千面」的培訓模式可精準識

別員工學習需求，智能匹配學習資源，全流程追蹤學習效果，幫助員工真正把「知識轉化為價值」。在日常工作中，自助辦證、移動打卡等員工服務實現90%自動處理，每個員工還擁有AI智能助理，7×24小時提供智慧問答及助手代辦，把員工從繁瑣的、低價值的流程事務中解放出來，幫助員工聚焦工作，提升效能。

資料來源：根據網路資料整理。

**思考題：**

1. 討論互聯網時代下人力資源管理職能面臨的挑戰。
2. 中國平安的智慧人事系統是如何應對挑戰的？

# 第九章
# 組織變革與創新

---

**學習目標**

1. 掌握組織變革的含義與類型
2. 瞭解組織變革的動因
3. 理解組織變革阻力的管理
4. 理解組織變革的過程
5. 瞭解組織創新

**引例**

滴滴出行的組織架構調整

2018年對滴滴出行來說是充滿挑戰的一年,兩起惡性安全事件為其敲響警鐘。在用戶對更為安全優質服務的期待、充滿挑戰的地方網約車合規進程、出租車行業升級和網約車融合發展、全球化和智能駕駛的機遇和挑戰等多方面因素的催化下,12月5日,滴滴出行發布全員信,宣布組織架構升級。

值得關注的是,滴滴此次發布的全員信中,安全被視為「滴滴未來發展的核心能力」,「升級安全體系」放在了所有調整描述中的第一位。任命集團安全事務部負責人王欣為首席出行安全官(Chief Safety Officer),向程維匯報。

此次調整,兩大核心業務群的合併備受關注,原快捷出行事業群和專車事業部、豪華車事業部合併,成立滴滴網約車平臺公司(以下稱為網約車公司),任命付強為集團高級副總裁兼網約車公司首席執行官,向程維匯報。2017年,滴滴曾將快車事業部、出租車事業部、專車事業部等部門優化為快捷出行和品質出行兩大事業群。至此,專快車的組織架構已從部、事業群升級為網約車平臺公司。此舉亦被喻為滴滴由1.0時代跨向2.0時代的重要舉措,專快車合併,有利於加快統一調動資源、高效執行網約車合規化的進程。

此次調整新成立了車主服務公司,合併原小桔車服公司與汽車資產管理中心(AMC),任命陳汀為集團高級副總裁兼車主服務公司首席執行官,向程維匯報。新車主服務公司的成立,致力於建設一站式汽車營運和車主服務平臺,全力為網約車安全、合規需求提供資源保障,並在原有維保、加油、充電等汽車後市場服務基礎上探索汽車新零售。

除了成立兩大平臺公司，原品質出行事業群的單車（HT）、電單車（HM）、代駕、企業級業務和原智慧交通事業部的公交業務組成普惠出行與服務事業群，任命付軍華為集團高級副總裁兼普惠出行與服務事業群總經理，向程維匯報。普惠出行與服務事業群將繼續為用戶提供安全、便捷、經濟、多元的出行服務，精細化的B2B服務將持續提升企業用戶的經營效率和用車安全。

此次調整中，出租車業務亦將升級，滴滴首席執行官張博將負責原快捷出行事業群出租車事業部，滴滴將向出租車業務加大產品技術資源的投入，促進出租車產品升級和新舊業態融合發展，進一步探索出租車與網約車融合的新模式。

另外，財務與經營管理部、法務部將在原有職能基礎上進行升級，財務、經管、法務職能將進一步與戰略、投融資職能打通，原FLPW（財務/法務/採購/行政）將拆分成立兩個部門：財務與經營管理部和法務部。原有的行政團隊並入總辦，任命朱景士為集團財務經管與戰略高級副總裁，繼續兼管國際業務和金融業務，向柳青匯報。

資料來源：根據網路資料整理。

在全球化和信息化日益發展的今天，組織面對的是一個極其複雜動態的環境。組織要生存發展，就必須根據外部環境和內部條件的變化而適時調整其目標與結構。從這個意義上講，變革是一種常態，變革與變革管理對於所有的組織都至關重要。

## 第一節　組織變革的一般規律

### 一、組織變革的含義與類型

組織變革（organizational change）是各類組織對於管理理念、組織結構、技術與設備、組織文化等多方面進行調整、改進和革新的過程。其主要包括三種類型：以組織結構為重點的變革、以技術和任務為重點的變革和以人員為重點的變革。

1. 以組織結構為重點的變革

此類變革是通過改變組織的結構變量實現組織變革。組織結構由工作專門化、部門化、集權與分權、指揮鏈、管理幅度、正規化六個變量構成，當外部環境、組織戰略、規模等因素發生變化時，管理者可以就其中一個或多個變量進行調整，如合併部門職責，增大管理幅度或減少組織層次，制定和完善規章制度。也可以在組織結構的設計中，裁撤、合併或擴張部門，由原來的職能制結構調整為事業部結構、矩陣制結構或其他結構形式。

2. 以任務和技術為重點的變革

組織目標發生變化，組織任務將隨之調整，組織職能也要進行轉變。此時的組織變革就是要明確突出新任務，根據新任務調整組織職能。管理者也可以對其用以將投入轉換為產出的技術進行變革。技術變革通常涉及新的設備、工具和方法的引進。產業內競爭的力量或者新的發明創造，常常要求組織引入新的設備、工具或操

作方法。近年來，大數據、物聯網、人工智能等數字技術主導的新一輪技術革命正在世界範圍內醞釀生產方式的重要變革，引發了產業和企業組織結構、商業形態等的重構。新興市場和技術的迅速進步產生了更多的產品品種、更短的產品生命週期和更高性價比的產品，使傳統的生產模式難以為繼，需要新的產品供應鏈和生產模式，並更接近於最終消費者需求，這將促使扁平式、合作性的組織結構更多地替代傳統意義上的層級式、自上而下的組織結構。

3. 以人員為重點的變革

人員變革包括態度、價值觀念、期望、認知和行為的改變。這種方式的變革要求組織的管理者針對員工的不同特點和所處的不同狀態，有目標、有計劃、有步驟地進行深入細緻的教育、引導和培訓，改變他們看問題的角度與方式，激發他們的工作熱情，引導其需求的偏好和興趣，提高他們的崗位技能和工作效率。這些改變並非易事，往往需要較長的時間，並要求組織的管理者具有具備一定的能力和技巧。

組織發展（organizational development, OD）是一個專業術語，用來描述調整組織成員及工作中人際關係的性質和質量的變革方式。較為普遍的組織發展技巧包括敏感性訓練、調查反饋、過程諮詢、團隊建設、組際發展五項。敏感性訓練，是指通過非結構化的群體互動來改變人的行為的一種方法。該群體往往由一位職業行為學者和若干參與者組成，職業行為學者為參與者創造表達自己思想和情感的機會；調查反饋，是指對組織成員的態度進行評價，確定其態度和認識中存在的差異，並使用反饋小組得到的調查信息幫助消除其差距的一種方法；過程諮詢，是指依靠外部諮詢者幫助管理者對其必須處理的過程事件形成認識、理解和行動的能力。諮詢者幫助管理者更好地認識他們的周圍、自身內部或與其他人員之間正在發生的事情；團隊建設，是指使工作團隊的成員在互動中瞭解其他人是怎麼想和怎麼做的。通過高強度互動，團隊成員學會相互信任和開誠布公；組際發展，是指改變不同工作小組成員之間的相互看法、認知和成見，各個小組考察存在差異的原因，並努力制定解決辦法以改進小組間的關係。

**二、組織變革的動因**

組織變革的起因來自外部和內部的驅動力，有時引起組織變革的因素主要來源於組織外部，如經濟環境、技術環境等，有時推動變革的力量主要來源於組織內部。多數情況下，內外部因素共同驅動組織變革的發生。

1. 組織外部的驅動力

外部環境中的許多因素都導致組織變革的發生，第二章所介紹的組織外部環境的諸多因素都可能成為組織變革的驅動力。

經濟環境：經濟的繁榮與否顯然會影響組織的發展，如果經濟飛速發展，許多公司都會考慮設計新的分部，擴張商業版圖。在中國 2000—2009 年，伴隨著經濟的繁榮，外國公司在中國的投資增加了一倍以上。如果經濟衰退，許多公司更多地採取諸如削減成本的防守型戰略，通過減招、人員、部門的裁撤等手段進行變革。

技術進步：技術環境的變化為組織的發展提供了機遇與挑戰。從 2001 年開始，

「電商熱」在中國爆發，而後智能手機的出現、移動互聯網的發展導致「電商熱」的第二次爆發。其結果對實體經濟的衝擊巨大，第一次針對的是貨件批發，第二次則針對的是實體零售行業。在此背景下，沃爾瑪一方面關閉了多家門店，另一方面，加大了在電商業務的投入。

主要競爭對手的行為：不管經濟環境如何，主要競爭對手的動向一直是組織應密切關注的，競爭對手的行動將迫使組織快速做出反應。美團2017年進入網約車市場，美團打車上線，開始在南京試營運，此舉直接導致滴滴出行外賣業務的推出。

除了這三個因素之外，宏觀環境中的政治環境、法律環境、社會文化環境等外部環境因素在某種程度上也會導致組織變革的發生。

2. 組織內部的驅動力

組織內部條件的變化也會形成對變革的需要。如第八章中我們探討的影響組織結構選擇的權變因素，其中戰略、規模、企業技術等影響組織結構選擇的因素同樣也可能是組織變革的內部動因。組織結構本身的缺陷也會是組織變革的動因，機構臃腫、效率低下、模式僵化、反應遲鈍等都反應出組織結構本身存在著很大的問題，應進行結構的調整。除此之外，組織中人員與設備的調整、組織成員對工作的期望與個人價值觀念的變化等因素也將促使組織變革的產生。

## 第二節 組織變革的管理

### 一、組織變革阻力的管理

組織變革不可避免地會受到一些阻力。為了成功實施積極的變革，管理者必須明白人們為什麼常常抵制變革，一些抵制的原因與變革的實際內容往往並無關係。

1. 抵制變革的原因

（1）慣性。人們往往習慣於原有的一切管理制度、行為方式，通常不希望打破現狀，不願意嘗試新的東西，因為變化意味著原有的平衡將要失去，需要精力、時間、物質等成本的付出以構建新的平衡。

（2）時機。變革時機的選擇非常重要。如果變革是令組織成員感到突發的、意外的，那麼抵抗將是本能的反應。如果組織成員工作任務異常繁重或者管理層和員工之間關係十分緊張，這都不是採取變革措施的好時機，變革的效果自然不會很好。

（3）群體壓力。在有些情況下，某個工作團隊或項目組可能聯合起來，集體反對變革，儘管可能團隊中某些成員並沒有強烈反對，但為了群體利益或迫於群體壓力，而選擇和大家站在一起。

（4）既得利益或地位受到威脅。對於絕大多數人來說，個人利益遠勝於組織利益。對員工或管理者而言，如果變革會使他們失去部分或全部既有的利益，如員工降薪或失去工作，管理者降職或失去原有的職位，他們就會本能地抵制變革。企業的合併、重組等較大的調整都會引起這樣的恐慌。

（5）信息不對稱。組織層級不同，意味著獲得的信息質與量也會不同。相對於管理者而言，員工往往獲得的信息較少，低層管理者獲得的信息要少於高層管理者。這種信息的不對稱自然會導致對組織變革有著不同的評價。如果管理者缺乏充分的說明，即使組織變革會讓每一個人受益，但員工或管理者也可能無法體會變革將更符合公司的戰略，會使組織更有效率，更能實現個人目標，最終導致變革的阻力加大。

（6）不當的管理策略。不當的管理策略也會導致變革阻力的產生。管理層試圖強行推進變革而沒有關注並解決員工所關心的問題或者影響員工投入努力程度的問題；沒有對變革提供足夠的支持；在宣傳中擴大變革效果導致與實際差距過大；管理者領導力不足，無法贏得員工的信任等。這些都會因為缺乏有效的策略導致變革受到抵制。

2. 減少變革阻力的方法

變革阻力的產生需要管理者採取措施來應對，研究人員提出了多種方法。表9-1總結的五種戰術被證明是卓有成效的方法。

表9-1 減少變革阻力的方法

| 方法 | 使用情景 |
| --- | --- |
| 溝通和教育 | 變革是技術性的<br>變革過程中信息是不對稱的 |
| 參與 | 變革的抵制者具有提高變革決策質量的能力 |
| 談判 | 抵制某個強勢群體 |
| 促進和支持 | 變革的抵制者對變革存在恐慌或焦慮的情緒<br>變革涉及多個部門或資源的再分配 |
| 脅迫 | 獲得某個強勢群體的支持對變革的開展十分重要<br>組織變革處於緊要關頭 |

（1）溝通和教育。當變革的阻力源自信息不對稱或誤解時，溝通與教育就顯得尤為重要。需要管理者將變革所涉及的新技術或新理念向員工進行充分的說明，使其能夠掌握有關變革的確切信息。

（2）參與。參與是指使那些直接受變革影響的個體參與變革的相關決策。研究表明，讓一線員工主動參與預先的計劃和影響他們工作的變革決策，有助於這些個體能夠表達自己的感受，有助於管理者發現潛在的問題，提高決策質量，增強個體對最終決策的認同，讓變革更加順利。

（3）談判。談判是通過價值交換達成協議來獲得員工對變革的接納和認同。這是實現合作的一種更正式的方法。尤其是當變革阻力來源於某個強勢群體時，這種方法會更加有效。例如，在公司意欲重組時，行銷部擔心本部門權力的喪失，對重組決策並不支持，那麼公司高層可採取與行銷部門談判的方式達成解決方案。

（4）促進與支持。通過員工諮詢、新技能培訓、高層管理者的行為幫助員工應

對變革所產生的恐懼與焦慮。研究表明，高層管理者通過語言和符號來強化變革的重要性將有助於變革的成功。尤其是當變革涉及多個部門或者資源的重新整合時，高層管理者的促進和支持將有助於工作的高效進行。

（5）脅迫。脅迫意味著管理者運用正式權力來威脅或強迫員工進行變革。變革的抵制者可能被告知要麼接受變革，要麼失去報酬、職位或者被解雇。在多數情況下，該方法的負面作用非常大，抵制者因為受到脅迫將會產生怨恨的情緒，對變革很難有真正的支持，因此這種方法還是不用為好。

**二、組織變革的過程**

庫爾特·盧因（Kurt Lewin）認為，成功的組織變革應該遵循以下三個步驟：解凍、實施變革、再次凍結。

1. 解凍

在變革的解凍階段，管理層意識到組織的現狀已經不再適應環境的變化，必須要打破現有模式。同時，也要使組織成員認識到，原來的某些思維方式、認知方式以及行為方式已經無法持續下去，變革是組織的必然選擇。達成這一結果比較有效的方式是展示出與現有競爭對手的差距，或者直接將組織的成本、質量、收入、利潤等指標公開，讓組織成員理解變革的基本理由。因此在變革的解凍階段一方面要通過公司發展現狀的揭示尋求員工的理解，另一方面也要通過變革效果的說明、希望的傳遞、企業與員工命運一體等溝通得到員工的支持。值得注意的是，管理者說明公司現狀時，不能把問題直接和完全歸罪於員工，或用事實轟炸員工來誘發恐懼，否則將會激起員工的防禦心理，對變革無利。

2. 實施變革

一旦完成瞭解凍階段，變革就可以實施了。這個過程有時也稱作「干預」。變革管理者應創造出一個能讓員工相信並努力的變革願景，實施專門的管理者和員工培訓計劃，這個過程可由一系列具體的步驟組成。力場分析（force-field analysis）是一種有助於管理變革過程的技術，常用於識別某一變革活動中的動力和阻力。力場分析有助於人們識別哪些力量是能夠改變的，哪些力量是不可改變的，從而集中精力去消除阻力，或是增強動力以創造變革。一項變革不可能在阻力大於動力時發生。提出力場分析理論的庫爾特·勒溫（Kurt Lewin）認為，雖然驅動力可能更容易受到影響，但改變它們可能會增加組織內的緊張或衝突，並且增強制約力量。因此為了實施變革，應將時間和精力更多地用於減少阻力方面，這樣效果會更好。

3. 再次凍結

僅僅引入變革並不能保證變革的持續進行，需將變革產生的新行為加以強化，以鞏固新的狀態，這就是凍結。變革管理者可提供證據證明變革的效果，組織高層管理者應對此出抬相應的激勵措施。在某些情況下，再次凍結並不是最佳選擇，如變革的狀態同原來的一樣僵化。只有當變革效果與組織的核心價值觀、組織戰略、組織資源與能力相符時，再次凍結才是適當的。

**管理實踐 9-1**

**劉強東《致全體配送兄弟們的一封信》(節選)**

正是公司十幾年如一日的堅持給兄弟們最好的工資待遇、全額五險一金、各種各樣的福利保障，大家全家的生活才會愈來愈好。在京東干滿五年配送員的，大部分兄弟都能回到老家縣城買套商品房，讓父母帶著孩子生活在城裡！讓自己的孩子享受和城裡人一樣的教育，從此改變了自己家庭的命運！但是我也必須和大家交一個底：京東物流 2018 年全年虧損超過 23 億元，這已經是第十二個年頭虧損了。這還不包括內部結算盈餘（京東零售的內部訂單），也就是說，如果扣除內部結算，京東物流去年虧損總額超過 28 億元。核心原因就是外部單量太少，內部成本太高。大家都知道，這兩年對公司來說是相當困難的兩年，公司已經虧了十幾年，如果這麼虧下去，京東物流融來的錢只夠虧兩年的！

我相信所有京東配送兄弟都不希望公司倒閉。我們該怎麼辦？擺在面前的選擇只有兩個：增加攬收單量、增加公司外部收入，或者將內部成本包含大家的五險一金和福利待遇降低到和市場上其他快遞公司一樣的水準。面對這個困難的時刻，公司一點兒都沒有猶豫：絕對不取消五險一金，僅僅調低了一點點的公積金比例，但還是堅持在平均中位數比例左右，因為以後很多人還用得著，要對大家的未來負責。這個選擇就要求全員必須努力提高攬件數量，增加公司收入！

這就是這次薪酬調整的初衷：取消底薪但是大幅提高攬件提成。而提高攬件只能靠配送員，沒有別的辦法！過去，由於我們相對較高的福利和薪酬，只有京東配送員不需要攬件，只需派件。可能這個變化會導致大家的一些不適應和畏難情緒，沒關係，你只需努力服務好我們的客戶，把消費者當作自己的親人一樣去伺候，不斷給他們帶來驚喜和信賴，然後你每天送件的時候只需說一句話「大哥大姐或者大爺大媽，您最近有包裹要郵寄嗎？有的時候請電話我啊，我來取。謝謝大哥、大姐、大爺、大媽」。如果平均每天服務超過 100 個客戶，每天說上 100 句同樣的話，堅持 100 天，用大家的微笑、真心和誠意，用我們優質的服務和回應速度，去感動用戶，大家一定能接到無數寄件電話！

收入肯定會比以前高得多！公司取消底薪不是為了降低大家的工資！那樣的話，公司就輸了，京東物流就只有倒閉的結局！事實上，京東配送員的底薪在薪酬總額占比只有 10% 左右。相反，只有大家的工資增加了，公司和大家才能都活得好！這一點，我們的目標一致：共同增加公司和員工的收入，這是本次調整唯一的目標！事實上，京東物流在華南測試了不到半年，公司看到的數據是很多配送員工資都漲了很多！表現特別優秀的配送員一個月可以掙四五萬元，甚至最高的有人一個月工資超過了八萬元！這在過去的薪酬結構下是不可能的！如果有少部分兄弟在新的薪酬結構下工資減少了一點點，建議向業績好的同事多學習，學習別人的服務態度，學習別人的業務能力，提升自己的服務水準。在過去只派件不攬件情況下，大家的收入差距很小，典型的大鍋飯機制，以後公司必須打破大鍋飯，讓價值觀好、能力強的兄弟掙得更多，擁有更廣闊的發展空間！

資料來源：根據網路資料整理。

## 第三節　組織的創新與管理

創新無論對於國家還是對於企業來說，都是發展的靈魂。一個國家要想走在世界前列，就必須不斷創新；一個企業要想成為業界的「常青樹」，同樣也必須不斷創新。管理學大師彼得‧德魯克（Peter F. Drucker）認為創新是組織的一項基本功能，是管理者的一項重要職責。

### 一、創新的含義

對創新的系統論述最早出自約瑟夫‧熊彼特（Joseph Schumpeter）1912年出版的《經濟發展理論》一書。他在該書中提出，創新就是要建立一種新的生產函數，即生產要素的重新組合。企業家的職能就是實現創新，引進「新組合」。熊彼特進一步明確指出「創新」的五種情況：①採用一種新的產品——也就是消費者還不熟悉的產品或一種產品的一種新的特性。②採用一種新的生產方法，也就是在有關的製造部門中尚未通過驗證的方法，這種新的方法決不需要建立在科學的新發現的基礎之上，並且，可以存在於商業上處理一種產品的新的方式之中。③開闢一個新的市場，也就是有關國家的某一製造部門以前不曾進入的市場，不管這個市場以前是否存在過。④掠取或控制原材料或半製成品的一種新的供應來源，不問這種來源是已經存在的，還是第一次創造出來的。⑤實現任何一種工業的新的組織，比如造成一種壟斷地位（例如通過「托拉斯化」），或打破一種壟斷地位。這五種情況後被歸納為產品創新、技術創新、市場創新、資源配置創新、組織創新。

自從熊彼特提出「創新」概念以來，人們對創新賦予了各種定義。通常認為，創新（innovation）是將新事物、新思想付諸實踐的過程，其結果可能是新產品、新服務、新的工作方法。因此，創新型組織的重要特徵就是擁有不斷誕生新想法的能力和將其轉化為新的有價值的產品、服務或工作流程的能力。這種能力對組織現有狀態的打破、組織變革的實施具有重要的意義。

### 管理實踐 9-2
#### 華為的創新實踐
#### 「工者有其股」的制度創新

這應該是華為最大的顛覆性創新，是華為創造奇蹟的根本所在，也是任正非對當代管理學研究帶有填補空白性質的重大貢獻——如何在互聯網、全球化的時代對知識勞動者進行管理——過去百年裡管理學研究的一個薄弱環節。

從常理上講，任正非完全可以擁有華為的控股權，但創新一定是反常理的。在華為創立的第一天起，任正非就給知識勞動者的智慧——這些非貨幣、非實物的無形資產進行定價，讓「知本家」作為核心資產成為華為的股東和大大小小的老板。到今天為止，華為有將近8萬股東。最新的股權創新方案是，外籍員工也將大批量地成為公司股東，從而實現完全意義上的「工者有其股」，這無疑是人類有商業史

以來未上市公司中員工持股人數最多的企業，也無疑是一種創舉，既體現著創始領袖的奉獻精神，也考驗著管理者的把控能力：如何在如此分散的股權結構下，實現企業的長期使命和中長期戰略，滿足不同股東階層、勞動者階層、管理階層的不同利益，從而達成多種不同訴求的內外部平衡，其實是極富挑戰的——前無經驗可循，後面的挑戰依然很多。從這一意義上看，這種顛覆性創新具有獨特的標本性質。

**市場與研發的組織創新**

市場組織創新。「一點兩面三三制」是林彪提出的。什麼叫一點兩面呢？尖刀隊先在「華爾街的城牆」（任正非語）撕開口子，兩翼的部隊蜂擁而上，把這個口子從兩邊快速拉開，然後，「華爾街就是你的了」。林彪被稱為常勝將軍，「一點兩面三三制」是一個很重要的戰術思想、戰術原則。「三三制」當然指的組織形態。早期，任正非要求華為的幹部們就「一點兩面三三制」寫心得體會。前副總裁費敏以及當時還在基層的常務董事李杰，對「一點兩面三三制」體會最深，在《華為人報》發表後，任正非大加讚揚，就提拔了他們上來。此後，「一點兩面三三制」便作為華為公司的一種市場作戰方式、一線組織的組織建設原則在全公司廣泛推廣，應該說，這是受中國軍隊的啟示，華為在市場組織建設上的一種模仿式創新，對華為多年的市場成功助益甚多，至今仍然被市場一線的指揮官們奉為經典。

研發體制創新。比如固定網路部門用工業的流程在做研發，創造了一種模塊式組織——把一個研發產品分解成不同的功能模塊，在此基礎上成立不同的模塊組織，每個組織由4、5個精幹的專家組成，分頭進行技術攻關，各自實現突破後再進行模塊集成。這樣做，第一，大大提高了研發速度；第二，每一模塊的人員都由精英構成，所以每個功能模塊的錯誤率很低，集成的時候相對來說失誤率也低。華為的400G路由器的研發就是以這樣的組織方式進行的，領先思科公司12個月以上，已在全球多個國家佈局並進入成熟應用。

無線研發部門則發明了底層架構研發強調「修萬里長城，板凳要坐十年冷」；直接面向客戶的應用平臺研發推行「海豹突擊隊」模式，從而形成了整個研發團隊的整體作戰能力和快速應變能力的有效結合。這就是任正非說的「修長城」。堅固的萬里長城上跑的是「海豹突擊隊」，「海豹突擊隊」在「長城」上建「烽火臺」。

資料來源：根據網路資料整理。

## 二、影響和推動組織創新的因素

從組織自身的角度出發，組織創新主要受三個因素的影響，即組織結構、組織文化和人力資源。

1. 組織結構因素

根據大量的研究結果，組織結構因素對創新的作用很顯著，主要表現在三個方面：一是靈活的有機式組織結構對組織創新有著正面的影響。因為有機式組織結構的專業化、正規化和集權化程度比較低，有利於提高組織的應變能力和跨職能工作能力，從而更有助於組織創新；二是豐富的組織資源是實現組織創新的重要基礎。

組織資源充裕，使管理者有能力進行新產品開發或購買創新成果，也有能力承擔創新風險。三是部門間的密切溝通有利於打破組織創新的障礙。例如，項目小組、跨職能團隊及其他有助於部門間相互交流的組織設計有利於產生更多的創新方案，也有利於創新方案的實施。

　　2. 組織文化因素

　　創新型組織通常具有相似的組織文化，如鼓勵試驗、讚賞成功與失敗等。研究表明，創新型組織的文化以創新導向為核心，通常具有下列特徵：

　　接受模糊性。過分地強調客觀性和具體性會限制創造力。

　　鼓勵多樣思路。不強調一致性，強調發散性、開放性的思維方式，包容那些看似不切實際的想法和主張。

　　寬鬆的外部控制。將組織政策、規章制度、程序等類似的組織控制手段盡可能放寬。

　　容忍風險。鼓勵員工試驗，強調無須為創新失敗承擔責任。在創新型組織文化中，創新是一種習慣，失敗是學習的機會，如何對待失敗是創新重要的組成部分之一。

　　包容衝突。鼓勵群體中的不同意見，認為個人和部門間一團和氣並不有利於組織的發展，反而建設性的衝突能夠有助於實現高績效。

　　結果導向。組織應該設置明確的目標，更多地關注於結果，對目標實現的路徑給予充分的自主權。

　　重視開放系統。對於外界環境的變化予以充分的關注，並在環境變化時能夠做出快速的反應。

　　提供積極反饋。對於員工提出的創意能夠做出積極的反饋、鼓勵和支持。

　　展示授權式的領導風格。領導者為組織成員提供參與決策的機會，讓組織成員感到他們所從事工作的重要性，並表現出對組織成員的信心。這種授權型領導風格會對創新產生積極作用。

　　3. 人才資源因素

　　在組織創新中，創新者是十分關鍵的因素，是組織創新的保障。創新型組織積極開展員工培訓，促進其知識的更新，並不斷出抬各種激勵措施，鼓勵員工開拓創新思維，一旦產生新思想，創新型組織會提供相應的支持確保創新方案的推行。

### 三、組織創新的管理

　　彼得·德魯克提出，創新不僅是高科技公司的事，對技術含量低的傳統公司也同樣適用。有價值的創新並非僅僅憑運氣，還需要系統而理性化的工作、有序的組織以及良好的管理。僅僅基於聰明想法的創新可能風險很大，且成功率很低。樂視網的創始人賈躍亭無疑是一個具有創新精神，有著遠大夢想的創業者，但僅有精神與夢想是不足以成就創新的，創新的有效管理至關重要。研究發現，那些成功的大公司都非常認真地傾聽客戶的需求。它們成立一些專題小組，在有限的範圍內，帶著明確的目標來尋找服務於客戶的頗具創造性的方案。

為了保證組織創新工作的順利進行，創新的管理工作與其他工作一樣，也需要做好計劃、組織、領導和控制工作。①創新的計劃。創新計劃應有組織高層主持制訂，因為創新計劃是組織戰略規劃的一部分，是戰略規劃實現的保障。創新總體計劃制訂後，相關部門要做具體的實施計劃，使創新計劃具體化，避免各部門對創新工作造成阻礙。②創新的組織。根據創新目標和計劃要求，創新的組織工作包括：建立合理的保證計劃順利實施的組織結構；建立和完善創新制度；調配組織資源，保證管理創新的投入；開展創新思維與能力提升的培訓；成立創新小組，從事創新活動。③創新的領導。管理者應建立良好的創新環境並做好創新的激勵工作。前文在分析組織創新的影響因素時，授權型的領導風格有助於創新活動的開展，因此管理者應給員工更多的自主權，鼓勵員工參與決策。④創新的控制。組織應將各項創新工作納入控制範圍，進行經常性的檢查和監督，以此保證創新活動的可持續性。一方面，可通過塑造創新導向的組織文化從思維上進行引導；另一方面，要建立完善的創新方案與創新過程的控制和評價體系。

## 本章小結

　　1. 組織變革是各類組織對於管理理念、組織結構、技術與設備、組織文化等多方面進行調整、改進和革新的過程。其主要包括三種類型：以組織結構為重點的變革、以技術和任務為重點的變革和以人員為重點的變革。
　　2. 組織變革受外部和內部因素的驅動，有時引起組織變革的因素主要來自組織外部，如經濟環境、技術環境等，有時推動變革的力量主要來源於組織內部。多數情況下，內外部因素共同驅動組織變革的發生。
　　3. 抵制變革的原因通常包括慣性、時機、群體壓力、既得利益或地位受到威脅、信息不對稱、不當的管理策略等。溝通和教育、參與、談判、促進和支持、脅迫是五種有效的減少變革阻力的方法。
　　4. 組織變革應該遵循以下三個步驟：解凍、實施變革、再次凍結。
　　5. 組織創新從組織自身的角度出發，主要受三個因素的影響，即組織結構、組織文化和人力資源等。

## 關鍵術語

組織變革（organizational change）　　組織發展（organizational development）
力場分析（force-field analysis）　　　創新（innovation）

## 複習與思考

1. 解釋管理者如何進行結構變革、技術變革和人員變革。
2. 解釋盧因的三階段變革理論。
3. 組織員工是否可以成為變革的推動者？
4. 哪些因素會影響組織創新？

## 案例分析

### 小米的組織變革

2018年9月13日，小米CEO雷軍發出內部郵件宣布了小米集團最新的組織架構調整和人事任命。

調整一：新設集團組織部和集團參謀部，解決人才選拔和戰略制定難題

一方面，小米新設集團組織部，由聯合創始人劉德掛帥，負責中高層管理幹部的聘用、升遷、培訓和考核激勵，以及各個部門的組織建設和編製審批。集團組織部的設立，也意味著小米成為中國除了阿里巴巴和華為之外，第三家有專門設置人力資源部以外的專設機構進行核心團隊管理的巨頭公司。

另一方面，小米還新設集團參謀部，由聯合創始人王川負責，協助CEO制定集團的發展戰略，並督導各個業務部門的戰略執行。簡而言之，這就是一個軍師團，是如今小米的中樞系統和智囊團隊。

調整二：業務組織結構裂變成十個細分部門，開啟業務精細化管理

多年來小米一直在建設生態鏈，不斷增加的業態和產品讓小米顯得觸手繁多。雷軍選擇了細分業務部門，來修整這原本錯雜重疊的「業務大樹」。此次改革，將小米原有的電視、生態鏈、MIUI、互娛四大業務部門分拆成了十個部門，其中四個互聯網業務部、四個硬件產品部、一個技術平臺部和一個消費升級的電商部，由雷軍直接管理。由此可見，小米這次調整把精力都放在了互聯網服務和物聯網上，在新成立的十個新業務部門中，有四個是互聯網服務部門，四個是物聯網相關部門。小米意在借助組織架構調整，把業務重心不斷轉移至物聯網和互聯網服務業務上，為這兩項業務發展加持更多的資源，提供更加完善和牢固的後盾。

調整三：放權「80後」新生代，構建優質人才庫

此次改革同時任命了多達14位正副總經理，多以「80後」為主，最年長者也不過42歲。10個新部門成立的背後，有更多二級部門等分支團隊中年輕管理人才、專業人才脫穎而出。

資料來源：根據網路資料整理。

**思考題：**

1. 分析小米組織結構調整的原因。
2. 小米的組織變革屬於哪一種變革類型？
3. 此次變革會面臨哪些阻力？
4. 「原有的電視、生態鏈、MIUI、互娛四大業務部門分拆成了十個部門」的做法好處是什麼？

# 第十章
# 溝通

## 學習目標

1. 解釋溝通的過程
2. 理解人際溝通的渠道和障礙，解釋如何克服這些障礙
3. 描述組織溝通的流向和網路，解釋非正式溝通
4. 描述網路如何影響管理溝通

## 引例

從 2014 年起，招商銀行信用卡中心向移動互聯網結構轉型。考慮到移動互聯網時代更加注重客戶體驗，2015 年年初，信用卡中心高層領導將「品質管理部」更名為「客戶體驗管理部」，以配合組織的戰略轉型。

作為在銀行工作多年的管理者，劉立深知銀行客戶體驗管理中存在的最棘手問題：一方面，一線客服員工長期聆聽客戶的聲音，萌生了很多關於改善產品和流程的好創意；另一方面，信用卡的設計者和創新者通常是產品經理，但他們並不直接接觸客戶，無法第一時間瞭解客戶的需求，導致產品創新很難打動市場和客戶。如果能夠讓客服員工和產品經理實現溝通，豈不是促進客戶體驗的好辦法？但該如何實施呢？劉立陷入了沉思……

現有的「建議案」系統是招商銀行信用卡中心客戶服務部收集一線員工建議建言的電子化平臺，內部流程並不複雜，對於客服所提出的建議，只需要經過業務主任審核、業務窗口評估回復即可。該平臺僅限於客服員工的內部交流，改善建議大多集中於客服部內部可優化和改善的業務點。員工們在實際使用「建議案」系統的過程中，也會產生各種各樣的小困擾。例如，客服小楊接到客戶電話投訴，客戶信用卡的身分證信息需要重要上傳。可是，身分證照片只能通過傳真而不能通過微信上傳，客戶意見很大。小楊不止一次接到此類客戶投訴，也通過公司的「建議案」系統對該問題進行了反饋，希望技術部門能夠重視該問題，給客戶提供方便快捷的上傳渠道。但 3 個月前提交的建議，依舊沒有得到相關業務部門的反饋。

針對上述問題，為了有效促進員工與客戶、員工之間的溝通，吸取「建議案」系統的經驗和教訓，信用卡中心建議：讓部門與部門之間互提建議，將員工個人的力量集合為集體的力量，形成一種正式的壓力，推動業務流程的優化。大家經過多

次探討，認為實現全員參與的關鍵點在於不能只讓員工單向發聲，要實現有人發聲就有人回應。既然空間上的「隔離牆」不能推倒，那就推倒員工心理上的「隔離牆」，通過打造一個集思廣益的交流與互動平臺，讓不同部門的員工能夠聚焦流程問題和體驗痛點，提出優化和改善建議，業務單位之間也能形成良性互動。

在實施層面，由客戶體驗管理部牽頭組建一個微信群，各部門的員工都可以進群，大家能隨時在群裡反饋工作流程和產品上的問題，問題涉及哪個部門，該部門的員工就可以出來解決，並給這個平臺起名叫「流程醫生」。

2016年5月5日16點，「流程醫生」主題活動啓動會議在招商銀行信用卡中心多功能會議廳召開，北京卡部、上海卡部、廣州卡部、深圳卡部、廈門卡部等31個卡部也通過遠程視頻一起見證了「流程醫生」主題活動的啓動。5月7日，流程醫生加入人數突破500人，達到微信群人數上限。5月8日，流程醫生反饋流程建議近百條。

「流程醫生」活動火熱的關鍵原因有兩點：一是「流程醫生」做到了讓真正懂客戶的人有參與感。一線客服員工有一個誰也無法替代的特點——最懂客戶。但是他們以前沒有機會和制定政策推出產品的人溝通，所以他們非常需要「流程醫生」這樣的平臺。二是信息傳遞扁平化。隨著組織的發展壯大，層級也更加森嚴，信息傳遞過程拉長，甚至發生較多損耗。以前通過「建議案」系統，一條建議要通過審核、分派等一系列過程才能流轉到相應的責任部門，整個流程非常複雜。而在「流程醫生」活動中，所有的問題都是浮在水面上的，不需要通過層層篩選，對於信息的處理也很及時，讓員工更願意暢所欲言。

管理者開展的一切工作都涉及溝通。管理者通過溝通，可以把組織的戰略轉化成每個員工的工作目標和職責；通過溝通，可以產生最好的創意和最具創造性的方案；通過溝通，與下屬聯絡感情；通過溝通，幫助員工改進工作績效。此外，溝通也能把企業同外部環境聯繫起來，使企業能夠瞭解客戶的需要、供應商的供貨能力、股東的要求和政府的法律法規等。

資料來源：中國管理案例共享中心，有刪減。

## 第一節　溝通的本質和過程

### 一、溝通的重要性

管理者每天的工作都離不開溝通。人際交往，與上司、下屬和周圍人之間的協調，計劃、組織、領導和控制職能的開展都離不開信息的溝通（圖10-1）。溝通在組織管理中的重要性主要體現在以下三方面：

1. 溝通把組織與外部環境聯繫起來

外部環境始終處於變化之中，為了更好地適應變化的環境，組織要與外界保持

持久的溝通。企業要和顧客、供應商、競爭者、政府和公眾等發生各種各樣的聯繫，按照顧客的需求生產產品，獲取適用的原材料，遵守政府的法律法規，在激烈的競爭中取得一席之地。通過溝通，把握變化帶來的機會，避免變化可能產生的風險，保證組織的生存和發展。

2. 溝通使員工與組織目標一致

企業不僅由眾多員工組成，還由許多具體的工作構成。員工的地位、利益和能力不同，所掌握的信息也不同，他們對自身工作和企業目標的理解可能偏離企業的總目標。管理者通過坦誠溝通，積極聽取員工的想法和建議，能夠將員工的注意力集中到組織的願景、價值觀和既定目標上，使員工朝著實現目標的方向去努力。

3. 溝通是領導者激勵下屬的基本途徑

有效溝通是任何想要成為有效管理者的人必須掌握的一門技能。一個領導者不管有多麼高超的領導藝術、多麼豐富的管理方法，都必須將自己的意圖和想法告訴下屬，並且瞭解下屬的想法。管理者通過溝通向員工清楚闡述他們應該做什麼、表現得如何以及如何提高工作績效等。這些激勵員工的舉措都必須通過溝通實現。

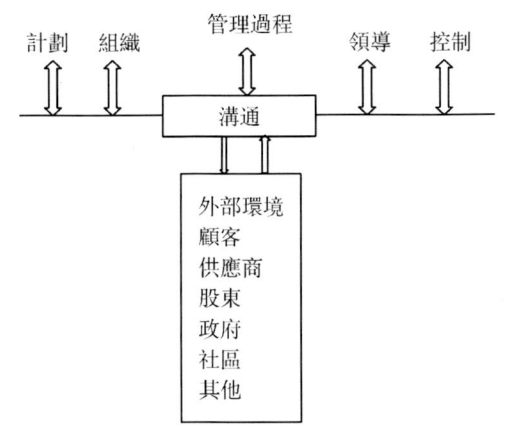

圖 10-1　溝通的目的和作用

**管理實踐 10-1**

谷歌前高級副總裁喬納森剛入職谷歌不久，有一次與公司的一位工程師聊天。喬納森習慣一接到電子郵件就馬上回復，還會把回復內容抄送給許多谷歌員工。對於喬納森的這個習慣，這位工程人員有些疑慮。他認為，這種做法是舍本逐末，而且郵件回復得如此勤快、傳播信息量如此之大的人，必定有大把餘閒時間。因此，他憤然對喬納森說：「你只是一臺昂貴的路由器！」路由器是非常基礎的網路設備，主要用來在不同的點之間進行信息包傳輸，因此，這句話本是帶有侮辱性的。但是，喬納森卻將這句帶刺的話當成了讚美。

資料來源：埃里克・施密特，等. 重新定義公司［M］. 靳婷婷，譯. 北京：中信出版社，2015：163.

## 二、溝通的概念

溝通（communication）是想法的傳遞和理解。溝通必須具備兩個條件：一是發送者發出的信息完整、準確；二是接收者能夠正確理解這一信息。為了使溝通能夠成功，意思必須被準確地傳達和理解。對一位不懂德語的人講了一大通德語，這不能認為是溝通，除非德語被翻譯成接收者可以理解的語言。值得強調的是，良好的溝通並不意味著對信息達成一致意見。只要接收者理解了這些信息，即使不同意發送者的信息，這也是溝通。即我能夠清晰地理解你的意思，卻不一定要同意你的觀點。

## 三、溝通的層面

人類溝通發生在各個層面。隨著溝通層面的提升，溝通過程，尤其是受眾分析和信息組織的複雜性也隨之增強。溝通可以發生在以下四個層面：

（1）內心的。當我們與自己進行溝通時，如把信息傳遞到大腦默默地思考解決問題的方案，我們就是在進行內心溝通。

（2）人際的。當我們與他人相互之間進行溝通時，如通過語言和非語言的形式把信息從一人傳遞給其他人，我們就是在進行人際溝通。

（3）組織的。當我們在組織背景下進行相互溝通時，如通過各權力層級發送並接收信息、運用各種信息體系討論關係到我們所在的工作群體或公司的各種話題，我們就是在進行組織溝通。

（4）公眾的或公開的。有時，當我們由一個人或信息發送者同時向許多人傳遞信息時，如在報紙上刊登廣告或在電視上播放商業廣告等，就是在進行公眾溝通。

## 四、溝通的過程

溝通過程（communication process）是信息從發送者到接收者的傳遞過程，這一定義構成了溝通過程模型的基礎。圖10-2是溝通的過程模型，這個模型集中研究溝通的發送者、信息傳遞以及信息接收者。同時，也特別關注那些「干擾」信息順利溝通的噪聲以及促進溝通的反饋。

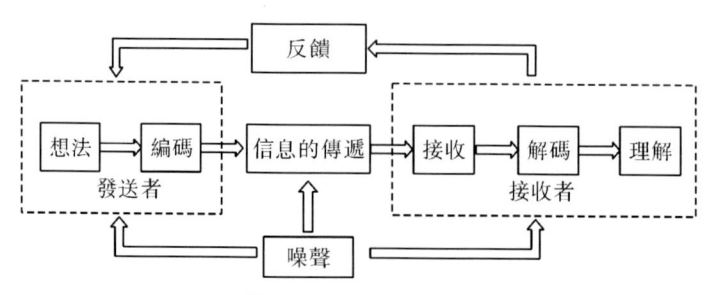

圖10-2 溝通過程模型

（1）信息編碼。在溝通發生之前，必定存在某種意圖，也就是將被傳遞的信息。發送者把信息轉換成一種雙方都能夠理解的符號，如語言、文字或手勢等。只

有將信息轉換成接收者可理解的符號，才能使信息通過媒介得以傳遞。比如，如果某位教授想給學生布置作業，他必須首先思考想要溝通什麼信息，一旦教授在頭腦中解決了這個問題，並把它編碼為語言或文字，他就需要選擇一個媒介以傳遞這個信息。

（2）信息傳遞。信息是通過渠道「傳遞」的，可以是口頭的或書面的，可以通過備忘錄、電話、電子郵件、短信、微信等媒介來傳遞。有時人們會使用兩種或兩種以上的傳遞渠道，如在向客戶介紹產品時，除了口頭介紹，還包括現場的 PPT 展示和手勢、表情等。因為有許多渠道可供選擇，且每種渠道都各有利弊，所以，選擇恰當的渠道對有效的溝通極為重要。

（3）信息解碼。接收者根據信息符號的傳遞方式，選擇相對應的方式接收這些信息符號。如果這些信息符號是通過口頭傳遞的，接收者則要通過傾聽來接收這些信息符號。然後，接收者必須開始解碼過程，將信息轉換為發送者的原始觀點。解碼過程包含許多不同的子過程，如理解口語及文字、解釋面部表情等。只有當發送的信息被接收者準確解碼之後，接收者所理解的想法才是發送者要傳達的想法，準確的溝通才會產生。

（4）反饋。反饋是指接收者把所收到的或所理解的信息再反饋到發送者那裡，供發送者核查。對同一個信息，不同的人會有不同的看法，在沒有信息反饋之前，人們無法確定信息是否已經得到有效的編碼、傳遞、解碼和理解。

5. 噪聲。噪聲是指妨礙溝通的任何相關因素。溝通經常受到噪聲的干擾，無論是在發送者方面，在傳遞過程中還是在接收者方面，噪聲能夠在上述任何一個環節導致信息的失真。典型的噪聲包括字跡難辨的書面材料、電話中的干擾、接收者的漫不經心和各種成見等。

## 第二節　人際溝通

管理者在一個組織中充當著各種不同的角色，這些角色都要求管理者掌握人際溝通的技能。人際溝通（interpersonal communication）是兩個或兩個以上的個體之間的信息溝通。例如，下級管理者要向上級管理者匯報工作、接受指示；管理者要瞭解下屬的工作情況並適時地提供支持和指導；管理者要瞭解員工的需要，激勵員工努力工作；管理者要瞭解外界的情況，並促進組織與外界的聯繫等。

### 一、溝通的渠道

1. 溝通渠道的類型

溝通渠道主要有兩種類型：語言渠道和非語言渠道。語言溝通（verbal communication）指的是口頭溝通和書面溝通，非語言溝通（nonverbal communication）指不使用語言的所有溝通方式。表 10-1 是各種溝通渠道的比較。

表 10-1 溝通渠道

|  | 語言渠道 ||  非語言渠道 |
|---|---|---|---|
|  | 口頭的 | 書面的 |  |
| 例子 | 談話<br>演講<br>電話<br>視頻會議 | 信件<br>備忘錄<br>報告<br>電子郵件 | 穿著<br>音調<br>手勢<br>面部表情 |
| 優點 | 生動<br>很難忽視<br>靈活<br>及時反饋 | 減少誤解<br>精確<br>存檔 | 與口頭表達越一致<br>溝通有效性越高<br>能強調要表達的意思 |
| 缺點 | 短暫<br>易被誤解 | 不靈活<br>反饋慢<br>易被忽視 | 模糊<br>被誤解<br>意義不是通用的 |

（1）口頭溝通。大部分的信息是通過口頭傳遞的。口頭溝通可以是兩個人面對面交談，或者是管理人員面對廣大聽眾演講；可以是正式的，也可以是非正式的；可以是計劃好的，也可以是即興的。口頭溝通的優點是速度快、靈活並且及時提供反饋。口頭溝通是互動式的，它會受到情境的影響並且不斷適應情境，發送者和接收者都可以十分靈活地運用口頭溝通。例如，當你說話的時候，你可能會嘗試用一種方式表達你的意思。但是在溝通過程中發現對方有誤解，為了使對方更好地理解你，你會改變你的溝通方式。此外，口頭溝通有著生動、引人注意的潛在優勢。然而，這種溝通模式最主要的缺點是具有瞬時性（除非被記錄下來）並且被誤解的可能性很大。即使個體使用同一種語言，口頭語言中的細微差別也有可能會被忽略，甚至還會導致誤解。

（2）書面溝通。如果信息是書面的，例如信函、備忘錄、電子郵件等，接收者誤解發送者信息的可能性就會降低。雖然接收者可能還是會對信息產生誤解，但是不會無法確認發送者到底使用了哪些詞語。在這個意義上，書面溝通更為精確。書面溝通還具有可供參考和作為法律保護依據等優點。書面溝通的缺點是靈活性不強，可能不能及時提供信息反饋，要花很長的時間來瞭解信息是否已被接收，並理解無誤。此外，相對於口頭溝通，書面溝通不是那麼生動和引人注目。你很難忽略正在跟你說話的人，但卻很容易忽略收到的信件。

（3）非語言溝通。非語言溝通包括面部表情、肢體動作、物理距離甚至沉默。當噪聲或物理距離妨礙了有效的口頭交流而且書面溝通無法滿足即時反饋的需要時，非語言溝通是必要的溝通方式。即使在安靜的面對面會議中，多數信息也是經非語言溝通傳遞的。例如，一位經銷商與客戶面談過程中發現客戶不停看手機時，無須任何言語他就能判斷出客戶的注意力並不在談判上。相比語言溝通，非語言溝通更少受規則限制，通常更為模糊並且更容易被誤解。此外，多數非語言溝通是自發的、下意識的。我們通常會計劃如何去講話與書寫，卻很少會計劃每一次眨眼、微笑或

溝通中的其他表情。

當語言溝通和非語言溝通發生矛盾時，接收者通常會更加關注非語言符號。例如，你可能告訴你的員工「我奉行開放政策，有需要時隨時可以來找我」。但是，如果你很難騰出時間來與他們會面，或者當他們走進你的辦公室你基本不從工作上轉移視線的時候，他們會很快相信非語言信息「我很忙，不要打擾我」，而不是先前的語言信息。當非語言信息和語言信息相一致的時候，有效溝通的概率就會增加。比如說，除了口頭上說推行開放政策之外，當員工進入你的辦公室時你用目光迎接他們，示以微笑並從電腦前或者正在寫的報告前離開，將這兩者聯繫在一起，員工會更加確信你推行的開放政策。

2. 溝通渠道的選擇

雖然有很多的溝通渠道可以選擇，但每種渠道都各有適用範圍和優缺點。為了取得更好的溝通效果，應該選擇最適合的渠道。影響渠道選擇的因素主要包括渠道豐裕度、接收者情緒、信息的類型。

（1）渠道豐裕度。渠道豐裕度是指在信息傳送期間可以傳送的信息容量，受三個方面的影響：同時處理多種信號的能力；促進快速、雙向反饋的能力；建立個人溝通焦點的能力。面對面討論是豐裕度最大的溝通方式，因為它允許直接體驗、多信息交流、及時反饋和個體聚焦。當人們要表達強烈的情緒，比如焦慮、害怕或防禦時，面對面溝通是最佳渠道，因為它的豐裕度極大。面對面溝通便於人們搜集廣泛的線索，對溝通情景有更深層、情緒化的理解。渠道豐裕度位列第二的是電話溝通。儘管沒有眼神交流、姿勢和其他的肢體語言線索，人們的聲音仍然可以傳達大量的情緒信息。

（2）接收者情緒。溝通渠道選擇的另一個影響因素是信息接收者的情緒。研究者發現，管理者可以通過研究一些重要的線索來瞭解接收者的感受，如他的面部表情、手勢、肢體語言和說話語氣等。

（3）擬溝通的信息類型。需要溝通的信息類型也是溝通渠道選擇的影響因素。通常信息可以分為常規的和非常規的，非常規的信息通常是含糊不清的，它們常常涉及新發生的事件，並且極易產生誤解。非常規的信息具有時間緊迫性的特徵，管理者需要選擇豐裕度大的溝通渠道才能提高非常規信息傳達的有效性。常規的信息非常簡單、直截了當，它們包含數據或統計資料，即使使用豐裕度很低的（如備忘錄、電子郵件或短信等）溝通渠道也可以有效地傳達常規的信息。此外，當溝通是正式的、需要永久保持溝通記錄時，應選擇書面溝通的形式。

**管理實踐 10-2**

**媒介即信息**

媒介改變信息的經典案例是 1960 年總統候選人尼克松和肯尼迪的辯論。廣播聽眾認為尼克松用清晰、廣為人知、更連貫的答案贏得了這場辯論。然而，觀看了電視辯論的選民則覺得肯尼迪表現得更好，除了聽到他的答案以外，人們看到的是他那年輕、英俊、瀟灑的儀表。尼克松的西服顏色與錄影棚顏色重疊了，而且他好像需要刮刮鬍子。最終肯尼迪贏得了選舉，但如果尼克松身著不同的西服並好好化妝，結果可能會大不相同。

資料來源：邁克·史密斯. 管理學原理 [M]. 劉杰，等，譯. 北京：清華大學出版社，2015：244.

## 二、溝通的障礙

有時候，溝通並不能表現出它應有的有效性。其中一個原因是管理者面臨著一些使人際溝通過程扭曲的障礙。障礙可能存在於發送者方面，也可能存在於傳遞過程中，或存在於接收者方面，甚至存在於信息反饋方面。下面具體討論一些溝通障礙。

（1）發送的信息含糊。信息發送者沒有準確地表達所要傳遞的信息，以至於接收者難以正確理解。不論信息發送者頭腦中的想法多麼清晰，仍有可能受措辭不當、疏忽遺漏、缺乏條理、表達混亂、語法錯誤、亂用行話術語等問題的影響。在這種情況下，接收者不是不知所措，就是按自己的理解行事，以至於發生與信息發送者原意大相徑庭的後果。

（2）信息過濾。過濾是使信息更容易被接收者認同的故意操縱，包括刪除或拖延負面消息，使用不那麼嚴厲的詞語等，因為這樣信息聽起來比較討人喜歡。當一個人只向經理匯報其想要聽到的內容時，信息就被過濾了。此外，組織中信息過濾的現象還與組織縱向層級數量和組織文化有關。組織縱向層級越多，過濾的機會就越多。當組織更多地營造「坦率文化」時，企業中的信息過濾的情況也會減少。

（3）情緒。接收者在接收某條信息時心情如何會影響到他如何理解這條信息。個體對接到的信息展開分析時，不只是通過邏輯判斷進行信息處理，還要根據其信念、價值觀、態度和偏好等進行情感分析。當人的內心情感和外在的客觀事實發生矛盾時，通常會忽視自身理性客觀的思維過程，取而代之的是情緒性的判斷。

（4）信息超載。信息超載即信息超出人們的處理能力。如今，員工越來越頻繁地抱怨信息超載。蜂擁而至的電子郵件、電話、短信、微信、紙質文檔以及其他信息來源，把這些合在一起，就成了信息超載的「完美配方」。可是，人們經常需要的並不是更多的信息，而是相關的有用信息。當個人擁有的信息量超出自身的處理能力時，會使人覺得難以抉擇，無所適從。人們就會忽視、略過、忘記或者選擇性地挑選信息，或者他們也可能會停止溝通。無論如何，結果都是導致信息的丟失和無效的溝通。

（5）語義曲解。我們常常認為別人也會像我們一樣來理解這個世界。事實上，同樣的詞彙，對於不同的人來說意味著不同的含義。當人們面對某一信息時，是按照自己的價值觀、興趣、愛好等來選擇、組織和理解這一信息含義的，一旦理解不一致，信息溝通就會受阻。年齡、教育和文化背景是影響語義曲解最為明顯的三個變量。例如，當上司信任你，分配你去從事一項富有挑戰性的新工作時，你可能會誤解為上司對你原有的工作業績不滿意而重新給你分配工作。在跨文化溝通中，語義曲解更容易發生。

## 三、溝通障礙的克服

通常來說，每個人聽到某一新信息的次數必須達到七次，才能真正理解這一信息。鑒於這樣的事實以及上面所描述的溝通障礙，管理者應該如何做才能成為更有

效的溝通者呢？

(1) 利用反饋。只傳遞而沒有溝通的情況屢見不鮮。信息只有被接收者理解了，溝通才算是完整的。很多溝通上的問題都直接源於誤解和不準確。除非發送者得到反饋，否則他就不會知道信息是否為人所理解。信息發送者可以通過提問、要求復函以及鼓勵信息接收者對所收信息做出反應等方式來獲得反饋。

(2) 使用通俗易懂的語言。語言也是一種溝通障礙，有效的溝通要求以信息發送者和接收者都熟悉的符號進行編碼和解碼，因此管理者應該考慮信息接收者的感受，並通過調整自身的言語措辭以滿足他們的需求。要記住，只有在信息被接收和理解的情況下，才能實現有效溝通。例如，一位老師應該以清晰易懂的言辭進行溝通，並且根據不同的學生群體有針對性地調整自己的言語措辭。

(3) 積極傾聽。傾聽是一種積極獲取信息的方式，而單純地聽只是一種被動的行為。傾聽往往要比說話更讓人感到疲勞。與單純地聽有所不同，積極傾聽要求全身心地集中注意力，聆聽說話者的完整意思而不做出先入為主的判斷或解讀。發揮對發送者的移情作用能夠使積極傾聽得到強化。移情就是設身處地地站在發送者的角度考慮問題，由於不同的發送者在態度、興趣、需求和預期上各不相同，因此移情能夠使傾聽者更容易理解信息的真正含義。

(4) 控制情緒。溝通的作用不只是傳遞信息，它還涉及情緒問題。管理者很難始終以理性的方式進行溝通，情緒可能會擾亂和扭曲溝通過程。一位對某一問題感到心煩意亂的管理者更有可能誤解接收到的信息，並且無法清楚準確地表達自己的意思。在這種情況，最簡單的方法就是在溝通之前冷靜下來，使自己的情緒保持在可控狀態下。

## 管理實踐 10-3

### 傾聽的藝術

- 不要隨意打斷他人的發言！如果你開口說話，你就不能傾聽，所以要少說多聽。
- 創造真誠和信任的氣氛，讓對方覺得可以自由發表意見。
- 向對方表明你想聽他發表意見。不要心不在焉，要看著對方，表示出興趣。
- 以設身處地的態度對待對方，多站在對方的角度看問題。
- 保持耐心。
- 控制自己的情緒，不要發火。生氣的人常容易誤解對方的意思。
- 有爭議或反對對方觀點時要證據委婉，以免對方有戒心；要避免爭吵。
- 對對方的話要做出反應，同意時點點頭，有不同觀點時多提問。這不僅表明你在聽對方說，而且可進一步加深交流。
- 不要多嘴！這是最重要的，其他的一切都取決於此。

資料來源：K. Davis, W. Newstrom. Organizational Behavior. Human Behavior at Work, 8th Edition [M]. New Youk：McGraw-Hill, Inc, 1989.

## 第三節　組織溝通

良好的組織溝通是疏通組織內外部渠道，協調組織內各部分之間關係的重要條件。由於組織成員各自有不同的角色並且受到權力系統的制約，因而組織溝通比單純的人際溝通更為複雜。組織內的溝通通常分為正式溝通和非正式溝通（表 10-2）。正式溝通（formal communication）指的是在規定的指揮鏈或組織安排內發生的溝通。非正式溝通（informal communication）是不受限於組織層級結構的溝通。

表 10-2　組織溝通的類型

| 正式溝通 | 非正式溝通 |
| --- | --- |
| 由組織授權、計劃和管理 | 由組織成員的人際活動自發而來 |
| 反應組織的正式結構 | 持續時間可能很長也可能很短 |
| 確定誰對信息傳遞承擔責任 | 更多是橫向溝通而不是縱向溝通 |
| 明確信息的接收者 | 信息流動速度快 |
|  | 傳遞與工作相關或無關的信息 |

### 一、正式溝通的信息流向

與組織中的行政管理系統或組織結構相一致，通過正式渠道的信息溝通被稱作正式的溝通，並且由以下三種不同渠道中的一種或多種進行傳輸：自上而下、自下而上和交叉（橫向和斜向）。傳統管理強調自上而下的溝通。然而，大量的事實證明，如果只有自上而下的溝通就會出問題。實際上，有效的溝通必須從下屬開始，這意味著組織的主要溝通流向應該是自下而上的。信息可以橫向流動，也可以斜向流動。圖 10-3 展示了組織內各種不同的信息流向，下面將予以詳細探討。

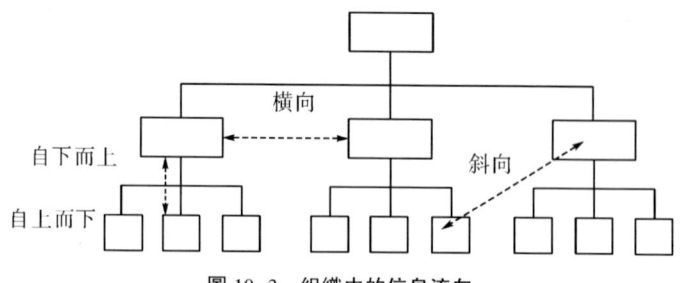

圖 10-3　組織中的信息流向

**1. 自上而下的溝通（downward communication）**

自上而下的溝通也稱下行溝通，指的是從管理者流向下屬員工的溝通。這種溝通方式在專制的組織中尤為突出。自上而下的口頭溝通所運用的各種媒介包括指示、談話、會議和電話等；自上而下的書面溝通包括備忘錄、信函、手冊、公司政策和

工作程序等。自上而下溝通通常包含以下五個主題：

（1）目標和戰略。就組織的新戰略和目標與較低層級的員工溝通。比如「新的質量行動已經啓動了，如果我們想生存下去，就必須提高產品質量」。

（2）工作指示。告訴員工去完成一項具體的任務。如「請你於10月10參加在北京大學舉辦的職業生涯規劃學術研討會」。

（3）程序和慣例。這類信息明確界定了組織的政策、規章和制度等。如「工作兩年之後，你就有資格參加公司個人持股計劃」。

（4）績效反饋。這類信息用來考評部門和個人的工作績效。如「小王，這次拿下的訂單對公司極為重要，好樣的，繼續努力」。

（5）教導。這類信息用來激勵員工接受公司的使命和價值觀。如「公司視全體員工為一家人，公司將邀請每一位員工參加今年的元旦聯歡會」。

由於信息在組織不同層面自上而下的溝通相當耗費時間，因此，信息在向下屬傳送時往往被遺失或被曲解。據統計，每當信息從一個人傳到另一個人的時候，會失去大約25%的內容。如果信息從其源頭傳到最後的接收者需要經歷一個漫長的過程，那麼信息就有可能被扭曲。因而，要確保接收者按照發送者的意圖去理解信息，必須要有一個信息反饋系統。

**管理實踐 10-4**

一位記者看到了1967年被美國第一空軍裝甲部隊燒毀的村莊的照片。調查發現，總部領導向旅部下達的命令是：「這個村莊決不能燒毀。」該旅部通過無線電將信息傳送給營部：「除非你確定那裡有越南共產黨人，否則不能燒毀任何村莊。」營部通過無線電向前線的步兵發送信息：「如果你認為這裡有越南共產黨人，就燒毀這個村莊。」步兵連連長命令他的士兵：「燒毀那個村莊。」

資料來源：根據網路資料整理。

2. 自下而上的溝通（upward communication）

自下而上的溝通也稱上行溝通，是從下屬員工流向上級管理者的溝通。通過信息自下而上的流動，管理者能夠知道企業的績效情況、市場行銷數據、財務數據和基層員工在想些什麼以及其他相關情況。自下而上的溝通主要是非指示性的，它通常存在於參與式和民主式的組織環境之中。在上行溝通中，主要溝通以下五種類型的信息：

（1）問題和例外情況。這類信息傳遞的是公司存在的嚴重問題和日常營運中出現的例外情況，如「我們的交易系統出現了問題，相關人員正在想辦法解決這個問題」。

（2）改進建議。這類信息傳遞的是如何改進與工作相關的程序以提高質量和效率。如「我認為我們應該加大內部招募的比例，這樣能夠更好地激勵和留住優秀的員工」。

（3）績效報告。這類信息包括週期性報告，它告訴管理者員工或部門的表現如

何。如「我們按計劃完成了本月的銷售任務」。

（4）申訴和爭議。這類信息涉及員工的抱怨和衝突，需要沿著層級結構向上傳遞，讓管理層聽到並提出解決方法。如「推行 KPI 後，我加班的時間大大增加了，失去了工作與生活之間的平衡」。

（5）財務和會計信息。這類信息涉及成本、應收帳款、銷售額、利潤等與公司利益相關的信息。如「成本超出了預算的 5%，但是銷售額超出了計劃的 20%，所以第三季度的利潤十分出色」。

缺乏自下而上的溝通會造成嚴重的後果，但這種信息流動經常受到溝通環節上管理人員的阻礙，他們將信息過濾，不會把所有信息（特別是不利的消息）向上級傳遞。然而，為了管理好一個企業，準確的信息是絕對必要的。管理者應該營造一種鼓勵自下而上溝通的良好氛圍，管理者還可以在公司走動中瞭解更多的信息。人們經常提到的惠普公司「漫步式管理」的做法便是開放溝通的一個範例。

3. 交叉溝通（crossed communication）

大量的溝通工作並不是按組織的職權層級進行的，而是跨指揮系統的溝通，這種溝通稱為交叉溝通，包括橫向溝通和斜向溝通。橫向溝通是在組織同一層級員工之間發生的溝通，跨職能團隊就對這種形式的溝通互動非常依賴。斜向溝通則是橫跨不同工作領域和組織層級的溝通。一位信用分析員直接與一位區域市場經理談論某位客戶的信用問題——請注意他們屬於不同的部門以及不同的組織層級——這就是在進行斜向溝通。

在當今的動態環境下，為了節省時間和促進協調，組織越來越需要進行交叉溝通。交叉溝通有三個重要功能：

（1）它允許不同單位共享信息、協調工作、解決共同的問題。

（2）它有助於解決衝突。

（3）通過允許同事間的交流，提供社會和情感支持。

### 二、正式的溝通網路

溝通網路（communication network）是指組織中溝通渠道的結構和類型，表明在一個組織中信息是怎樣傳遞或交流的。溝通網路是穩定的聯絡系統，包含了特定發送者與接收者之間的持續聯繫。一種網路不同於另一種網路的基本特徵在於渠道的數量、分佈以及是單向還是雙向。下面介紹四種典型的信息溝通網路：鏈形、輪形、環形和全通道形。為了說明各種信息溝通網路，假定組織由五個成員組成。

（1）鏈形。在鏈形網路中，無論是上行溝通，還是下行溝通，都是沿著正式的指揮鏈進行，表達的是典型的上下級權力關係。

（2）輪形。當人們站在輪形網路的上方看輪子，就可看到輪子代表四個下屬與一個上司之間的溝通關係。在輪形網路中，由一位明確的強有力的領導者與工作群體或團隊中的其他成員進行溝通。該領導者充當中心樞紐的角色，所有的溝通都會經過這一中心。

（3）環形。環形網路允許每一個成員與鄰近的成員聯繫，但不能跨越這一層次與其他成員聯繫。

（4）全通道形。在全通道形網路中，溝通在工作團隊所有成員之間自由進行。全通道形允許組織中的每一個成員與其他成員自由溝通。這就像一個委員會或微信群，每一個人都可自由發表意見。當組織面對涉及各方面人員的複雜問題決策或團隊合作時，常採用這種信息溝通網路。

各種溝通網路類型在企業中可以起到不同的作用，應該採用哪一種溝通網路模式取決於外部環境和組織目標。表10-3按照速度、準確性、可控性和員工滿意度的高低總結了各種信息網路的有效性。從中可以明顯看出，沒有任何一種單一的溝通網路能夠適用於所有的情況。例如，集權化的網路（如輪型）在完成比較簡單的工作中比分權化的網路更快、更準確也更有效，通過一個中心人物傳遞信息，以避免不必要的噪聲並且可以節省很多時間。分權化的網路（如全通道形等）適合於完成比較複雜的任務，便於信息交換和充分的利用資源。

表 10-3　各種溝通網路的有效性

| 評價標準 | 鏈形 | 輪形 | 環形 | 全通道形 |
|---|---|---|---|---|
| 速度 | 中 | 快 | 慢 | 快 |
| 準確性 | 高 | 高 | 低 | 中 |
| 可控性 | 中 | 高 | 低 | 低 |
| 員工滿意度 | 中 | 低 | 高 | 高 |

### 三、非正式溝通

儘管正式溝通在組織中占據重要地位，但它並不是組織溝通形式的全部。組織內的非正式溝通也起著不容忽視的作用。非正式溝通與正式溝通的不同之處在於其溝通目的、對象、形式、時間及內容等都是未經計劃或難以預料的。組織中非正式溝通網路的形成涉及各種因素，但組織的工作性質是構成非正式溝通網路的主要因素，即從事相同工作或工作上有關聯的人傾向於組成一個群體。一般情況下，非正式溝通網路具有以下特點：

- 不受管理層控制。
- 被大多數員工視為可信的。

- 信息傳播迅速。
- 關係到人們的切身利益。

非正式溝通不是根據組織結構、按組織規定程序進行的，其溝通途徑多且無固定形式。因此，非正式溝通網路也因其無規律性而被形象地比喻為「葡萄藤」（圖10-4）。正是由於這一特點，通過非正式溝通網路能夠及時快捷地獲得一般正式溝通渠道難以提供的小道消息。

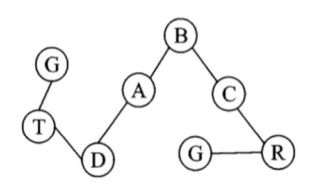

圖 10-4　非正式溝通網路的葡萄藤形態

小道消息是非正式溝通網路的重要組成部分，包括所有類型的溝通媒介。比如，員工可以通過電子郵件、面對面交談、電話、短信或微信分享辦公室八卦。小道消息總是存在於組織中，當正式溝通渠道不暢通時，它就可能成為主導的溝通方式。儘管小道消息可能是不正確或惡意謠言的來源，但是它在很多方面能夠對組織產生積極的影響。

（1）信息傳遞更高效。小道消息能很快地將信息傳向組織的各個角落。典型的模式是簇鏈式，即很多人向眾人積極傳播消息。小道消息通過非正式社交網路傳播，當員工有相似的背景且容易溝通時，小道消息更為活躍。相對於可能花費幾天時間才到達預期受眾的正式組織信息，沿組織非正式途徑傳播的信息（也就是小道消息）往往傳播得更快，通常只需要幾個小時。

（2）補正式溝通渠道的不足。一方面，當員工無法從正式渠道獲得自己渴望的信息，或者對與自己切身利益有關的組織重大事件（如組織機構重組、高層領導人事變動、人員和工資福利調整等）不知情而感到茫然時，就會求助於小道消息。另一方面，從管理者角度來講，通過分析小道消息的傳播過程，可以知道正在傳播什麼信息、這些信息是如何傳播的以及有哪些人是關鍵的傳播路徑。通過保持對小道消息傳播路徑和模式的瞭解，管理者能夠識別出員工所關注的問題。

（3）滿足員工自身的社交需求。進化生物學家認為，別人把小道消息告訴你說明你已經被他們所接納。小道消息可以提供情緒排解渠道，通過分享小道消息，員工可以跟別人建立聯繫，暫時緩解組織成員因不確定性而導致的焦慮情緒。但是，假如組織成員的焦慮和期望得不到及時緩解或滿足，小道消息便會失控而四處蔓延，謠言四起，導致人心渙散、缺乏凝聚力、士氣低落。因此，在非正式溝通網路客觀存在的情況下，組織各級管理者應該將小道消息的範圍和影響限制在一定區域內，使其消極影響減至最低限度。

組織中的正式和非正式溝通渠道示例見圖10-5。

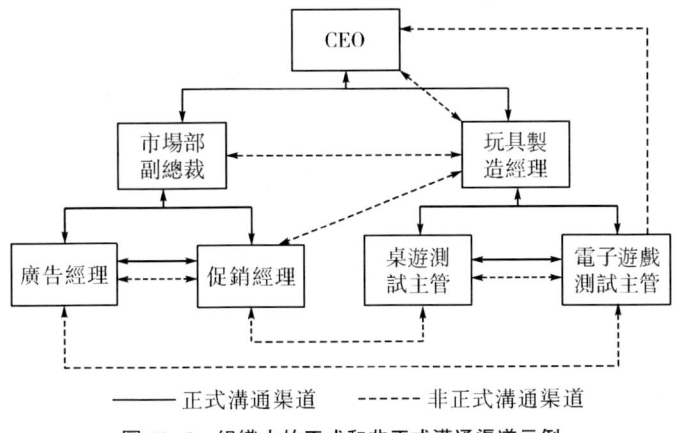

圖 10-5　組織中的正式和非正式溝通渠道示例

## 第四節　基於網路的溝通

如今，溝通的世界早已時異事殊。信息技術和互聯網已經滲入每一家公司業務的每一個方面，並對管理者的溝通方式產生了深刻的影響。基於網路的溝通包括電子郵件、社交媒體（微博、微信和 QQ）和視頻會議等。

**一、網路對溝通的積極影響**

網路為溝通提供了靈活、高效的渠道，越來越多的口頭溝通和書面溝通通過網路完成。網路對溝通的積極影響表現在：

（1）管理者高效獲取信息。基於網路的溝通正在替代傳統的溝通渠道，管理者與員工只要在線互聯網路，即可通過微信、QQ 等隨時溝通，無論他們身在何處。通過電子媒介，員工能夠及時表達他們的想法，說出他們的困擾，讓管理者更加清楚他們的需求。這樣，管理者能夠快速獲得更加全面的信息，優化決策質量，極大地提高了管理者監控個體及團隊績效的能力。此外，視頻會議可以頻繁召開，只要需要便可開會，無須提前制訂差旅計劃，節約差旅費用和時間。通過視頻會議，群體間相互溝通和互動，進一步加強了公司總部和分散在各地區的分支機構之間的溝通。

（2）促進知識共享。網路為員工提供了更多協作和共享信息的機會，員工能夠跨越組織、跨越地域邊界與他人建立聯繫，這種聯繫往往基於專業關係、共同的興趣、共同的問題或其他標準。員工可以在在線社區互動，彼此分享私人和專業的信息，共享各種想法和觀點，通過相互學習分享最佳的實踐經驗。

（3）解客戶需求。許多組織中的管理者都在嘗試運用社交媒體來傾聽顧客的心聲。戴爾公司電腦部實施了一套深思熟慮的社交媒體戰略，通過它的 Idea Storm 網站，戴爾公司收到了 17,000 個針對新產品或改進產品的想法，並採納了其中的約

500個想法。戴爾還在 Idea Storm 網站上提出對新產品的一些設想，在這些設想應用於產品開發之前，要求顧客對這些設想提出反饋意見。在公布了有關某種筆記本電腦的一個想法後，消費者提出了 83 條產品改進建議，遠遠超過戴爾從傳統的焦點小組方式中得到的反饋。

### 二、網路溝通存在的問題

網路技術的飛速發展為網路溝通提供了十分便捷的信息服務平臺，越來越多的企業通過網路進行溝通。但是，網路溝通也帶來一些問題，引起人們的關注。

（1）信息超負荷，工作壓力增大。信息以前所未有的速度在企業與企業、企業與個人、個人與個人間傳遞。信息流速加快的必然結果之一就是企業中的個體接收到的信息數量遠遠超過其所能吸收、處理的能力。此外，管理者也不能忽視它可能給員工帶來的心理障礙。當企業隨時都可以聯繫到某位員工時，會對他造成很大的心理壓力，因為員工即使是在非工作時間段也可能要「上班」，使得他們無法將工作和生活區分開來。

（2）面對面溝通受到影響。在傳統的組織溝通中，面對面的口頭溝通是主要的溝通形式。進入網路時代，人們越來越青睞電子郵件和社交媒體。這兩種方式雖然有快捷、廉價的優勢，但是不夠人性化。溝通不僅是告知事實，還要傳遞情感。口頭溝通作為能達到這兩個溝通目的的最佳介質，在組織溝通中有著不可替代的地位。而過度依賴網路溝通，會使員工的口頭溝通能力減退，不利於其工作的有效完成和未來的職業發展。

（3）員工沉迷於網路。當計算機首次進入工作場所時，專家們開始擔心人們的社會需求無法滿足，因為在此期間，他們很少與其他人接觸。最近，研究揭示了這個問題特別有意思的一面。互聯網溝通所獨有的特質使缺乏人際溝通技巧的人找到了一種溝通渠道，這些人在進行傳統的面對面的溝通時會感到尷尬和困難。他們可以依靠互聯網（如通過電子郵件、社交媒體等）滿足他們交往的基本需求（如與其他人建立聯繫），以彌補他們在社交中的不安。然而，研究也表明，這似乎是一把雙刃劍。積極的一面是，互聯網給那些可能被排除在圈外的個人開闢了一條溝通渠道；消極的一面是，這些人往往矯枉過正，由於對互聯網使用的極度著迷，他們發現很難控制花在網路上的時間。

# 本章小結

1. 溝通是想法的傳遞和理解。溝通必須具備兩個條件：一是發送者發出的信息完整、準確；二是接收者能夠正確理解這一信息。溝通的過程包括信息編碼、信息傳遞、信息解碼和溝通反饋。在這一過程中存在著干擾溝通效果的噪聲。

2. 人際溝通渠道包括語言渠道和非語言渠道。語言溝通又分為口頭溝通和書面溝通。非語言溝通指不使用語言的所有溝通方式。人際溝通過程中存在的障礙包括

發送的信息含糊、信息過濾、情緒、信息超載和語義曲解等，需要通過反饋、使用通俗易懂的語言、積極傾聽和控制情緒來克服溝通過程中的障礙。

3. 組織溝通分為正式溝通和非正式溝通。正式溝通有三種溝通渠道：自上而下溝通、自下而上溝通和交叉溝通。四種典型的正式溝通網路包括鏈形、輪形、環形和全通道形。小道消息是非正式溝通網路的重要組成部分，包括所有類型的溝通媒介。

4. 網路對溝通的積極作用表現在：管理者高效獲取信息、促進知識共享、瞭解客戶需求。網路溝通存在的問題有：信息超負荷，工作壓力增大；面對面溝通受到影響；員工沉迷於網路。

## 關鍵術語

溝通（communication） 溝通過程（communication process）
人際溝通（interpersonal communication） 語言溝通（verbal communication）
非語言溝通（nonverbal communication） 正式溝通（formal communication）
非正式溝通（informal communication） 自上而下溝通（downward communication）
自下而上溝通（upward communication） 交叉溝通（crossed communication）
溝通網路（communication networks）

## 複習與思考

1. 解釋溝通的過程。
2. 為什麼有效溝通不等於達成共識？
3. 書面溝通和口頭溝通的優缺點是什麼？在什麼情況下適用？
4. 如何克服人際溝通中的障礙？
5. 比較正式溝通與非正式溝通。
6. 解釋組織正式溝通的渠道。
7. 解釋四種常見的組織溝通網路。
8. 企業應如何對待非正式溝通？
9. 討論溝通中網路的作用。

# 案例分析

## 客艙服務部「90後」員工管理的困惑

中國國際航空公司（簡稱國航）成立於1988年，是中國唯一掛載國旗的航空公司。客艙服務部是國航重要的一級事業管理部，主要以國際航班任務為主。客艙服務部按機型劃分了八個乘務員管理部對空中乘務員分別管理。孔丹晨是乘務員管理二部的督導經理，她分管200多名普通艙乘務員和實習乘務員，這些乘務員年齡集中在23~27歲，平均年齡24.2歲。孔丹晨平均每天都會和乘務員進行10多次的個別談話，其中有每月例行的員工見面談話，包括行政業務類面談、績效輔導、職業規劃類面談，也有旅客投訴、員工離職、突發事件等臨時性談話。在談話中孔丹晨不僅要瞭解乘務員的實際情況，還要將客艙部及管理部各類最新業務通告進行傳達。

自2010年以來，招聘的新員工中「90後」員工的比例不斷攀升，他（她）們在經理和主任乘務長們眼中就是些「大寶寶」，從小在父母長輩的呵護下長大，生活自理能力較差，休息時間最喜歡「宅」，還經常一言不合就辭職。

現在無論「90後」還是「70後」都已經習慣用微信進行大量的日常溝通。對於乘務員管理這種經常不在一個時空中的人群，微信無疑提供了很大的便利。然而孔丹晨和其他督導經理們也發現，這些年輕的乘務員們太依賴微信溝通了。按照要求，督導經理要定期或不定期地與乘務員面談，或者有些業務通告需要當面傳達、簽字確認。有時候她就能聽到乘務員們的抱怨，很不情願來當面溝通，覺得這麼點兒小事，微信上說一下不就得了，為什麼非得來公司。至於發現不少乘務員在網上聊天時生動活潑，而面對面談話時則像換了個人似的，可能是太習慣於網上溝通，都不知道該怎麼和真人面對面說話了。

姚薇薇就是一個典型的例子。她越來越發現自己不願意與人說話，對她來說，微信不離眼已經是一種常態了。和遠在四川的家人溝通需要通過微信；和洲際飛行的好朋友交流需要通過微信；和管理部領導互動交流需要通過不同微信群進行溝通；每班和不同的乘務組、乘務長配合，同坐在一輛機組車上也會用微信進行溝通。一會不看手機，她的微信上的未讀通知就已經顯示有七八條了。

「薇薇，有時間請來我辦公室坐坐好嗎？想找你談談。」看到孔丹晨發來的微信，姚薇薇趕忙回復了一下「好的，孔經理。我今明兩天有時間就過去。」在管理部，她溝通最多的就是孔丹晨。薇薇還是很喜歡和這位生於20世紀70年代、比她大十幾歲的大姐姐進行溝通的。但她還是很少去領導辦公室的，很多像薇薇這樣的年輕人更願意通過微信來達到交流目的，無論是請假還是安排任務，一概通過電話或微信解決。

姚薇薇工作一直是順風順水的，但只有薇薇自己知道她越來越不願意和旅客溝通、乘務長溝通，甚至怕面對面與管理部領導溝通。至於為什麼不願意，恐怕除了

習慣用微信溝通外，就是面對旅客指責、乘務長批評時的不自信以及當面要迅速應答他人對話的緊張感了。微信可以給自己找出 N 種不及時回復消息的理由；微信還有各種表情包，在不知道說什麼怎麼說時，可以用表情圖來緩解尷尬。可是在現場對話中，能依靠的只有你自己。

在孔丹晨的督導隊，她會記住所有員工的電話，並建立微信群。新員工進入督導隊時她也會把自己的電話告訴員工，方便員工隨時聯繫。由於乘務員的工作時間無規律以及駐外時差的原因，孔丹晨的手機要保持 24 小時開機，甚至到半夜 2~3 點鐘，還有乘務員給她發短信、微信請假，這已經嚴重影響了她的正常家庭生活。但是為了能及時處理乘務員的各類問題，她還是極力地服務著乘務員，用心做著「家長」的工作。

但這兩天發生了一件事，讓孔丹晨很鬱悶。一心為乘務員服務的她，會細心地記住每位乘務員生日，在乘務員生日到來之際以短信的形式送上管理部對她們的祝福。可當她在姚薇薇生日當天給薇薇發出了生日祝福短信後，卻被回復「謝謝，請問您是誰？」可見姚薇薇並沒有留存孔丹晨除微信外的其他聯繫方式。在孔丹晨的督導隊，微信是有些「90 後」乘務員與她溝通的唯一手段。而且還有不少乘務員將自己的朋友圈關閉，不讓她看到。孔丹晨決定還是找姚薇薇面談一次。

資料來源：中國管理案例共享中心，有刪減。

**問題：**
1. 如果你是孔丹晨，你會怎麼和姚薇薇進行這次面談？
2. 管理者該如何面對網路對溝通的影響？

# 第十一章
# 激勵

### 學習目標
1. 定義激勵
2. 理解並解釋內容型激勵理論
3. 理解並解釋過程型激勵理論
4. 理解並解釋行為改造型激勵理論
5. 設計激勵性工作

### 引例

#### 華為的激勵

「高薪」向來是華為的「吸才石」，多少才子為此踏破鐵鞋也要擠進華為的大門。但是華為人都知道，或許是高薪像磁鐵般將自己吸引過來，但是真正讓自己像被強力膠凝在這裡的，不只是高薪。華為十分重視對員工非物質的精神激勵和長期激勵。其情感激勵體現在企業文化上，集體奮鬥的核心是相互團結、相互扶持，讓每一位員工都會融入華為這個大家庭中，通過歸屬感和向心力迸發出強大的力量。

**一、榮譽權激勵**

在華為，只要員工在某個方面取得了一定的進步就有機會獲得相應的獎勵和榮譽。華為專為此而成立了榮譽部，專門負責對員工進行考核、評獎，目的是挑選創新榜樣。金牌獎是獎勵為公司持續商業成功做出重大和突出貢獻的團隊和個人，是公司授予員工的最高榮譽。金牌獎每年年末評選一次，獲獎代表可以獲得與公司高層合影的機會。

**二、鼓勵創新的精神激勵**

技術研發工程師占華為1/2的員工比例，而企業研發是一項高投入、高風險的業務。為了最大化激勵員工研發熱情和研發創造力，華為堅持將不低於年收入10%的資金用於高精尖領域的研發，在今後30年內這一比例還將繼續增長到20%。同時為了避免因為研發失敗的風險打壓工程師研發熱情和研發創造力，華為規定，擁有基礎科學研究30%研發投入中，允許50%的失敗率。也就是說在研發項目論證中，只要有一半機會是可以成功的，這一項目就可以繼續開展下去。這實際上是對員工創新精神的激勵。

### 三、股權激勵

「全員持股」「員工持股」「股權激勵」這些詞彙，讓外界對華為充滿了向往，也賦予了華為更多的神祕感。任正非在《一江春水向東流》一文中道出了此制度的產生過程：「我創建公司時，通過利益分享團結員工，那時我還不懂期權制度，更不知道西方在這方面很發達、有多種形式的激勵機制。僅憑自己過去的人生挫折，感悟到要與員工分擔責任、分享利益。這種無意中插的花，竟然今天開放得如此鮮豔，成就了華為的大事業。」

資料來源：根據網路資料整理。

## 第一節　激勵概述

能夠成功激勵員工的管理者一般都會獲得高績效，但這不是輕易能實現的。其中，一個主要障礙就是管理者或組織不可控的環境因素會影響員工的積極性，而且這些因素還是不斷變化的。同時，家庭和其他個人情況有時也會嚴重影響員工的工作態度和努力程度。然而，不管那些因素是否直接可控，管理者仍有很多機會影響共事的或是為他們工作的人，特別是在他們瞭解激勵的一些基本原則和理論後。組織的生命力來自組織中每一個成員的熱忱，如何激發和鼓勵員工的積極性和創造性，是管理者必須掌握的技巧。

### 一、激勵的來源

激勵一詞源於拉丁語「movere」，意思是「移動」。從管理的視角，激勵（motivation）是影響一個人自願行動的強度、方向和持續性的心理過程。從這一定義可以看出，管理者關心的是怎樣才能使員工採取某種特定的行為。

從心理學的角度看，動機是員工採取某種行為的根本原因。動機體現了個體為實現目標而付出努力的強度、方向和持續性的一種過程。這一定義包含了三個關鍵要素：強度、方向和持續性。強度指個體努力的程度，但高強度的努力不一定會帶來好的工作績效。努力的方向也需要考慮，朝著有利於組織的方向努力才是高質量的努力。最後，動機還包含持續性維度，我們希望員工能為實現組織目標而不懈努力。因此，被激勵的員工願意朝著特定的目標（方向）、持續一段時間（持續性）、付出一定程度的努力（強度）。

在現實的管理環境中，對某些人起作用的激勵方式可能對其他人而言作用微乎其微；某一員工因為成為團隊的一員受到激勵作用，不能假設這對每個人都能達到同樣的作用。那些能夠使員工付出最大努力的有效管理者懂得這些員工如何並且為何受到激勵，從而為他們量身定做最適合的激勵方式以滿足他們的需求。為了激發員工的工作熱情，管理者需要瞭解激勵的來源以便更好地激勵員工。表11-1列出了工作環境中激勵的三大決定要素，成功的管理者需要瞭解。

表 11-1　激勵的來源

| 內在（推動）力量<br>個體的特徵（例） | 內在（推動）兼外在（拉動）力量<br>工作/任務的特徵（例） | 外在（拉動）力量<br>工作情境的特徵（例） |
|---|---|---|
| 需求<br>• 安全<br>• 自尊<br>• 成就<br>態度<br>• 關於自我<br>• 關於工作<br>• 關於組織<br>目標<br>• 完成任務<br>• 績效水準<br>• 職業提升 | • 直接反饋的數量<br>• 工作量<br>• 任務的種類<br>• 任務的範圍<br>• 對任務的控制程度 | 直接社會環境<br>• 上級<br>• 團隊成員<br>• 下屬<br>• 組織的行為<br>• 獎勵和薪酬<br>• 培訓的可獲得性<br>• 取得高產出水準的壓力 |

（1）個人的特徵是內在激勵力量的來源，是由員工帶到工作環境中的，屬於激勵的推動要素。三個要素共同影響個人內在推動力：一是需求，如生理需求、安全需求、社交需求、成就需求或權力需求等；二是態度，對自我、工作、上級或組織的態度；三是目標，如完成一項任務、完成特定的業績以及職業發展目標。

（2）工作/任務的特徵與內在和外在激勵力量都有關，既是激勵的推動力量又是激勵的拉動力量，關注的是個人在工作中所做的事情。這些特性包括工作內容、工作量、工作中任務的多樣性和範圍以及員工對工作的控制程度等。

（3）工作情境的特徵是外在激勵力量構成，是激勵的拉動要素。這類激勵力量有兩組變量：一組是由員工的上級、工作團隊成員以及下屬構成的直接社會環境；另一組是組織的各種行為，如公司的績效和薪酬制度、是否有培訓和發展項目以及為達到高產出而產生的工作壓力等。

綜上所述，個人的特徵、工作的特徵以及工作情境的特徵這三大類要素綜合起來構成了分析激勵力量來源的理論框架，該框架還為研究組織的激勵理論奠定了基礎。

二、激勵的原理

根據動機理論，一個人的行為取決於其動機的強弱，而動機的形成又是建立在需要基礎上的。因此，管理者可以通過外在的刺激，滿足員工的需要，影響員工的動機，從而使其產生組織所希望的行為。

人們有各種各樣的需要，有些是基本的需要，如水、空氣、食物、睡眠和住所等生理需要；另外一些需要則是從屬性的，如自尊心、地位、歸屬感、感情、成就和自信等。顯然，這些需要的強度各不相同，而且因時因人而異。在一個組織中，組織成員的個人目標就是尋求這些需求的滿足。因此，組織可通過一系列針對員工需求的東西如金錢、工作保障、承認等來引導其從事各種各樣的工作。

激勵原理包括：

（1）動機的形成。激勵手段必須針對被激勵者未滿足的需求，並且隨著被激勵者需求的變化而變化，由此激發被激勵者的動機，使其願意採取組織所希望的行為。

（2）行為的產生。通過培訓增強被激勵者的能力，通過授權等方法創造被激勵者行動的條件，通過組織目標引導被激勵者的行為，通過規章制度規範其行為，從而使被激勵者能夠從事組織所分配的任務並使其行為指向組織目標的實現。

（3）行為的持續和改變。根據被激勵者行為結果是否有助於組織目標的實現給予其公平的獎懲，獎懲的內容和強度必須能夠在一定程度上影響被激勵者個人目標的實現程度，以強化被激勵者良好的行為，弱化其不良的行為。

## 第二節　激勵理論

隨著社會的發展，現代人的需求越來越趨向於多樣化，傳統的激勵技術（晉升加金錢刺激等）已變得不那麼有吸引力，人們要求從工作中得到更多的滿足，激勵員工已變得越來越困難。為此，管理者必須瞭解和掌握更多的激發人們動機的理論和方法。

有關激勵的理論很多，這些激勵理論按研究的側重點分成三大類：內容型激勵理論、過程型激勵理論和行為改造型激勵理論（表11-2）。內容型激勵理論著重於研究激勵的起點和基礎，從研究需求入手，探討什麼東西能夠使一個人採取某種行為，包括馬斯洛需求層次理論、雙因素理論和三種需要理論。過程型激勵理論主要研究一個人被激發的過程，關注行為是如何產生、發展、改變和結束的過程，包括期望理論、公平理論和目標設置理論。行為改造型激勵理論從行為控制著手，著重探討如何引導和控制人的行為，包括歸因理論和強化理論。

**表 11-2　激勵理論及其關注點**

| | 內容型理論 | 過程型理論 | 行為改造型理論 |
|---|---|---|---|
| 關注點 | 員工試圖滿足的個人需求<br>能滿足員工需求的工作環境特徵<br>研究激勵的起點 | 如何被激發的過程<br>研究行為產生和發展的過程 | 引導和控制行為<br>研究行為結果的改造 |
| 理論 | 馬斯洛需要層次理論<br>雙因素理論<br>三種需要理論 | 期望理論<br>公平理論<br>目標設置理論 | 歸因理論<br>強化理論 |

### 一、內容型激勵理論

內容型激勵理論有助於管理者明確什麼是人們想從工作中得到的，以便選擇相應的獎勵措施來滿足員工的需求，從而調動員工的積極性。需求層次理論、成就激勵論和雙因素理論是三種有代表性的內容型激勵理論。

1. 需求層次理論

美國心理學家馬斯洛在 1943 年所著的《人的動機理論》一書中，提出了需求層次理論（hierarchy of needs theory）。他把人的需求歸結為五個層次，由低到高依次為生理需求、安全需求、社會需求、尊重需求和自我實現需求（圖 11-1）。

| 工作之外的滿足 | 需求層次 | 工作中的滿足 |
|---|---|---|
| 教育、宗教、愛好、個人成長 | 自我實現需求 | 培訓、晉升、成長、創新的機會 |
| 家庭、朋友、社會的認可 | 尊重需求 | 獲得認可、地位高、肩負的責任更重 |
| 家人、朋友、社區 | 社會需求 | 處理好工作群體、顧客、同事、上司之間的關係 |
| 遠離戰爭、污染、暴力 | 安全需求 | 安全的工作、額外福利、工作保障 |
| 食物、水、氧氣 | 生理需求 | 溫度、空氣、工資 |

**圖 11-1　需求層次理論**

（1）生理需求。這是維持人類自身生命的基本需求，如食物、水、衣著、住所和睡眠。馬斯洛認為，這是人類最基本的需求，在這些需求得到滿足之前，關注其他需求都不能起到激勵作用。公司可以做很多事情來幫助員工滿足基本的生理需要，最簡單的方法也許就是支付薪酬，因為金錢可以買到食物和住所。

（2）安全需求。人們對於不確定的東西懷有恐懼感，因此，在生理需求得到滿足後，就會產生安全需求。這涉及在一定的環境中生理和心理的安全和保障，不受傷害的威脅。這種要求又分為兩類：一類是對現在的安全需求；另一類是對未來的安全需求。對現在的安全需求包括就業安全、人身安全、財產安全和情感安全等。對未來的安全需求就是希望未來生活能有保障，如病、老、傷和失業後的生活保障等。組織幫助員工滿足安全需求必須採取許多措施。例如，通過提供護目鏡和頭盔，使工人在工作現場免受傷害。

（3）社會需求。馬斯洛認為，人是社會動物，人們的工作和生活都不是獨立地進行的，人們希望在一種被接受和認可的情況下工作，人們希望在社會生活中受到別人的注意、接納、關心、友愛和同情，在感情上有所歸屬，屬於某一個群體，否則就會鬱鬱寡歡。針對這方面的需求，許多企業都通過有組織的活動來建立員工之間的友誼。例如，組織員工參加公司的足球隊或者籃球隊，提供機會滿足大家的社會需求。

（4）尊重需求。一旦滿足了社會需求，人們會傾向於產生自尊和受別人尊重的需求。自尊是自己取得成功時的自豪感，每個人都有一定的自尊心，若得不到滿足，就會產生自卑感，從而失去自信心。受別人尊重是指當自己做出貢獻時，能得到他人的承認。自尊和受人尊重是聯繫在一起的。要得到別人的尊重，要先有被別人尊重的條件。例如，許多公司會給重要員工預留停車位，或授予「月度最佳員工」榮譽胸章，這些都表明公司對員工的尊重。

（5）自我實現需求。馬斯洛將這一需求視為最高層次的需求，它是一種把個人能力充分發揮出來的願望。有人認為這種需求只存在於那些事業心極強的成功人士身上。其實，同尊重需求一樣，自我實現的需求幾乎在任何人身上都有不同程度的表現。在組織中，自我實現需求可以通過以下方式滿足：給員工提供成長的機會，提供發揮創造力的機會，提供挑戰性的任務等。

馬斯洛認為，個體的需求層次是由低向高逐層上升的，低層次需求得到充分滿足（個體主觀認為的充分）後，才能產生下一層次的需求。他同時指出，一旦一種需求得到了充分滿足，個體將不再受到這種需求滿足的激勵。因此，為了激勵某個個體，管理者需要瞭解該個體處於需求層次的哪一層級，並聚焦於滿足該層級或以上層級的需求。

馬斯洛需求層次理論在20世紀60年代和70年代受到了廣泛認可，尤其是在實踐管理者中。這很可能是由於其直觀的邏輯和易於理解。但馬斯洛並沒有為他的理論提供實證支持，僅有的幾項試圖驗證其效度的研究也缺乏說服力。而其後的許多研究者，在對馬斯洛的需求等級層次概念進行了多年的研究後，也沒有發現足夠的證據說明需求是有層次的。儘管需求層次理論在實踐中並非如此，馬斯洛還是為人類動機的研究提供了一種更為整合的、人文主義的、積極的方法。首先，他認為人類行為不僅僅是由一種需求來激勵的，所以一種好的理論需要考慮多種需求如何同時產生作用。其次，他為研究動機提供了一種更為人文主義的視角，他認為更高層次的需求不僅受本能影響，還受到社會動力、文化的影響。最後，馬斯洛通過推廣自我實現需求的概念為動機理論的研究帶來一種更為積極的思路。

**管理實踐 11-1**

海底撈為人稱道的諸多服務細節，比如提供橡皮筋、眼鏡布、手機袋等，都來自員工創意。管理者只要覺得員工創意可行、靠譜，就會大面積推廣。像手機袋就被稱為「包丹袋」，因為創意是一個叫包丹的員工想出來的，海底撈用命名的方式體現出對他的尊重。為了鼓勵創新，海底撈甚至還會給員工「知識產權費」。

資料來源：根據網路資料整理。

2. 雙因素理論

馬斯洛的需求層次理論後來被美國心理學家弗雷德里克·赫茨伯格（Frederick Herzberg）和他的同事們做了許多修正。20世紀50年代末，赫茨伯格對9個企業中的203名工程師和會計師進行了1,844人次的調查，赫茨伯格想要知道什麼時候人們會對其工作感到特別好（滿意）或特別差（不滿意）。通過調查，他總結出人們在對工作感到非常滿意的情況下所給出的回復，與在對工作感到非常不滿意的情況下所給出的回復顯著不同。某些特徵總是與工作滿意相關，如圖11-2中上半部分的因素，而其他一些特徵則總是與工作不滿意相關，見圖11-2中下半部分的因素。根據調查結果，赫茨伯格提出了著名的雙因素理論（two-factor theory），也稱激勵-保健理論雙因素理論。其主要觀點如下所述。

（1）保健因素與工作環境相關，缺少會導致員工不滿意。赫茨伯格發現，有一

組因素涉及公司政策與管理、監督、工作條件、人際關係、薪酬、工作穩定性和個人生活等，這些因素都與工作環境或條件有關，缺少這類因素就會引起人們的不滿，赫茨伯格把這類因素稱為保健因素。

（2）激勵因素與工作本身有關，能夠使員工產生滿意。赫茨伯格發現，當人們對自己的工作感到滿意時，往往會提到一些諸如成就、賞識、挑戰性工作、晉升和工作中的發展等，這些因素都是來源於工作本身的內在因素，有產生滿意感的潛在能力，赫茨伯格把這類因素稱為激勵因素。

（3）導致工作滿意和不滿意的因素彼此分離。赫茨伯格提出存在一個二維連續體：「滿意」的對立面是「沒有滿意」，而「不滿意」的對立面是「沒有不滿意」。消除了工作中的不滿意因素只能帶來平和，並不一定會使員工對工作感到滿意，或者受到激勵。而如果沒有提供激勵因素，也不一定會引起員工的不滿，他們只是沒有受到激勵。

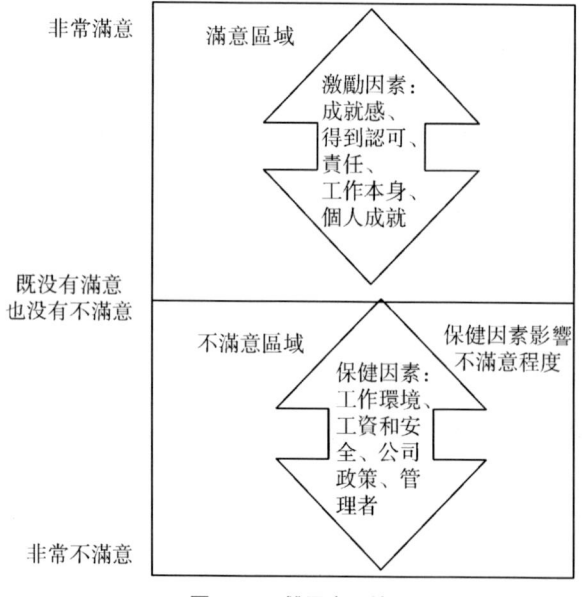

圖 11-2　雙因素理論

雙因素理論給管理者帶來的啟示：管理者的職責是消除不滿意因素，即提供健全的保健因素以滿足員工的基本需求。然後，利用激勵因素來滿足員工高層次的需求，從而獲得更高的員工滿意度。此外，雙因素理論使人們更加重視工作設計，使管理者充分考慮工作內容是如何影響員工的工作動機的。通過對工作進行調整，讓員工充分體會到責任感和成就感，提高他們的工作積極性。

## 管理實踐 11-2

在谷歌，工作不是全部，員工會感受到很多自由和樂趣。員工可以用自己獨特的方式完成任務。例如，員工可能通過在牆壁上塗鴉表達自己的情緒。員工還可以在任何他們喜歡的時間去公司工作，甚至可以帶著他們的狗狗去公司。公司還幫助

員工走出他們的辦公室，創造更多與其他員工互動的機會，例如提供攀岩、沙灘排球或保齡球等運動設施。此外，公司還會舉辦睡衣秀、萬聖節化裝舞會等活動。每個愚人節，公司員工會被允許規劃和實施一些重大的噱頭。輕鬆的氛圍有利於員工心情的放鬆，使員工更加積極和敬業。

資料來源：根據網路資料整理。

3. 三種需要理論

三種需要理論（three needs theory）由美國心理學家戴維·麥克萊蘭（David McClelland）提出，他認為人們有三種後天形成的需要，分別是權力需要、歸屬需要和成就需求，需要的強度會隨著社會影響力而改變，即個人需要可以在社會環境中得到鞏固、學習和提升。

（1）成就需要。成就需要是追求卓越、獲得成功的願望。高成就需要的個體始終致力於追求個人成就，而不是成功所帶來的誘惑和獎勵，他們渴望將事情做得比以前更好、更高效。他們更加偏好於這樣的工作：能夠獨立解決問題，能夠為完成任務承擔個人責任，能夠在工作中獲得及時明確的績效反饋。他們對風險採取現實主義態度，工作中會選擇中等程度風險（既不是很簡單，又不至於無法完成）的任務。高成就需求者不一定能夠成為優秀的管理者，尤其是在大型組織中。因為高成就需求者重視他們自身的成就，而優秀的管理者應該重視幫助其他人實現目標。

（2）歸屬需要。歸屬需要是指尋求他人擁護、與他人願望和期望一致，避免摩擦和衝突的需要。具有高歸屬需求的人希望和他人建立積極的關係。他們試圖為自己設計一個好形象，設法被他人喜歡。而且，高歸屬需求的員工會積極支持他人，盡力化解會議中或其他社交場合出現的衝突。高歸屬需求的員工在協調方面比低歸屬需求的員工做得好，他們喜歡和其他人一起工作，不喜歡單獨工作，他們具有較好的參與性，擅長協調衝突。但是，他們不擅長分配稀缺資源和制定可能引起衝突的決策。因此，處於決策者位置的人應該有相對較低的歸屬需求，從而使他們的選擇和行動不以獲取他人支持為目標。

（3）權力需要。權力需要是指控制環境（包括人和物質資源）的慾望。高權力需求的人想控制他人，希望保持他們的領導地位。他們經常依賴說服式的溝通，在會議上提出很多建議，頻頻公開評價事物。麥克萊蘭指出有兩種類型的權力需要：一種是高個人權力需要，即享受權力帶來的個人利益，利用權力來提升個人愛好。另一種是高社會權力需要，即把權力看作幫助他人的能力。麥克萊蘭認為有能力的領導者應該具有高社會化而不是個人化的權力需要，他們應當有利他主義精神和社會責任感，關心自身行為對他人產生的影響。

## 管理實踐 11-3

麥克萊蘭認為成就、歸屬和權力需要是可以通過學習得到的，而不是本能的。為此他制訂了強化這些需要的培訓計劃。在他的成就激勵項目中，受訓者在閱讀了其他人的故事和在商業遊戲中實踐了成就導向的行為之後，撰寫成就導向的故事。他們也會完成一份詳細的兩年成就計劃，和其他受訓者組成一個參照團隊，維護他

們新發現的成就激勵風格。這些計劃很有效。例如，印度參加了成就需要課程的人隨後創立了更多的新企業，更加融入社會，增加投資以擴大企業規模，比非參與者多雇用了一倍的員工。

資料來源：根據網路資料整理。

**二、過程型激勵理論**

過程型激勵理論關注不同要素結合在一起影響人們努力程度的方式。換句話說，內容型理論側重哪些因素影響動機，過程型理論則側重這些因素是如何影響動機的。公平理論、期望理論和目標設定理論是三種典型的過程型激勵理論。

1. 公平理論

如果你大學畢業後的第一份工作年薪 20 萬元，你會對薪酬感到十分滿意，並且對工作充滿熱情。然而，如果你工作了一個月之後發現，你的一位也是最近剛畢業的同事，與你年齡相仿，畢業於與你不相上下的學校，也同樣是不相上下的成績──卻獲得了 30 萬元的年薪，你有何反應？你很可能會感到非常失落、沮喪。儘管從絕對數量上來說，20 萬元的年薪對於剛畢業的大學生而言已經是一筆不菲的收入，並且你也確實承認這一點，但突然間這已經不是你所關注的了，現在你關注的問題是這件事是否公正、是否公平。

公平理論（equity theory）是美國心理學家亞當斯（J. Stacy Adams）在 1965 年出版的《社會交換中的不公平》一書中提出的，亞當斯因推出這一理論而知名。該理論認為激勵中一個重要因素是人們對報酬結構是否感到公平。公平理論的主要內容可以用以下公式來表示：

$$\frac{個人所得的報酬}{個人的投入} = \frac{別人所得的報酬}{別人的投入}$$

員工首先將自己在工作中的投入和報酬進行比較，然後將自己的投入—報酬比與其他相關人員的投入—報酬比進行比較。個人投入包括個人所受的教育、經歷、努力、能力和時間等因素。個人所得的報酬包括精神和物質獎勵，如工資、認可、福利和晉升等因素。在這一比較過程中，參照對象是十分重要的變量。參照對象是個體用來與自己進行比較的其他個體、系統或者他自己，這三種參照對象都非常重要。

「個體」參照對象：包括在同一組織中從事相似工作的其他個體，也包括朋友、鄰居和同行。員工會根據他們在工作中或者在報紙、行業期刊中的所見所聞，將自身薪酬與其他個體薪酬進行比較。

「系統」參照對象：包括組織報酬的政策、程序和分配制度。

「自我」參照對象：指的是每個員工自身的投入報酬比，這一比例反應了個體過去的經歷，並且受到一些標準的影響，比如過去的工作或家庭負擔等。

公平理論指出，當一個人的投入—報酬比率與參照對象的投入—報酬比率相當時，人們就會感覺到公平，他們會繼續保持同樣的產出水準，或者更加努力地工作，通過增加投入來獲取更大的報酬。當員工的投入—報酬比大於參照對象的投入—報

酬比時，員工可能會感到滿意，也有可能會通過誇大自己的投入而覺得理所當然（例如，他可能會認為自己的能力和經驗有了進一步的提高，所以他不會因為所獲報酬過高而受到激勵）。當員工的投入—報酬比小於另一個人的投入報酬比時，員工會覺得受到了不公平對待，會產生做一些事情恢復公平的想法，包括：

（1）改變工作投入。員工會以怠工、推卸工作等來減少自己的工作投入。

（2）改變產出。員工可能會要求提高工資、福利或得到更大的辦公室等，來與那些得到更高工資的員工保持一致。

（3）改變認知。研究發現，當人們無法改變自己的投入或產出時，他們可能會改變自己對公平的感知。他們會人為地提高自己的產出（比如受到領導重視、有成就感等），或者扭曲自己的工作投入（如工作輕鬆、自身經驗不足等），造成主觀上公平的假象，以消除自己的不公平感。

（4）離職。也有一些員工會選擇離職，而不是承受不公平之苦。在新工作中，他們希望得到更公平的報酬。

公平理論不僅就員工對自己所得獎酬比較後的心理狀態做了詳盡的描述，而且還對比較後可能引起的行為變化進行了預測（表11-3）。這些研究結果對管理者客觀的評價工作業績、確定合理的工作報酬，以及敏銳的估計員工行為是非常重要的。

表11-3　公平理論引起的行為改變

| 如果 | 是 | 那麼 | 我有動機去 |
| --- | --- | --- | --- |
| 我的投入報酬比 | 與他人的投入報酬比相等 | 我感到滿意 | 努力工作 |
| 我的投入報酬比 | 高於他人的投入報酬比 | 感到滿意或平和 | 努力工作<br>認為理所當然 |
| 我的投入報酬比 | 低於他人的投入報酬比 | 我感到不公平 | 從下列行動中做出選擇：<br>• 要求增加我的報酬<br>• 減少我的投入<br>• 改變認知<br>• 離職 |

2. 期望理論

期望理論（expectancy theory）是美國心理學家弗洛姆（V. H. Vroom）在1964年出版的《工作與激勵》一書中提出的，該理論是對員工受到激勵的過程最全面的解釋。儘管期望理論也受到一些批評，但得到了大多數研究證據的支持。

期望理論認為，個體被激勵而表現出某種特定行為，是因為預期該行為會帶來特定的結果，並且這一結果對該個體具有吸引力。期望理論的關鍵變量是努力，即個體能量的真實付出。個體的努力水準取決於三個因素：努力—績效期望值、績效-獎勵期望值、效價。員工的激勵受到期望理論模型三元素的綜合影響（圖11-3）。如果一個元素弱化了，激勵就弱化了。

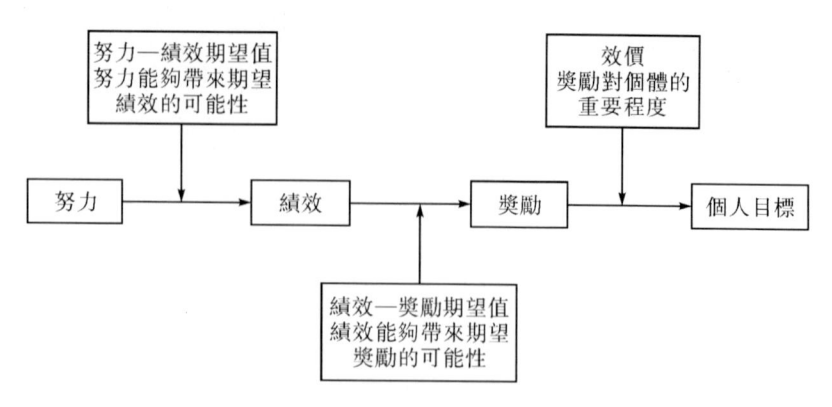

```
┌──────────────┐      ┌──────────────┐
│努力─績效期望值│      │    效價      │
│努力能夠帶來期望│      │獎勵對個體的  │
│  績效的可能性 │      │  重要程度    │
└──────┬───────┘      └──────┬───────┘
       │                     │
       ▼                     ▼
┌────┐   ┌────┐   ┌────┐   ┌──────┐
│努力│──▶│績效│──▶│獎勵│──▶│個人目標│
└────┘   └────┘   └────┘   └──────┘
              ▲
              │
       ┌──────┴───────┐
       │績效─獎勵期望值│
       │績效能夠帶來期望│
       │  獎勵的可能性 │
       └──────────────┘
```

圖 11-3　期望理論

（1）努力─績效期望值指的是個體所認為的付出一定的努力能達到某一特定績效水準的概率，如果一個人想將這一類的期望值提高，他就必須具備相應的能力、經驗以及必要的工具和設備等。努力─績效期望值高時，員工可以確定無疑地相信他能夠完成任務。努力─績效期望值低時，員工會覺得即使付出最大的努力也不可能達到期望的績效水準。例如，除非你是一個職業攀岩者，否則你可能不會想去嘗試攀岩，原因是努力─績效期望值非常低，即使你用最大的努力也不可能到達終點。

（2）績效─獎勵期望值指的是個體所認為的某一特定績效水準有助於獲得期望結果的程度。如果某人的績效─獎勵期望值較高，那麼這個人受到的激勵的水準也會較高。如果此人認為高績效並不會帶來預期的回報，那麼他受到的激勵水準就會降低。

（3）效價指的是在工作中可能獲得的獎勵對個體的重要程度。效價反應了一個人對某一結果的感覺，取決於他對該結果可以在多大程度上滿足或干擾人們需求和動機的認知，它也受到個人價值觀的影響。當結果和我們的價值觀一致，直接或間接滿足我們的需求時，效價就是高的；當結果和我們價值觀相違背，不能滿足我們的需求時，效價就是低的。

期望理論為管理者激勵員工提供了明確的途徑。只有當努力─績效期望值、績效─獎勵期望值和效價都比較高時，才會產生較大的激勵力量。也就是說，只有當個體認為自己的努力可以取得較好的業績，好的業績又會帶來某種特定的獎勵，且這種獎勵對本人具有很大的吸引力時，激勵作用才最大。期望理論的一些實際應用如表 11-4 所示。

表 11-4　期望理論的實際應用

| 期望理論因素 | 目的 | 應用 |
| --- | --- | --- |
| 努力─績效期望 | 增加員工對成功完成任務的信心 | 選擇那些有必要知識技能的員工<br>提供必要的培訓，明確工作要求<br>為員工完成任務提供足夠的資源<br>為員工提供正面反饋 |

表11-4(續)

| 期望理論因素 | 目的 | 應用 |
|---|---|---|
| 績效-獎勵期望 | 增加員工對好績效有好結果的信心 | 正確衡量績效<br>清晰解釋高績效帶來的獎勵<br>擁有基於績效的薪酬體系<br>提供那些高績效高回報的員工範例 |
| 效價 | 提高特定績效結果的期望價值 | 關注員工的需求和獎勵偏好<br>分配員工重視的獎勵<br>建立個性化薪酬體系 |

資料來源：史蒂文 L. 麥克沙恩. 組織行為學 [M]. 吳培冠, 等, 譯. 北京：機械工業出版社, 2007：107.

3. 目標設置理論

假定你在執行一項任務（比如打字），平時你每分鐘打 60 個字，現在要求你每分鐘打 70 個字。你會努力工作實現這個目標，還是輕易放棄？目標設置理論（goal setting theory）關注人們對於設定的目標會做出怎樣的反應。目標設置理論是由埃德溫·洛克（Edwin Locke）和加里·萊瑟姆（Gary Latham）提出的。作為激勵的過程模型，目標設定理論解釋了設定目標這一簡單行為如何激活一個強有力的導致持續、高績效的激勵過程。該理論認為管理者可以通過設立明確、具有挑戰性的目標來提高對員工的激勵水準，然後通過及時向員工提供反饋幫助他們跟蹤自己實現目標的進展。圖 11-4 描繪了目標設置理論的主要內容。

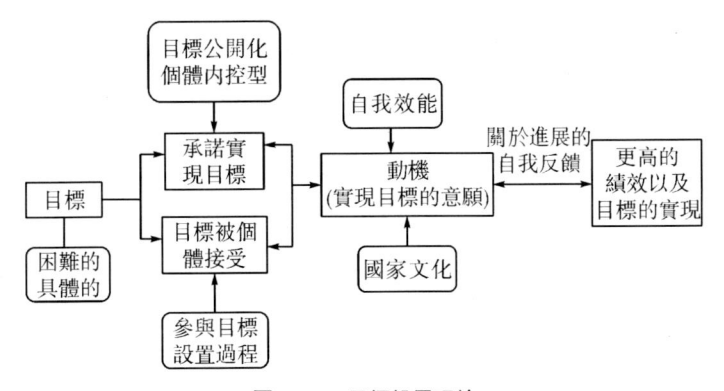

圖 11-4　**目標設置理論**

（1）目標明確。當目標確定時，人們就把注意力指向它們，並且考慮怎樣才能做好。明確的目標，如「一天拜訪一位顧客」或「一週銷售價值 10 萬元的商品」要比模糊的目標，如「與新客戶保持聯繫」或「增加商品的銷售額」更能對員工產生激勵。在許多組織中，缺乏清晰、明確的目標往往是績效薪酬計劃失敗的主要原因，模糊的目標會使員工失望和沮喪。

（2）目標難度。在目標的難度方面，困難的目標要比容易的目標更具有激勵作用。容易的目標對員工而言缺乏挑戰性，不會要求他們增加產出。雄心勃勃卻又可以

實現的目標需要人們充分發揮他們的能力,並能給他們帶來更高的成就感和個人效能。

(3) 目標的接受度。不被個人所接受的目標缺少引導人們採取行動的力量。讓員工參與目標設置過程是一個很好的方法,它可以提高員工對目標的接受度和忠誠度。

(4) 反饋。反饋意味著員工在實現目標的過程中獲得有關他們工作進展的信息。對於管理者而言,定期、不間斷地為員工提供績效反饋十分重要。然而,員工在實現目標過程中通過對自己工作進程的監督獲得的自我反饋比外部反饋更具激勵作用。

最後,目標設置理論認為,目標認同和自我效能都會影響任務的執行。當目標是公開設定的,或者當個體是內控型的,或者該個體參與了目標的設定而不是由別人設定目標時,能夠獲得該個體更高的認可。自我效能是指員工認為自己能夠完成工作任務的信念。在面對困難時,自我效能較低的個體有可能會減少努力的程度,而自我效能較高的個體則會更加努力戰勝挑戰。最後,目標設置理論發揮的價值還取決於國家文化。

讓我們用一個例子來闡述上述觀點。假設在學校裡你不在乎是否獲得良好的成績(即你不會投入多少精力來取得學業上的成功)。在這種情況下,不管有關的課程是多麼容易或者多麼難,你都不會非常努力。相反,如果你取得成功的目標承諾很高,那麼,一個困難(但是可以接受)的目標(例如在學習一門非常有挑戰性的課程時取得良好的成績)比一個容易的目標(例如在學習一門容易的課程時取得良好的成績)對於你更有意義,因為這將提高你的自我效能感。結果,你將努力學習去爭取好的成績。

目標設置理論已得到長達 40 多年的研究和實踐的支持,被認為是理解目標設置過程怎樣發生作用的非常有價值的理論。事實上,目標設置理論得到了高度的評價,在管理學界被認為在所有組織行為理論中最具影響力。

**三、行為改造型激勵理論**

緊隨人們某些行為之後發生的事情可以強化他們繼續或停止該行為的傾向。這些結果可以是正面的、中性的或負面的,程度也可以從微不足道到壓倒一切。適當地運用這些結果,可以給管理者提供一組有力的激勵工具。行為改造型激勵理論主要包括強化理論和歸因理論。相比強化理論,歸因理論會對行為出現的原因進行分析,然後再對行為提供相應的結果。

1. 強化理論

哈佛大學的心理學家斯金納(B. F. Skinner)提出了一個有趣但頗有爭議的激勵方法,稱作強化理論(positive reinforcement)。強化理論認為行為是結果的函數,某種結果緊接在某種行為之後出現,能夠改變該行為未來重複的可能性。強化理論提出了四種行為改造策略,圖 11-5 是四種行為改造策略的應用舉例。

(1) 正強化。正強化是對正確的行為及時加以肯定或獎勵,在期望行為出現之後立即給予獎勵最為有效。例如,因為某項工作的出色表現而表揚一名員工,提高了期望行為重複出現的可能性。組織常常通過四個步驟系統地運用正強化:

步驟一:精準地確定所需要的表現,如「降低並保持事故發生率在 1% 以下」。

步驟二：衡量所需要的行為，如「監控安全操作 A、B、C」。

步驟三：為特定的行為提供獎勵，如「每半年發放一次獎金，用於獎勵100%安全執行程序的員工」。

步驟四：評估計劃方案的效果，如「過去 6 個月內，事故發生率是持續低於 1%嗎」。

（2）負強化。負強化有時也叫作規避性學習，是指一旦某種行為得到了改善，就可以將令人不舒服的結果去除，由此來鼓勵和強化合意行為。它的原理是人們會改變某一特定的行為以避免該行為帶來的非期望結果。一個簡單的例子就是，上司常常會給一個不努力工作的員工一些提醒或嘮叨，一旦他努力工作，領導就不再提醒或嘮叨。

（3）懲罰。懲罰是對不良行為給予批評或處分，從而減少這種不良行為的重複出現，弱化行為。如某位員工由於長期上班遲到而被停薪停職兩天就是懲罰的一個例子。組織運用懲罰手段是個廣受爭議的話題，經常受到批評，因為它無法向員工展示正確的行為，並可能會引起員工怨恨和敵意。並且，隨著時間的推移，懲罰的效果會減弱。因此在採用懲罰策略時，要因人而異，注意方式方法。

（4）自然消退。消除維持某一行為所需的所有強化稱為自然消退。該理論認為，沒有得到強化的行為都會逐漸消失，這一點得到了研究結果的證實。管理者可以利用自然消退原則，故意不去強化他們所不希望的員工行為。例如，對於經常打小報告的員工，管理者可以有意識地避免對其做出積極的回應，不久，這種行為就會消失。

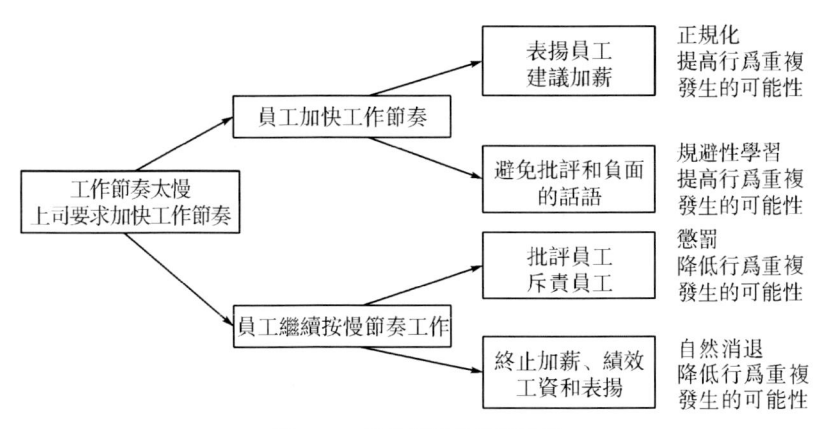

圖 11-5　強化理論的應用舉例

資料來源：Based on Richard I. Daft and Richard M. Steers. Organizations：A Micro/Macro Approach（Glenview. II：Scott. Foresman. 1986）. pp. 109

## 管理實踐 11-4

杰克·韋爾奇在擔任通用電氣公司主席時成功地運用了強化理論。韋爾奇強調不論在任何時候，只要其員工能使賣方在價格上做出讓步，採購部就應該立即通知他。韋爾奇就會停下手頭不論多重要的事情，給那位員工打電話，告訴他：「這個

消息太好了，你干得非常出色。」他還會給該員工寫一封祝賀信。運用正強化，韋爾奇成功地提高了採購員工的工作積極性。

資料來源：根據網路資料整理。

2. 歸因理論

人們試圖推斷所觀察到行為的原因，這是歸因理論的前提。例如，「小張喝酒太多，因為他沒有意志力。但是我下班後需要喝酒，是因為我壓力太大」。對員工行為如何歸因，會影響管理者採取何種管理措施。認為員工不努力才導致績效不好的管理者可能會批評員工，但是如果他將績效低歸因於員工能力不足，可能就會為員工提供培訓。

現有歸因模型都歸功於已故社會心理學家弗里茨·海德的開創性研究。海德是歸因理論（attribution theory）的創始人，他提出行為可以歸為內部因素（如一個人的能力和努力）或環境中的外部因素（如任務困難程度、他人的幫助和運氣）。在海德研究的基礎上，凱利提出了三維歸因理論，也稱為三度理論。這三個維度分別是區別性、一致性和一貫性。這些維度獨立變化，從而形成各種組合併導致不同的歸因。圖11-6描述了對個體行為的歸因過程。

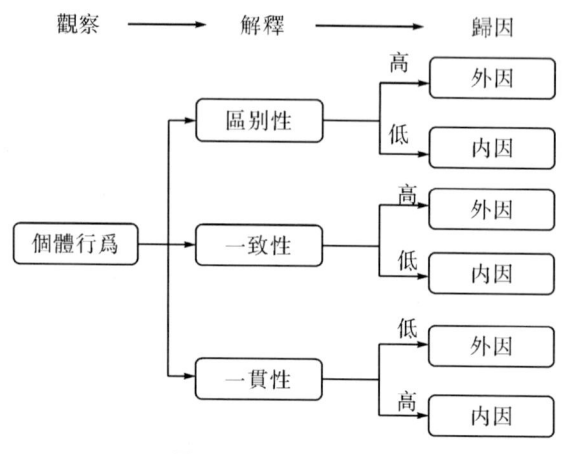

圖11-6 三維歸因過程

（1）區別性。區別性指的是某一個體是否在不同的情境下表現出不同的行為。今天遲到的員工是不是總是喜歡抱怨的那個人，我們想知道這種行為是否不同尋常。如果這種行為不同尋常，則區別性高，那麼觀察者很可能將其歸為外因導致的行為，也就是超出該個體控制範圍的因素。然而，如果該行為並非不尋常的行為，那麼它可能被判定為內因導致的行為。

（2）一致性。如果身處相似情境的每一個人都以同樣的方式予以回應，我們稱這種行為表現出了一致性。如果通過同一條路線來上班的所有員工都遲到了，則一致性高，那麼管理者可能會將員工遲到的行為歸因於外部因素，也就是說，一些外在因素（可能是道路建設或者是一場交通事故）導致了這一行為。然而，如果走相同路線來上班的其他員工都準時到達了，那麼就會得出結論，這種遲到行為是由內

因導致的。

（3）一貫性。一貫性指該個體長期以來是否都表現出一致的行為。如果對某位員工來說，上班遲到10分鐘是一種不常見的狀況，他從來沒有遲到過，則一貫性低，那麼觀察者很可能將其歸為外因導致的行為。然而，如果該員工每週遲到2~3次，那麼它可能被判定為內因導致的行為。

下面的例子將有助於區分三個歸因法則。設想一位員工某一天在某臺機器上製造了一件次品。如果這位員工過去在這臺機器上製造過正品（低一貫性）、這位員工在其他機器上製造出正品（高區別性）、其他員工最近在這臺機器上製造過次品（高一致性），我們可以推斷這臺機器可能出現了什麼毛病（外部歸因）。反之，如果這位員工經常在這臺機器上製造次品（高一貫性）、其他員工在這臺機器上製造過正品（低一致性），這位員工在其他機器上也製造次品（低區別性），我們將採用內部歸因。

## 第三節 設計激勵性工作

完成任務是所有工作的核心，而工作設計的重心則在於通過改變我們在工作過程中完成的任務類型來提高員工的積極性。工作設計也稱為工作重新設計，是以改善員工工作體驗的質量和提高工作生產率為目的的一系列活動，包括改變特定工作或相互依賴的工作系統。對激勵的研究十分強調使工作具有挑戰性和富有意義的重要性，這既適用於管理人員的工作，也適用於非管理人員的工作。設計激勵性工作與赫茨伯格的激勵理論有密切關係。在這個理論中，諸如挑戰性、成就、賞識和責任等都被視為真正的激勵因素。管理者應該深思熟慮之後慎重地進行工作設計以反應不斷變化的環境需求、組織的技術以及員工的技能、能力與偏好。按照這樣的方式來進行工作設計，員工將受到激勵並努力工作。

### 一、工作擴大化

在科學管理方法中，工作是重複性的標準化任務，這樣有利於提高效率。但簡化工作並不是一個有效的激勵方法，因為簡單的工作可能會很無聊、很枯燥。許多公司的管理者開始橫向擴大工作範圍，讓員工從事一些類似的工作任務。工作擴大化（job enlargement）即是指工作範圍橫向的擴展。例如，一條生產線上的工人不僅在車上裝配緩衝器，還安裝前燈蓋。然而，一些批評家認為，大多數工作擴大化僅僅聚焦於工作任務數量的增加，只是簡單地在一項單調乏味的工作上增加另一項單調乏味的工作，並不能增加工人的積極性。然而，研究表明，擴大工作中知識的使用範圍，有助於提高工作滿意度，改進客戶服務，減少錯誤的發生。

### 二、工作豐富化

相比之下，工作豐富化（job enrichment）將工作內容縱向擴展，員工被授權以

承擔一些平時由他們上級所承擔的工作任務。工作豐富化使員工有更多的自由、獨立性和責任去完成一項完整的活動。可以說，工作豐富化將更高層次的激勵因素融合在工作中，包括責任、認可、成長機會、學習和成就感等。例如，如果對牙科保健醫生的工作進行豐富化，那麼除了洗牙，他還可以安排門診時間，並且在治療之後跟進患者的情況。具體來講，可以用下面的辦法增強工作的豐富性：

（1）在決定如工作方法、工作順序和工作速度，或接受還是拒收材料等方面，給工人以更多的自由；

（2）鼓勵下屬人員參與管理和鼓勵工人之間相互交往；

（3）讓工人對其所承擔的任務有個人責任感；

（4）採取措施以確保讓工人看到其任務是如何對企業的產成品和效益方面做出貢獻的；

（5）讓工人參與分析和改變工作環境的工作，如辦公室或廠房的佈局、溫度、照明和清潔衛生等。

### 三、工作特徵模型

一種最全面、最具潛力、能夠提高激勵水準的工作設計方法是理查德·哈克曼（Richard Hackman）和格雷格·奧爾德曼（Greg Oldham）提出的工作特徵模型（job characteristics model）。通過對幾百種工作設計的研究，哈克曼和奧爾德曼得出了工作特徵模型（圖11-7）。這個模型主要由三部分組成：核心工作維度、關鍵心理狀態和個人與工作結果。工作特徵模型假定工作設計能夠使人們從工作中得到樂趣並關心他們做的工作，即考慮怎樣使工作設計讓人們感受到他們做的工作是有意義和有價值的。特別是，工作特徵模型說明怎樣豐富工作的某些要素以在某種程度上改變人們的心理狀態來提高其工作效率。具體而言，它提出了五種核心工作維度來幫助形成三種關鍵的心理狀態，後者又對個人與工作結果有益。

| 核心工作維度 | 關鍵心理狀態 | 個人與工作結果 |
|---|---|---|
| 技能多樣性<br>任務完整性<br>任務重要性 | 體會到工作的意義 | 高度內在工作動機 |
| 工作自主性 | 體會到對工作結果的責任 | 高質量的工作績效<br>對工作的高度滿意 |
| 工作反饋 | 對工作活動實際結果的了解 | 低缺勤率和離職率 |

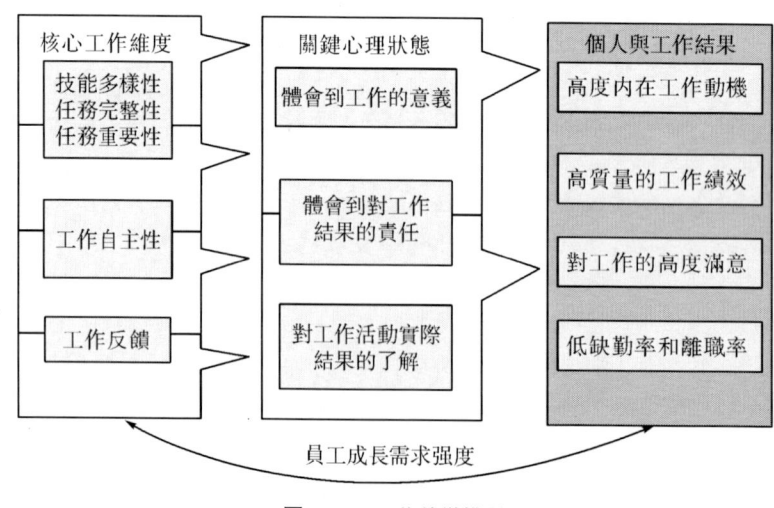

員工成長需求強度

圖11-7　工作特徵模型

1. 核心工作維度

哈克曼和奧爾德曼提出了決定工作激勵潛力的五大維度：

（1）技能多樣性。技能多樣性是指完成一項工作需要從事多種活動和完成這項工作需要多種技能。一項常規、重複性的裝配線工作具有較低的多樣性，而每天都要接觸新問題的應用研究工作有較高的多樣性。

（2）任務完整性。任務完整性是指員工完成整個工作的程度。負責一頓晚餐的廚師，比起在自助餐廳裡舀土豆泥的員工，其工作更具完整性。

（3）任務重要性。任務重要性是指工作對人們生活和工作的實際影響程度。在危急時刻派送醫療用品的人會讓我們覺得他們的工作意義重大。

（4）工作自主性。工作自主性是指員工在多大程度上享有制訂計劃和執行任務的自由度、決斷力和自主權。粉刷房屋的工人可以決定如何粉刷房屋，但流水線上的噴漆工卻沒有絲毫的自主性。

（5）工作反饋。工作反饋是指員工在完成任務的過程中，可以獲得關於自己工作績效的直接而明確信息的程度。不同工作給予員工反饋的能力是不同的。足球教練可以很快知道球隊究竟是贏還是輸，但是基礎研究科學家可能要等上好幾年才能知道他的研究項目是否成功。

2. 關鍵心理狀態

該模型假設當個體對工作設計具有三種心理狀態（體驗工作的意義、體會工作的責任、瞭解實際結果）時核心工作維度更能夠起到激勵作用。圖11-7中，技能多樣性、任務完整性、任務重要性都會影響員工體驗工作意義的心理狀態。如果工作本身是令人滿意的，就會給員工帶來內在的獎勵。自主性的工作特徵影響員工體會到工作結果的責任，工作反饋的工作特徵影響員工瞭解實際結果的心理狀態。

3. 個人與工作結果

上述五個工作特徵對員工體驗工作的意義、責任和瞭解實際結果這三種心理狀態的影響，帶來了個人成果及工作成果，分別是高內在工作動機、高工作績效、高滿意度、低缺勤率和離職率。正如模型所示，核心工作維度與工作結果之間的關係受到員工個體成長需求（個體對自尊和自我實現的渴望）強度的影響。如果一個人想滿足低層次的需求，比如安全需求和歸屬需求，那麼工作特徵模型對他的影響較小；當一個人有較高的成長和發展需求，包括挑戰自我、獲得更大的成就感、希望得到一份具有挑戰性的工作等，這個模型就會非常有效。

## 第四節　當代激勵理論的整合

當代激勵理論的很多思想是相互補充的，如果你瞭解這些理論可以如何融合在一起，你會更好地理解如何激勵員工。圖11-8的模型融合了我們所知道的大部分激勵理論。該模型以期望理論為基礎，我們從模型的左側開始，一起瞭解這一模型。

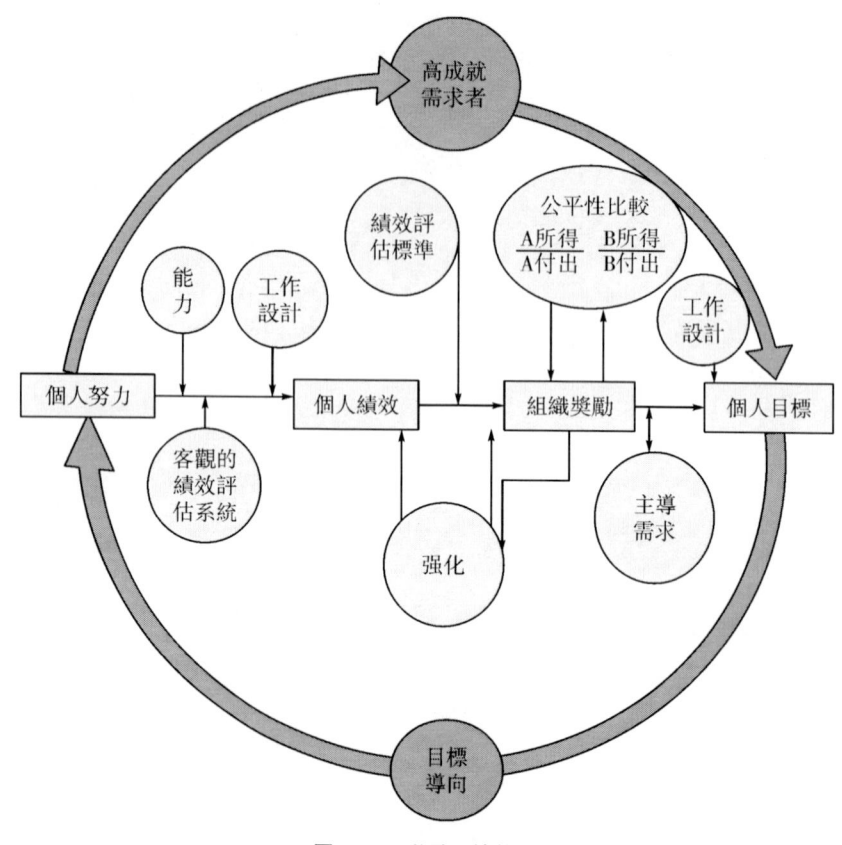

圖 11-8 激勵理論整合

1. 目標設置理論

個人努力的方框中有一個由個體目標逆時針延伸出來的箭頭，與目標設置理論相一致，目標─努力關係能夠說明目標的導向作用。

2. 期望理論和需要理論

期望理論表明如果員工認為努力與績效、績效與獎勵、獎勵與個人目標滿足之間存在顯著的關係，那麼員工會願意付出更高程度的努力。反過來，這種關係又會受到其他因素的影響。從模型中可以看到，個人績效的水準不僅取決於個人努力的程度，還取決於個人完成工作的能力以及組織是否擁有公正客觀的績效評估系統。如果個人認為績效（而不是資歷、個人偏好或其他一些標準）帶來了獎勵，那麼績效與獎勵之間會存在比較強的關係。期望理論中最後一個關係是獎勵─目標關係，傳統的需求理論在這一環節發揮了重要作用。個體由於高績效表現所獲得的獎勵滿足了與其個人目標相一致的主導需求時，就會表現出與需求滿足程度相對應的激勵程度。

3. 三種需要理論

高成就需求者並非受組織對其績效評估或組織獎勵的激勵，因此，從個人努力

到個人目標之間出現了一個跳躍的箭頭，由高成就需求者指向了個人目標。要記住，對於高成就需求者而言，只要他們所從事的工作能夠為他們提供個人責任、反饋和適度風險，他們就會獲得內在驅動力。他們並不關注與努力—績效、績效—獎勵或獎勵—目標的關係。

4. 強化理論

我們也可以在該模型中看到強化理論通過組織獎勵對個人績效的強化作用。如果員工認為管理者所設計的獎勵系統是對優秀績效的「回報」，那麼這種獎勵會強化並鼓勵持續的優秀績效。

5. 公平理論

獎勵在公平理論中也發揮著關鍵的作用。個人會將他們所付出的努力與所得到的獎勵比率，與其他相關人員的比率相比較。如果感覺不公平，則個人所付出的努力程度會受到影響。

6. 工作特徵模型

最後，在這個整合模型中，我們也能夠看到工作特徵模型的身影。工作任務的特徵（工作設計），在兩個方面對工作激勵造成了影響。第一，圍繞著五項工作維度的工作設計可能會提高實際工作績效，因為個體動機會受到工作本身的刺激——也就是說，這些工作維度增強了努力與績效之間的關係。第二，圍繞著五項工作維度的工作設計也會提高員工對於工作中核心要素的掌控程度。因此，提供了自主性、反饋和類似特徵的工作有助於那些渴望更好地控制自身工作的員工實現個人目標。

## 本章小結

1. 激勵是引發目標導向自願行為的強度、方向性和持續性的心理過程。管理者關心的是如何使員工展現期望的行為，而動機是員工採取某種行為的根本原因。動機體現了個體為實現目標而付出努力的強度、方向和堅持性。

2. 內容型激勵理論包括需求層次理論、雙因素理論和三種需要理論。需求層次理論認為人們與生俱來具有五種需求：生理需求、安全需求、社會需求、尊重需求和自我實現需求。個體的需求層次是由低向高逐層上升的，低層次需求得到滿足後，才能產生下一層次的需求。雙因素理論認為員工是否被激勵與他們對工作是否滿意相關。保健因素與工作環境相關，缺少會導致員工的不滿意；激勵因素與工作本身有關，能夠使員工產生滿意。三種需要理論認為，人們有三種後天形成的需要，分別是成就需求、歸屬需要和權力需要，個人需求可以在社會環境中得到鞏固、學習和提升。

3. 過程型激勵理論包括公平理論、期望理論和目標設置理論。期望理論認為，促使人們去做某件事的激勵力度將取決於努力—績效期望值、績效-獎勵期望值和效價三個要素，要想對員工產生高激勵，這三個要素都必須高。公平理論認為激勵中一個重要因素是人們對報酬結構是否感到公平，當一個人的投入—報酬比與另一

個人的投入—報酬比相當時,人們就會感覺到公平,受到激勵;否則,就會覺得不公平,會採取一些措施以實現公平。目標設置理論認為管理者可以通過設立明確、具有挑戰性的目標來提高對員工的激勵水準,提高員工的績效,然後通過及時向員工提供反饋幫助他們跟蹤自己實現目標的進展。

4. 行為改造型激勵理論包括強化理論和歸因理論。強化理論認為行為是結果的函數,某種結果緊接在某種行為之後出現,能夠改變該行為未來重複的可能性。強化理論提出了四種行為改造策略:正強化、負強化、懲罰和自然消退。歸因理論認為管理者對員工行為如何歸因,會影響其採取何種管理措施。該理論假設人們會從三個維度對行為進行歸因:區別性、一致性和一貫性。

5. 對激勵的研究十分強調使工作具有挑戰性和富有意義的重要性,通過工作設計,能夠提高員工工作體驗的質量,激勵員工努力工作。管理者可以通過工作擴大化、工作豐富化和工作特徵模型來設計激勵性工作。

## 關鍵術語

激勵（motivation）　　　　　　需求層次理論（hierarchy of needs theory）
雙因素理論（two-factor theory）　三種需要理論（three needs theory）
公平理論（equity theory）　　　期望理論（expectancy theory）
目標設置理論（goal-setting theory）　強化理論（reinforcement theory）
歸因理論（attribution theory）　工作擴大化（job enlargement）
工作豐富化（job enrichment）　　工作特徵模型（job characteristics model）

## 複習與思考

1. 內容型理論、過程型理論和行為改造型理論的區別是什麼?
2. 馬斯洛提出的五種需求是什麼?它們在工作中怎樣得到滿足?
3. 解釋雙因素理論,談談對實際工作的啓發。
4. 高成就需要的人有哪些特徵?
5. 請解釋期望理論中的三種關鍵聯繫以及它們在激勵中的作用。
6. 公平理論怎樣看待金錢的激勵作用?
7. 通過目標設置來激勵員工時必須遵循哪些準則?
8. 正強化和負強化的區別是什麼?請舉例說明。
9. 管理者如何在工作中運用歸因理論?
10. 有哪些不同的工作設計方法可用於激勵員工?

# 案例分析

深圳倍特力電池有限公司是一家民營企業，2002年成立時只有28個人，不到1,000平方米的廠房。經過15年的發展，已成為年產值5億多元的新能源企業。近年來，倍特力公司的新進員工越來越年輕化，大多數為「90後」。勞動力市場結構變化挑戰員工隊伍的穩定，倍特力用獨特的激勵制度留住了「好跳槽」的新生代尤其「90後」員工。

為了準確把脈新生代員工思想和需求，公司通過座談會、個別交流、閒聊等方式獲得很多信息，員工們認為，「工作要有意思，就是要有奔頭，看得到希望」「離開父母離開家鄉，舉目無親，很孤單」「希望工作中有人耐心教，有困難有人幫助」「希望領導不罵人」「別老指手畫腳，要平等尊重」等。為了更好地激勵「90後」員工，公司做了很多制度創建和完善工作。

（1）給員工做工作輔導，讓員工覺得工作「沒煩惱」。公司要求各級主管不定期地與下屬員工進行溝通，關心員工的生活和情緒，通過工作徵詢幫助員工改進工作績效。公司將主管承擔的溝通責任納入績效考核系統，溝通工作考核的分數與生產經營工作的考核分數合計，才是該工作人員的績效總分，並將考核分數與每月30%的獎金掛勾。

（2）給員工做職業規劃，讓員工覺得「有未來」。對員工實行職業生涯管理，實行內部招聘和晉升，讓員工看到職業發展希望。公司95%的管理人員是自己培養的，公司對晉升、加薪等實行民主評議，保證公開、公正、公平。公司每個月有員工大會。大會上，公布上月「優秀員工」「優秀職員」的評比結果，評優代表講話；宣布新晉升或新招的主管以上的管理人員名單，總經理親自發聘書，新晉升人員每人講話，新進管理人員自我介紹等。

（3）做好新員工關懷，讓他們覺得「有歸屬感」。制定新員工關懷制度並將員工離職率作為管理者考核的重要內容。在新員工入廠的一個月之內召開新員工溝通會，宣講公司的企業文化和相關管理制度，聽取員工意見。此外，所有新員工進入公司後，行政部及部門主管都要與其面談，幫助他們解決各種問題，協助其盡快融入公司。

（4）建立員工自我管理制度，讓員工覺得自己「有價值」。①組建員工生活委員會，由員工自己推選產生12名委員會成員，對公司的伙食、宿舍和集體活動進行管理。②成立文體團隊，鼓勵員工根據自身愛好、興趣成立各種文體組織，比如籃球隊、臺球隊和乒乓球隊等。公司為各種組織參賽提供條件，由行政部安排進行內部比賽及對外比賽等。③成立員工學習委員會，促進學習型組織的發展。學習委員會選舉主席、副主席和委員等，定期組織學習和交流，相互之間解決疑難問題。

（5）建立勞動關係促進委員會，讓員工覺得「有尊嚴」。公司組建了勞動關係促進委員會，作為勞企溝通的主管部門。委員會的主任由常務副總經理擔任，委員

中有管理部門的代表和普通員工的代表。公司制定了勞動關係促進委員會的職責，勞動關係促進委員會負責勞資糾紛處理和承擔員工調查任務，包括工作滿意度調查、敬業度調查、離職調查和員工生活意見調查等。

（6）搞好員工福利，讓員工覺得「有溫暖」。公司的福利包括：提供購房、購車補助，提供免費的員工宿舍，公司食堂提供免費的早餐、中餐、晚餐和夜宵，代購車票，春節家屬慰問及拜年，除夕和初一與留廠員工團聚，每個月一次員工集體生日會，員工婚喪嫁娶慰問，成立員工困難救助基金和員工相親聯誼會等。

資料來源：根據網路資料整理。

**思考題：**

請用至少兩種激勵理論分析倍特力公司激勵制度的有效性。

# 第十二章
# 領導

## 學習目標

1. 理解領導與管理
2. 掌握領導權力類型
3. 理解不同領導理論的內涵
4. 掌握三種不同的領導行為理論
5. 描述三種主要的領導權變理論
6. 學會如何選擇有效的領導風格

## 引例

### 領導者「從 0 到 1」

當初創團隊從 5 個人發展到 50 個人甚至更多，領導者將經歷什麼樣的挑戰？莫利·格拉漢姆（Molly Graham）總結了她在谷歌、臉書工作以及自己創建團隊的經驗和感悟。

「從零開始創造東西的壓力必定會影響你的情緒。你在焦慮、恐懼、欣快、無聊中循環，這完全正常。」格拉漢姆這樣說道。在一個快速增長的公司裡，每個領導者內心都住著一只「情緒怪物」。格拉漢姆還給它起了個名字叫 Bob，它代表了所有能讓人在工作中無法發揮最佳狀態的情緒和不安全感。不管你喜不喜歡，它都在，所以你需要和這個「情緒怪物」交朋友，並管理它。在快速擴張的初創公司裡，你的首要任務是不讓「情緒怪物」吃掉你。

如何讓 Bob 聽你的？這裡有三條指導性原則：

觀察，但不要採取行動；思考，給自己兩個星期的時間；記住，每個人都在與怪物戰鬥。

克服三個階段的挑戰，最終你會變得更加強大。

挑戰一：當過度競爭和辦公室政治出現

在快速擴張的初創企業中，人們對頭銜和權力的執著是可怕的。對榮譽和頭銜的沉迷，可能會讓你贏得某一場戰鬥，但沒有人願意再和你一起工作。格拉漢姆的黃金法則是「專注於做有用的人」，這比任何頭銜都重要得多。

挑戰二：當恐懼和不安全感占據上風

格拉漢姆說：「許多人認為，他們必須成為專家，才能當好領導。但我發現，面對快速擴張，沒有人能真正成為專家。而假裝專家，結果會糟糕得多。」學會提出問題並解決問題才是成長中最重要的部分。她的訣竅是說出「如果這是個愚蠢的問題，那我很抱歉，但是……」或者「我不知道這個詞是什麼意思，你能給我解釋一下嗎？」當你願意放下你的自負，讓那不安全的聲音安靜下來，承認自己是個「笨蛋」，並主動請別人教你的時候，你會學到不可思議的東西。

挑戰三：當你陷入嫉妒和攀比

不應該花很多精力去想「要是我們能像他們那樣增長效益就好了」，或者「要是我們招了那個人就好了」。但事實是，你根本不知道對方是否值得你嫉妒。每當格拉漢姆處在黑暗時刻，她會想起這句話：「唯一重要的是我熱愛我所做的事，並為我所創造的感到自豪。除此之外，沒有別的。」記住你是幸運的，你的創業公司或許正處在不斷擴張的混亂中，而且還有若干「情緒怪物」的陪伴。最重要的是，要提醒自己，有機會建立和擴大初創企業已經是一種幸運。

資料來源：根據網路資料整理。

組織中的領導行為是廣泛和普遍的，領導者從「0到1」的演進過程就是確定和提高領導行為在組織中有效性的過程。德魯克認為，「優秀的領導者不是布道者，而是實幹家」。通用電氣前CEO傑克·韋爾奇進一步詮釋為，「領導者要實幹，給下屬做出榜樣，而不是坐在馬上發號施令」。他的領導風格也確實如此。領導是管理過程中不可或缺的重要的組成部分，任何組織都離不開領導，強有力的領導是組織成功的必要條件。

# 第一節　領導概述

領導是管理的重要職能，領導者的根本任務是帶領下屬實現組織目標。領導者不僅僅是指組織的高層管理者，任何人都可能是領導者，即使他們的勢力範圍僅限於與自己關係非常密切的領域或工作團隊。什麼是領導？領導與管理是否不同？如何領導下屬？我們將對此進行討論。

### 一、領導與管理

1. 領導的含義

在所有關於領導含義的闡述中，幾乎都涉及三個方面：人、影響力和目標，即領導發生在人與人之間，通過影響力的施加來實現目標。因此，本書將領導（leadership）定義為影響他人以實現組織目標的過程。其具體包括兩層含義：一是強調在目標達成過程中，領導者與被領導者之間必須相關聯。領導發生在人與人的互動過程，是一項關於「人」的活動。二是強調領導的過程是一個施加影響力的過程。影

響力的來源將在「領導的權力」內容中進行說明。

2. 領導和管理

領導與管理是兩個被經常交替使用的術語。一些學者認為管理和領導是不同的，領導要創建組織願景，通過溝通、激勵影響下屬實現組織目標；管理則具有任務導向，通常是實施領導者所制定的目標。但如果我們從更廣義的角度去思考，領導是管理的四個職能之一，是管理的一部分，把這些「領導」活動從管理中移除出去，人為地區分管理和領導，似乎又不太合適。

我們可以用文氏圖來解釋領導和管理的關係，如圖 12-1 所示。領導和管理分別側重不同的品質和技能組合，假設一個組織中的所有領導者占據一個圓圈，所有管理者在另一個圓圈。那麼這兩個圈應該是部分重疊但並非完全重疊的。也就是兩個品質和技能組合在一個人身上常常會有重疊，有些人是領導者，有些人是管理者，但是也有很多人既是領導者又是管理者。因此，領導是管理的一個非常重要的組成部分，但管理不僅僅限於領導，還包括許多不直接影響他人的活動。不是所有的領導者都是管理者，也不是所有的管理者都是領導者。但本書是從管理的角度來研究領導和領導者，強調管理者應該要成為領導者。

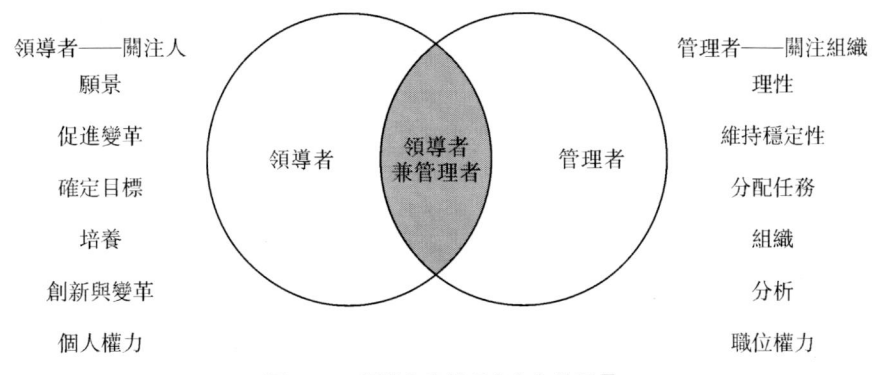

```
領導者——關注人                                    管理者——關注組織
    願景                                               理性
    促進變革           領導者                          維持穩定性
    確定目標    領導者  兼管理者  管理者              分配任務
    培養                                               組織
    創新與變革                                         分析
    個人權力                                           職位權力
```

圖 12-1　領導者與管理者角色的重疊

## 二、領導權力

要深入理解領導，首先要理解權力。權力一般被認為是施加影響的能力。一個人的權力越大，影響他人的潛力也就越大。

1. 權力的類型

在組織內部，通常存在五種類型的權力：法定權力、強制權力、獎賞權力、專家權力和參照權力。

（1）法定權力是領導者所擁有的由其在組織中的職位所帶來的權力。雖然在這個職位上也會具有獎賞權力和強制權力，但法定權力的範圍更為寬泛。在工作場合，法定權力意味著管理者可以向下屬發布命令、安排工作。

（2）獎賞權力是給予正面獎賞的權力。對於任何一個管理者來說，無論在哪一個層級，獎賞權力都會對他人的行為產生顯著影響，尤其是高價值的獎賞。因為它

分配的是眾人渴望但稀缺的資源，而且通常是只有少數幾個人可以得到。獎賞可以是個人認為有價值的任何東西，如金錢、職位、進修機會、有利的工作變動等。獎賞權力的使用能夠產生「信號」效應，即讓下級知道組織的期望。但是也會讓那些沒有得到獎勵或認為獎勵不公平的人失去動力。

（3）強制權力是實施懲罰和控制的權力。例如批評、罰款、降級、停職、不予晉升、不利的工作變動等。行使強制權力的主要問題是它可能會導致接受者偽裝自己的行為，而不是激發他們按照管理者要求的方式行事，也可能會導致報復行為的發生。

（4）專家權力是基於專業技術、特殊技能或知識而擁有的權力。專家權力並不局限於組織的高層，底層員工也可以擁有一些組織非常需要的高度專業的知識。

（5）參照權力是由於個體擁有令人羨慕的資源或個人特質而產生的權力。如果一個人具有吸引力或被認同，他就獲得了參照權力。獲得這種權力是因為其他人視其為「參照」，想要取悅於他或以某種方式得到他的認可，向往成為與之相像的人。誠實、正直、言行一致等個人特徵顯然有助於提高個人參照權力。

權力不會自發出現，上述的五種權力可以根據不同的來源，劃分為兩種類型：職位權力與個人權力。職位權力是與職位相關的權力，包括法定權力、獎賞權力和強制權力，這三類權力來源於管理職位。個人權力是基於個人特徵的權力，包括專家權力和參照權力，這兩種權力來源於個人。

2. 有效地使用權力

管理者在使用權力時至少需要考慮三個關鍵的問題：在特定的情境下應該使用多大的權力、應該使用何種類型的權力、應該如何使用權力。

（1）應該使用多大的權力。這一問題很難有明確的標準，只能說應該適度，能夠實現組織目標即可。權力使用過小會導致無濟於事，特別是在需要變革但阻力較大的時候；權力使用過度，又會造成怨恨和反感，甚至導致報復行為的發生。這個度要靠管理者的經驗與技能來把握。管理學者杰弗里·普費弗（Jeffrey Pfeffer）認為，管理者擁有權力，意味著他們要明白，完成一件事情是需要權力的，而且需要比反對者更多的權力。

（2）應該使用哪種類型的權力。這一問題應結合具體情景來思考。無論是哪種類型的權力都有著特定的影響。專家權力和參照權力使用成本較低，很少會遇到直接的反對，通常什麼時候都可以使用。但這兩種權力與個人特徵相關，其影響力取決於管理者本人的具體情況。當管理者的參照權力很小、專家權力也不被下屬認可，那麼下屬很難受到管理者的影響。使用法定權力、獎賞權力或強制權力等職位權力會產生較大的影響力，但負面影響也較大。

（3）應該如何使用權力。五種權力構成了影響力的基礎，但權力必須轉換為實際的領導行為才能產生實際的影響力。領導者應提高自身的參照權力和專家權力，並學會巧妙地使用不同類型的職位權力。具體可採取一些權力的使用策略來影響他人行為和態度，如表12-1所示。策略的選擇一方面要考慮到領導者五種權力的強弱情況，即使用策略要與權力類型相匹配。例如，專家權力強與理性說服策略相匹

配，參照權力強與感召策略相匹配。另一方面要考慮與目標人群相關的環境。如果權力影響的目標是高層管理者，施加壓力策略很可能不會奏效，交易策略更適合對同一層級的同事使用，理性說服策略適用於組織各個層級。

表 12-1　權力使用的策略

| |
|---|
| 理性說服：領導者使用有邏輯的論證和事實證據，表達某個提議或請求是可行的，並且與完成重要任務目標有關 |
| 告知：領導者解釋完成某項要求或支持某項提議對於被告知人的益處，或者對對方的職業生涯有何促進 |
| 感召：領導者通過對價值觀或理想的呼籲，喚起對方的情感，以此獲得對方完成某項要求或支持某項提議的承諾 |
| 磋商：領導者鼓舞對方對某項方案提出改進意見，以及參與活動或變革的計劃，並能在計劃執行過程中起到支持和協助作用 |
| 交易：領導者提供一個誘因，以和對方進行互惠交換，或者傳達出若對方按其要求行事，則事後提供酬謝的意願 |
| 協作：領導者提出只要對方完成某項要求或推動一項變革，對方就能獲得相應的資源和幫助 |
| 個人訴求：領導者請對方看在友情的份上，去完成某項要求或支持某項提議，或者在不提出具體要求前就請對方答應幫忙 |
| 奉承：領導者在試圖影響對方之前或期間，讚揚和肯定對方的能力，認為對方能夠完成艱難的任務 |
| 合法化策略：領導者試圖建立某項要求的合法性，或者提及章程、正式的政策或官方文件來證實其權威 |
| 施加壓力：領導者使用命令、威脅、頻繁檢查或者設置長期提醒等手段來影響對方 |
| 結盟：領導者請他人幫忙說服對方，或以他人對自己的支持為理由 |

　　如何提高領導的有效性是領導理論所關注的核心問題。關於這一問題的研究，大致有三個研究流派。第一，領導特質理論。該理論認為領導的有效性取決於領導者的個人素質，因此它致力於研究好的領導者應該具備哪些個人素質，試圖繪製出標準的領導者圖像，以幫助組織識別和選拔有效的領導。但很遺憾，這個流派的研究並沒有取得預期的效果。儘管研究者找到了一些領導者的共性，但也發現領導者的畫像多種多樣，難以窮盡。第二，領導行為理論。當研究者無法從個人特質的角度去解釋領導的有效性時，便轉而去研究領導行為，即研究什麼樣的領導行為和領導風格是最好的。這催生出了各種各樣的領導行為理論，比如四分圖理論、管理方格圖理論、勒溫理論等。第三，領導權變理論。隨著研究的推進，學者們逐漸發現領導的有效性不僅取決於領導者，還取決於他所處的工作環境以及他所面對的被領導者。於是，學者們開始研究在什麼樣的情況下，哪一種領導方式才是最好的，並提出了各種各樣的領導權變理論，包括費德勒領導權變理論、目標-路徑理論和領導生命週期理論等。表 12-2 列示了三種領導理論的基本觀點、研究的基本出發點和研究結果。

表 12-2　不同領導理論之間的對比

| 領導理論 | 基本觀點 | 研究的基本出發點 | 研究結果 |
|---|---|---|---|
| 領導特質理論 | 領導的有效性取決於領導者的個人素質 | 好的領導者應具備怎樣的素質 | 各種優秀領導者的圖像 |
| 領導行為理論 | 領導的有效性取決於領導行為和風格 | 怎樣的領導行為和風格是最好的 | 各種最佳的領導行為和風格 |
| 領導權變理論 | 領導的有效性取決於領導者、被領導者和環境的影響 | 在怎樣的情況下，哪一種領導方式是最好的 | 各種領導行為權變模型 |

## 第二節　領導特質理論

　　特質理論（trait theory of leadership）著重研究領導者的個人特性對領導有效性的影響。該理論最初由心理學家提出。研究者希望根據領導效果的好壞，分析不同領導者在品行、素質、修養等方面的差異，由此確定優秀的領導者應具備的素質。研究者認為，只要找出成功領導者應具備的素質，再考察某個組織中的領導者是否具備這些素質，就能斷定他是不是一個優秀的領導者。這種歸納分析法是領導特質理論研究的基本方法。

　　領導特質理論按其對領導特性來源所做的不同解釋，可分為傳統特質理論和現代特質理論。傳統特質理論認為，領導者是天生的，只要是領導者就一定具備超人的素質。斯托格迪爾（Stogdill）在考察了 124 項研究、查閱整理了 5,000 多種有關領導者素質的書籍和文章後，把領導者的素質歸納為 5 項體貌特徵、16 項個性特徵、6 項工作特徵和 9 項社會性特徵，其中包括精力、外貌、年齡、適應性、進取心、獨立性等。在這裡，斯托格迪爾確實發現了某些領導者所具備的一些共同特性，但和其他有關領導特質的研究一樣，斯托格迪爾的研究結果存在的同樣問題是這些共同特性總有許多例外。

　　相比於傳統特質理論，現代特質理論認為先天的素質只是人的心理發展的生理條件，素質可以在社會實踐中得以培養和發展。因此，他們主要是從滿足實際工作需要和升任領導工作所需條件方面來研究領導者應具備的能力、修養和個性。巴斯（Bass）通過研究認為，有效領導者的特性是：「在完成任務中具有強烈的責任心，能精力充沛地執著追求目標，在解決問題中具有冒險性和創造性，在社會環境中能運用首創精神，富有自信和特有的辨別力，願意承受決策的行為結果，願意承受人與人之間的壓力，願意忍受挫折，具有影響其他人行為的能力。」

　　總體來說，領導特性理論並未取得多大的成功，甚至有學者認為，這不是一種研究領導有效性的好方法。首先，各研究者所列的領導者特性包羅萬象，說法不一且互有矛盾。其次，這些研究大都是描述性的，並沒有說明領導者應在多大程度上具有某種品質。再次，領導特質理論可用於預測領導的出現，但是卻不能塑造領導。

並且，根據領導特質理論，由於人格特質難以改變，我們應選擇那些具備相應特質的人作為領導，而對於缺乏這些特質的人則不加考慮。然而事實上，並非所有領導者都具備所有的品質，而許多非領導者也可能具備大部分這樣的品質。

儘管如此，領導特質理論並非一無用處，一些研究表明了個人品質與領導有效性之間確實存在相互聯繫。此外，現代領導特質理論從領導者的職責出發，系統地分析了領導者應具備的條件，向領導者提出了要求和希望，這對於我們培養、選擇和考核領導者也是有幫助的。

**管理背景 12-1**

### 大五人格特質

大五人格理論是對於人格特質有著重要貢獻的一種理論。貢獻之一即此前研究所識別的眾多領導者特質都可以被歸納到大五人格特質的某個維度之下。研究表明，具有開放性、盡責性和外傾性的領導更加具有優勢。此外，有效領導的另一個特質是個人的情緒智力，即情商。情商高的領導者善於感受他人的需求，能夠讀懂他人的反應，並對共事者具有同理心。這可以激勵共事者在工作不穩定的情況下，仍然與領導站在一起。

**大五人格理論**

| 大類 | 人格 | 特點 | 高分典型描述 |
|---|---|---|---|
| Openness | 開放性 | 幻想對務實、變化對守舊、自主對順從 | 刨根問底、興趣廣泛、不拘一格、開拓創新 |
| Conscientiousness | 盡責性 | 有序對無序、細心對粗心、自律對放縱 | 有條有理、勤奮自律、準時細心、鍥而不捨 |
| Extraversion | 外傾性 | 外向對內向、娛樂對嚴肅、激情對含蓄 | 喜好社交、活躍健談、樂觀好玩、重情重義 |
| Agreeableness | 宜人性 | 熱情對無情、信賴對懷疑、寬容對報復 | 城市信任、樂於助人、寬宏大量、個性直率 |
| Neuroticism | 情緒穩定性 | 煩惱對平靜、緊張對放鬆、憂鬱對陶醉 | 焦慮壓抑、自我衝動、脆弱緊張、猶豫悲傷 |

## 第三節　領導行為理論

不同的企業領導者，其行為方式通常大相徑庭。比如，某磁盤驅動器生產商的首席執行官，在被問到是如何掌控董事會時，回答說：「你不要問董事會成員他們怎麼想，只要告訴他們你將要做什麼就可以了」；相反，某知名餐廳的首席執行官在「9/11」事件當天只關心兩件事——正在出差的職員和企業中的穆斯林同事。那麼，領導行為到底是什麼？它如何幫助我們理解什麼是有效的領導？當領導特質理論無法從領導者的個性特點出發，完全地解釋領導有效性時，學者們轉而把研究的重點放在研究領導者的行為風格對領導有效性的影響上，即行為理論（behavioral theory）。在領導理論發展史上，比較典型的領導行為理論有以下幾個。

## 一、四分圖理論

1945年美國俄亥俄州立大學工商企業研究所開展了一項關於領導問題的調查。他們通過對1,000多種刻畫領導行為的因素進行篩選與歸納，最終得到了130個調查指標，並將其概括為兩個方面，即以人為重和以工作為重。以人為重是以人際關係為重點，包括建立信任關係，尊重下屬意見，關注下屬的需要，給予下屬較多的工作自主權，體察他們的思想感情，注意滿足下屬的需要，平易近人，平等待人，關心群眾，作風民主等。以工作為重是以工作為重點，包括確定明確的組織目標、組織模式、工作計劃與程序以及規章制度等。

研究者以以上兩方面為基礎，設計了領導行為調查問卷，就這兩方面分別提出了15個問題，發給企業，由下屬來描述領導人的行為。調查結果表明，以人為重和以工作為重並不是一個維度的兩個極點，它們常常會同時存在，領導者的行為可以是這兩個方面的任意組合。換言之，如圖12-2所示，我們可以用兩個坐標所構建的四個象限來表示四種不同的管理行為，這就是所謂的領導行為四分圖。

研究者認為，以人為重和以工作為重均是領導工作中不可忽視的部分。只有將兩個方面結合起來，才能實現有效的領導，即最佳的領導行為既要以人為重，又要以工作為重。

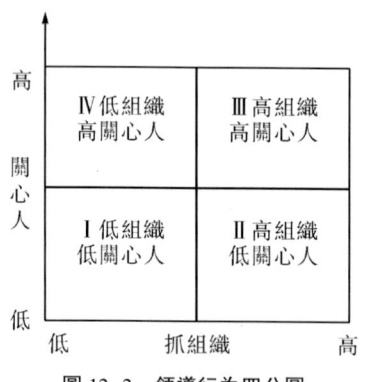

圖12-2 領導行為四分圖

## 二、管理方格理論

基於四分圖理論，美國著名行為科學家布萊克（R. Blake）和莫頓（J. S. Mouton）於1964年出版了《管理方格》一書，提出了管理方格理論。該理論將四分圖中的以人為重描述為領導者對人的關心程度，將以工作為中心描述為對生產的關心程度，並以兩者作為橫縱坐標，劃分出1~9個標準，形成81個方格，如圖12-3所示。在評價領導者行為時，我們可以根據其對人的關心程度與對生產的關心程度，在圖12-3找到相匹配的交叉點，這個交叉點就是他的領導行為類型。縱軸上的得分越高，表示他越重視人的因素；橫軸上的得分越高，則表示他越重視工作效率。

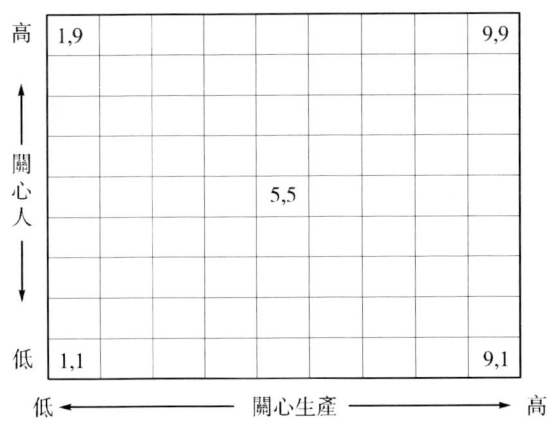

```
高 1,9                                    9,9



  關
  心
  人                   5,5




  低 1,1                                    9,1
    低 ←―――――  關心生產  ―――――→ 高
```

**圖 12-3　管理方格圖**

布萊克和莫頓在方格圖中列出了 5 種典型的領導方式：

(1,1) 型：貧乏型管理。這種領導者對下屬和生產都漠不關心，只付出最低限度的努力來完成必須做的工作或者將上級的信息簡單地傳遞下去。

(9,1) 型：任務型管理。這種領導者只關注工作的完成情況，很少關心下屬的情緒和成長，一味追求工作的高效率，注重於指導和控制下屬的工作活動。

(1,9) 型：俱樂部型管理。這種領導者注重與下屬間的人際關係，努力營造一種舒適輕鬆的組織氣氛，對組織任務和規章制度等很少關心，不注重工作效率。

(9,9) 型：戰鬥型管理。這種領導者既注重人的因素，又十分關心生產，努力使員工的個人目標與組織目標最有效地結合，從而能夠同時提高團隊士氣與生產效率。

(5,5) 型：中間型管理。這種領導者對人與工作都表現出適度的關心，並在兩者之間保持一種平衡，是一種溫和式的領導行為。

到底哪一種領導方式最好呢？布萊克和莫頓通過組織多次研討會得出，(9,9) 型領導方式最有效。然而，也有許多學者持有不同看法。例如在戰爭或救火的實例中，高工作、低關係的 (9,1) 型領導行為最佳；而在工廠班組的實例中，高關係、低工作 (1,9) 型的領導行為會取得更高的生產效率。可見，即使根據管理方格理論，也很難找到一種公認的最有效的領導方式。儘管如此，管理方格圖理論還是提供了一種衡量管理者領導形態的模型，它可使管理者較清楚地認識到自己的領導行為，並明確改進的方向。布萊克和莫頓曾據此提出一套培訓管理人員的方法。

### 三、領導作風理論

關於領導作風的研究成果最早由心理學家勒溫（Kurt Lewin）提出，他根據管理者將權力定位於領導者自身、集體還是被領導者個人，把領導作風分為三種基本類型：專製作風、民主作風和放任自流作風。

(1) 專制領導作風。專制領導作風是指以力服人，靠權力和強制命令讓人服從的領導作風，它把權力定位於領導個人。專制領導作風的主要行為特點是：

① 獨斷專行，從不考慮下屬的意見，所有的決策由領導者自己做出；

② 領導者親自制訂工作計劃，確定工作內容和進行人事安排，下屬沒有參與決

策的機會，只能奉命行事；

③ 主要靠規章制度和獎懲制度來規範下屬行為；

④ 領導者很少參加群體活動，與下屬保持一定的心理距離，沒有感情交流。

（2）民主領導作風。民主領導作風是指以理服人、以身作則的領導作風，它把權力定位於群體。其主要的行為特點是：

① 所有的政策都是在領導者的激勵和引導下由群體討論確定的；

② 分配工作時盡量照顧到個人的能力、興趣，給予下屬制訂分內工作計劃的權力，下屬具有較大的工作自由、較多的選擇性和靈活性；

③ 主要以非正式的權力和權威而不是靠職位權力和命令使人服從，與下屬談話時多使用商量、建議和請求的口氣；

④ 領導者積極參與團體活動，與下屬無任何心理上的距離。

（3）放任自流的領導作風。放任自流的領導作風是指工作事先無布置，事後無檢查，權力定位於組織中的每一位成員，一切悉聽尊便的領導作風，實行的是無政府管理。

勒溫在實驗中發現：在專制領導帶領的團隊中，各成員之間氣氛緊張，彼此有攻擊性；成員對領導服從但表現自我或引人注目的行為較多；成員多以「我」為中心；當受到挫折時，團隊中會出現推卸責任與人身攻擊等矛盾；當領導不在場時，工作意願大幅下降，也無人出來組織工作。而在民主型領導帶領的團隊中，氛圍相對友好而輕鬆；很少使用「我」字，而更多地使用「我們」；遇到挫折時，人們團結一致，努力解決問題；領導不在場時和在場時一樣保持工作熱情；成員對團體活動有較高的滿足感。

根據實驗結果，勒溫認為，放任自流的領導作風工作效率最低，只達到社交目標而不完成工作目標；專制的領導雖然通過嚴格的管理達到了工作目標，但群體成員缺乏團隊精神，沒有責任感，情緒消極，爭吵較多；民主領導作風使工作效率最高，不但能夠完成工作目標，而且群體成員之間關係融洽，有工作熱情，團隊富有創造力。因此，最佳的領導行為風格是民主領導作風。

## 第四節　領導權變理論

在業界不乏領導者由於沒有理解他們的工作情境而未獲得成功的故事。因此，管理領域的研究者也逐漸意識到，想要對成功的領導進行預測，僅僅知道領導者品質、才能及領導風格是遠遠不夠的，還應瞭解其所處的具體環境，包括被領導者素質、工作性質等。於是，領導理論研究的焦點從領導者本身轉向環境，探討不同領導風格的適用情境，並由此催生了眾多領導權變理論。權變理論（contingency theory）認為，管理者的領導有效性不僅取決於他的品質、才能，也取決於他所處的具體環境；有效的領導行為應當隨著被領導者的特點和環境的變化而變化。即：

領導有效性 = F（領導者特徵，被領導者特徵，環境）

其中，領導者特徵主要指領導者的個人品質、價值觀和工作經歷等；被領導者

特徵主要指其個人品質、價值觀和工作能力等；環境主要指組織特徵、工作內容特徵和社會狀況等。本節我們介紹三種權變理論：費德勒權變模型、路徑—目標理論和情境領導理論。

### 一、費德勒權變模型

費德勒權變模型是比較有代表性的一種權變理論。該理論認為，任何領導風格均可能有效，其有效性完全取決於是否與所處的環境相適應。基於這一前提，該模型提出理解領導有效性的關鍵在於：①界定領導風格和不同的情境類型；②識別出領導風格和情境的匹配組合。

（1）界定領導風格。費德勒提出個人的基本領導風格是成功領導的關鍵要素之一，這一基本風格可以是任務導向型或者關係導向型。為了衡量一個領導者的風格，費德勒開發了「最難共事者問卷（least-preferred coworker questionnaire）」（以下簡稱LPC量表），該量表包含18對反義形容詞，包括開心的——不開心的，友善的——不友善的，冷酷的——熱心的，好爭的——融洽的，等等。問卷回答者被要求回想所有共事過的同事，然後描述一位他們最不喜歡與其共事的同事，並給每對形容詞從1~8打分（8代表積極的形容詞，1代表消極的形容詞）。

**管理實踐 12-1**

#### 用 LPC 量表測試你的領導風格

選擇你最不喜歡與其一起工作的那個人，並根據以下標準描述一下這個人。注意：他（她）可能現在正與你一起工作，也可能是以前曾經與你共事過；他（她）不一定是你最不喜歡的那個人，但是是你認為最難一起工作的人。

| | | | | | | | | | | |
|---|---|---|---|---|---|---|---|---|---|---|
| 快 樂—— | 8 | 7 | 6 | 5 | 4 | 3 | 2 | 1 | ——不快樂 |
| 友 善—— | 8 | 7 | 6 | 5 | 4 | 3 | 2 | 1 | ——不友善 |
| 拒 絕—— | 1 | 2 | 3 | 4 | 5 | 6 | 7 | 8 | ——接 納 |
| 有 益—— | 8 | 7 | 6 | 5 | 4 | 3 | 2 | 1 | ——無 益 |
| 不熱情—— | 1 | 2 | 3 | 4 | 5 | 6 | 7 | 8 | ——熱 情 |
| 緊 張—— | 1 | 2 | 3 | 4 | 5 | 6 | 7 | 8 | ——輕 鬆 |
| 疏 遠—— | 1 | 2 | 3 | 4 | 5 | 6 | 7 | 8 | ——親 密 |
| 冷 漠—— | 1 | 2 | 3 | 4 | 5 | 6 | 7 | 8 | ——熱 心 |
| 合 作—— | 8 | 7 | 6 | 5 | 4 | 3 | 2 | 1 | ——不合作 |
| 助 人—— | 8 | 7 | 6 | 5 | 4 | 3 | 2 | 1 | ——敵 意 |
| 無 聊—— | 1 | 2 | 3 | 4 | 5 | 6 | 7 | 8 | ——有 趣 |
| 好 爭—— | 1 | 2 | 3 | 4 | 5 | 6 | 7 | 8 | ——融 洽 |
| 自 信—— | 8 | 7 | 6 | 5 | 4 | 3 | 2 | 1 | ——猶 豫 |
| 高 效—— | 8 | 7 | 6 | 5 | 4 | 3 | 2 | 1 | ——低 效 |
| 鬱 悶—— | 1 | 2 | 3 | 4 | 5 | 6 | 7 | 8 | ——開 朗 |
| 開 放—— | 8 | 7 | 6 | 5 | 4 | 3 | 2 | 1 | ——防 備 |

如果領導者習慣於用積極的詞語形容最差的同事（即 LPC 量表得分在 64 分及以上），則表明該領導者很注重與同事保持好的個人關係，其領導風格被稱為關係導向型。相反，如果領導者習慣於用消極的詞語形容最差的同事（即 LPC 量表得分在 57 分及以下），則表明該領導者注重生產效率，因此這種領導風格被稱為任務導向型。費德勒指出有小部分人處於這兩種極端風格的中間，沒有明確的領導風格。費德勒還假設個人的領導風格是固定不變的，不會隨著情境的變化而變化。換言之，如果你是關係導向型領導者，那麼在任何情境下你都是關係導向型；如果你是任務導向型領導者，那麼在任何情境下你都是任務導向型。

（2）界定情境類型。在通過 LPC 量表確定了個人領導風格之後，應該評估情境以便對領導風格和情境進行匹配。費德勒的實驗揭示了三大權變因素，用以界定影響領導者效力的關鍵情境。①領導者與下屬之間的相互關係，指下屬對領導者信任和忠誠的程度。下屬對領導者的信任和忠誠程度越高，則領導者的權力和影響力就越大，即領導環境越好，反之，則越差。②職位權力，指領導者擁有的權力和權威的大小。權力越大，下屬遵從指導的程度越高，則領導對下屬的影響力也越大，即領導的環境越好，反之，則越差。③任務結構，指任務的明確程度和下屬的負責程度。任務越明確，下屬責任心越強，則工作質量越容易控制，即領導環境越好，反之，則越差。費德勒將這三個權變因素任意組合成八種可能的情境（圖 12-4）。情境Ⅰ、Ⅱ和Ⅲ被劃分為對領導者高度有利，情境Ⅳ、Ⅴ和Ⅵ被劃分為對領導者適度有利，情境Ⅶ和Ⅷ被劃分為對領導者高度不利。

（3）匹配領導風格和管理情境。在確定了領導風格變量和情境變量之後，費德勒對 1,200 個團體進行了觀察，收集了把領導風格與工作環境關聯起來的數據，得出了在各種不同情況下使領導有效的領導方式，其結果如圖 12-4 所示。具體而言，費德勒發現任務導向型的領導者在非常有利和非常不利的情境中有較好表現，而關係導向型的領導者在適度有利的情境中表現較好。

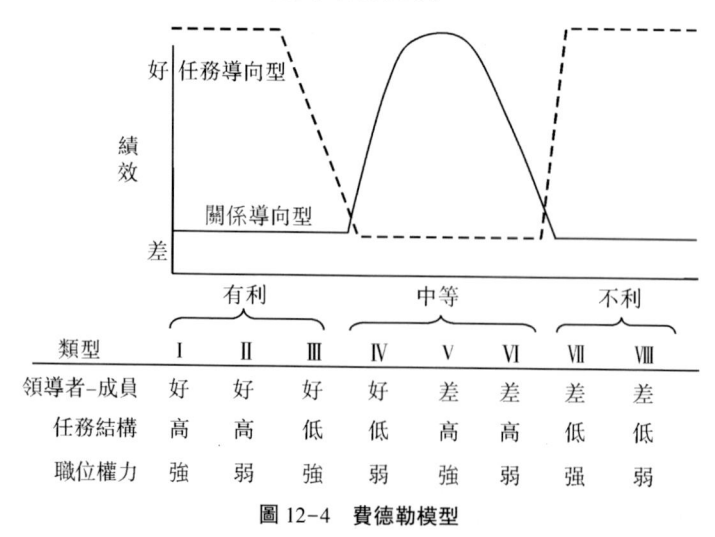

| 類型 | Ⅰ | Ⅱ | Ⅲ | Ⅳ | Ⅴ | Ⅵ | Ⅶ | Ⅷ |
|---|---|---|---|---|---|---|---|---|
| 領導者-成員 | 好 | 好 | 好 | 好 | 差 | 差 | 差 | 差 |
| 任務結構 | 高 | 高 | 低 | 低 | 高 | 高 | 低 | 低 |
| 職位權力 | 強 | 弱 | 強 | 弱 | 強 | 弱 | 強 | 弱 |

圖 12-4　費德勒模型

如何在實踐中運用費德勒權變模型呢？由於費德勒認為個人的領導風格是固定不變的，所以僅有兩個途徑可以提升領導效率。一是找到一個能與情境更好匹配的新領導者。例如，如果一個團隊的工作情境是非常有利的，但卻由關係導向型的領導者所統領，則應將其替換成一個任務導向型的領導者。二是改變情境使之與領導者匹配。這可以通過多種方式來實現，如對任務進行重構，提高或降低領導者在加薪、晉升、懲處等方面的權力，以改善領導者與成員間的關係。

費德勒模型的整體有效性，得到了實證研究強有力的支持。但是，同大多數理論一樣，該模型也面臨著許多質疑。最大的一個質疑是認為其關於領導風格不可變的基本假設與實際不符，高效的領導者可以而且正在改變他們的領導風格。另一個質疑是究竟 LPC 量表數值真正測試的是什麼，是領導風格嗎？此外，也有研究者反應情境變量很難評估。儘管存在一定的不足，費德勒模型還是一種比較有代表性的權變理論。

### 二、路徑—目標理論

路徑—目標理論由羅伯特·豪斯（Robert House）提出，領導者的任務是協助下屬實現他們的目標，並提供所需的指導和支持，以確保個人目標與組織目標的一致。因此，有效領導者應該為下屬掃除路障和陷阱，以便為他們厘清實現工作目標的路徑，路徑—目標一詞就源自這一理念。與費德勒的領導者不會改變其行為的觀點相反，豪斯認為領導者是有靈活性的，並主張根據環境與下屬的變化而改變領導風格（圖 12-5）。

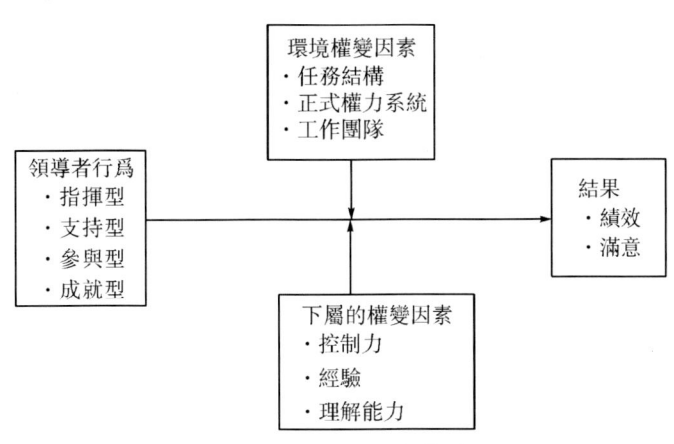

圖 12-5 路徑—目標模型

首先，豪斯確定了四種領導行為，包括：

指揮型領導：為下屬制定明確的日程安排，提供具體的方法建議，嚴密監督，通過獎懲控制下屬的行為。

支持型領導：表現出對下屬需求的關心，平等對待，注意下屬的興趣。

參與型領導：邀請下屬一同參與決策，聆聽他們的建議，鼓勵下屬參與解決問題。

成就型領導：相信下屬的能力，設立富有挑戰性的目標，激勵下屬發揮最高水準。

其次，豪斯提出了影響領導行為與績效間關係的兩類權變因素：在下屬可控範圍之外的環境變量以及下屬的部分個人特質變量。其中，環境變量包括任務結構、正式權力系統和工作團隊等，它們決定了在確保下屬績效最大化時的領導行為類型選擇；下屬特質變量包括控制力、經驗和理解能力等，它們決定了下屬如何理解工作環境和領導行為，進而影響領導行為的有效性。該理論認為如果領導者的行為與外部環境提供的資源重合，或者與下屬的特質不協調，就是無效的領導行為。基於該理論，一些預測結果如表 12-3 所示。

表 12-3　領導方式與環境

| 領導方式 | 領導行為 | 適用的環境或下屬類型 |
| --- | --- | --- |
| 指令型 | 確定群體任務目標<br>明確各自職責<br>嚴格管理員工<br>用正式權力管理 | 群體的任務是非程序化的<br>員工期望得到指點<br>工作團隊衝突明顯<br>外控型員工 |
| 支持型 | 友好、平易近人<br>明白下屬的興趣<br>用獎勵支持下屬 | 任務結構化程度高、缺乏刺激性<br>正式權力關係清晰<br>員工希望得到領導的支持和鼓勵 |
| 參與型 | 讓下屬參與決策<br>分擔職責<br>鼓勵協調一致<br>用非正式權力領導 | 任務複雜、需要團隊協調<br>員工希望參與<br>員工有工作所需技能<br>內控型員工 |
| 成就型 | 鼓勵下屬設置高目標<br>讓下屬充分發揮創造性<br>實行目標管理 | 任務結構模糊不清<br>員工能自我激勵<br>員工有所需工作技能 |

### 三、情境領導理論

由何塞（Paul Hersey）和布蘭查德（Ken Blanchard）提出的情境領導理論（situational leadership theory）把研究焦點放在對下屬的研究上，認為成功的領導者要根據下屬的成熟度選擇合適的領導行為。不管領導者做什麼，其有效性取決於下屬的行為，但在很多領導理論中都沒有注意到這一因素的重要性。情境領導理論彌補了這一缺陷，反應了下屬決定接受領導與否對領導有效性的重要作用。

何謂「成熟度」？根據何塞和布蘭查德的定義，成熟度指員工完成特定任務的能力和意願的程度。它包含兩個方面：任務成熟度和心理成熟度。任務成熟度是就一個人完成工作的能力而言的，如果一個人可以獨立完成工作任務，那麼他的工作成熟度就高，反之則低；心理成熟度與工作的意願有關，如果一個人可以自覺地去工作，無須領導激勵，那麼他的心理成熟度就高，反之則低。何塞和布蘭查德把成熟度分為四個等級，即不成熟、初步成熟、比較成熟、成熟，分別用 $M_1$、$M_2$、$M_3$、

$M_4$表示，如圖 12-6 所示。

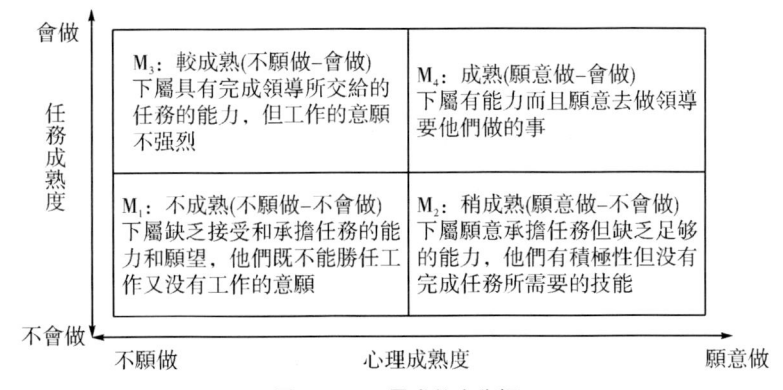

```
會做  ┌─────────────────────┬─────────────────────┐
      │ M₃:較成熟(不願做-會做)│ M₄:成熟(願意做-會做) │
任    │ 下屬具有完成領導所交給│ 下屬有能力而且願意去做│
務    │ 的任務的能力，但工作的│ 領導要他們做的事      │
成    │ 意願不強烈            │                      │
熟    ├─────────────────────┼─────────────────────┤
度    │ M₁:不成熟(不願做-不會做)│M₂:稍成熟(願意做-不會做)│
      │ 下屬缺乏接受和承擔任務│ 下屬願意承擔任務但缺乏│
      │ 的能力和願望，他們既不│ 足夠的能力，他們有積極│
      │ 能勝任工作又沒有工作的│ 性但沒有完成任務所需要│
      │ 意願                  │ 的技能                │
不會做└─────────────────────┴─────────────────────┘
      不願做         心理成熟度          願意做
```

圖 12-6　下屬成熟度分類

為界定領導行為，何塞和布蘭查德運用了與費德勒相同的兩個維度：任務行為和關係行為。其中，任務行為指領導者和下屬為完成任務而形成的交往形式，關係行為指領導者給下屬的幫助和支持的程度。根據這兩個維度的不同水準組合，何塞和布蘭查德提出了四種不同的領導方式：

命令式（高工作、低關係）：領導者對下屬進行具體分工並明確指點下屬應做什麼、如何做以及何時做等，它強調直接指揮。

說服式（高工作、高關係）：領導者給予下屬以一定的指導，又注意保護和鼓勵下屬的積極性。

參與式（低工作、高關係）：領導者與下屬共同參與決策，領導者著重為下屬提供便利條件與溝通渠道。

授權式（低工作、低關係）：領導者幾乎不加以指點，由下屬自己獨立地開展工作、完成任務。

建立在管理方格圖理論和不成熟-成熟理論基礎之上，何塞和布蘭查德也畫出了一個方格圖（圖12-7）：橫坐標為任務行為，縱坐標為關係行為，下方再加上一個成熟度坐標，從而把原來由以人為主和以工作為主的兩維領導理論，發展成由關係行為、任務行為和成熟度組成的三維領導理論。他們認為，隨著下屬從不成熟逐漸走向成熟，領導者不僅要減少對活動的控制，而且也要減少對下屬的幫助。當下屬成熟度為 $M_1$ 時，領導者要給予明確而細緻的指導和嚴格的控制，採用命令式領導方式；當下屬成熟度為 $M_2$ 時，領導者既要保護下屬的積極性，交給其一定的任務，又要及時加以具體的指點以幫助其較好地完成任務，宜採用說服式領導方式。當下屬成熟度處於 $M_3$ 時，領導者主要是解決其動機問題，可通過及時肯定和表揚以及一定的幫助和鼓勵樹立下屬的信心，因此宜採用參與式的領導方式；當下屬成熟度為 $M_4$ 時，由於下屬既有能力又有積極性，因此領導者可以採用授權式領導方式，只給下屬明確目標和工作要求，由下屬自我控制和完成。

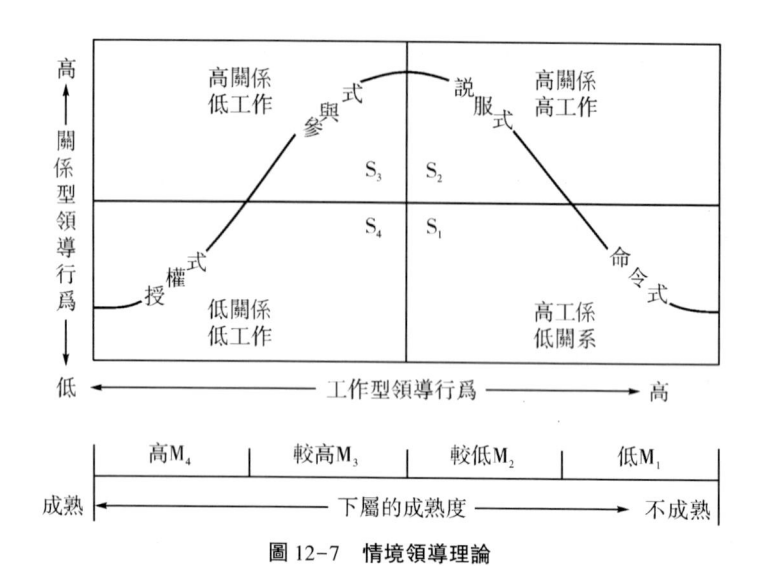

圖 12-7　情境領導理論

　　情境領導理論告訴我們，領導者應根據下屬的工作能力和工作意願調整領導方式。理想的狀態是，下屬的類型和領導行為是一一對應的。也就是說，面對同一項任務，當做的人不同時，管理者採用的領導方式要有所不同，因為下屬的成熟度不同；對同一個人從事不同的工作，管理者的領導方式也要改變，因為一個人面對不同的工作時，他的能力和意願也是不同的，擅長一種工作未必擅長另一種，喜歡做一種工作，未必喜歡做另一種。但問題是，每個人都會有一定的領導定式，比如有些人習慣於用指揮式，而有些人喜歡授權式。讓習慣於指揮的管理者授權，或讓習慣授權的管理者事無鉅細地發號施令，這是很難實現的。那怎麼辦呢？一般而言，組織可以通過人員的流動來實現下屬成熟度和管理者領導風格匹配。無論是管理層流動還是下屬的流動，最後都將實現一個相對均衡的狀態，但這只能是平均水準上匹配，不能保證對於所有個體都能匹配。因此，儘管情境領導理論有著廣泛的影響力和普及度，但我們必須警惕對該理論的狂熱追捧。

**管理實踐 12-2**

### 因人而異的領導方法

| 下級類型 | 下級成熟度 | 領導方式 |
| --- | --- | --- |
| 既不願做又不會做 | 不成熟 | 命令式（高工作-低關係） |
| 願做但不會做 | 稍成熟 | 說服式（高工作-高關係） |
| 會做但不願做 | 較成熟 | 參與式（低工作-高關係） |
| 會做又願意做 | 成熟 | 授權式（低工作-低關係） |

## 本章小結

1. 領導是影響他人以實現組織目標的過程。具體包括兩層含義：一是強調在目標達成過程中，領導者與被領導者之間必須相關聯。領導發生在人與人的互動過程，是一項關於「人」的活動。二是強調領導的過程是一個施加影響力的過程。

2. 領導是管理的一個非常重要的組成部分，但管理不僅僅限於領導，還包括許多不直接影響他人的活動。不是所有的領導者都是管理者，也不是所有的管理者都是領導者。但本書是從管理的角度來研究領導和領導者，強調管理者應該要成為領導者。

3. 領導權力包括法定權力、強制權力、獎賞權力、專家權力和參照權力。管理者在使用權力時至少需要考慮三個關鍵的問題：在特定的情境下應該使用多大的權力、應該使用何種類型的權力、應該如何使用權力。

4. 領導理論大致分為三個部分：領導特質理論、領導行為理論與領導權變理論。領導特質理論研究領導的品行、素質、修養，認為領導的有效性取決於領導者的個人特質，目的主要是說明好的領導者應具備怎樣的素質。領導行為理論分析領導行為和領導風格對其組織成員的影響，認為領導的有效性取決於領導行為和風格，目的主要是找出所謂最佳的領導行為和風格。領導權變理論研究影響領導行為和領導有效性的環境因素，認為領導的有效性取決於領導者、被領導者和環境的共同影響，目的是說明在什麼情況下，哪種領導方式才是最好。

5. 領導特質理論按其對領導特性來源所做的不同解釋，可分為傳統特質理論和現代特質理論。傳統特質理論認為領導者的特質是天生的，而現代特質理論認為這種特質是可以後天培養的。

6. 領導行為理論的研究中，較為典型的理論有四分圖理論、管理方格理論與勒溫領導作風理論。

7. 領導權變理論的研究中，較為典型的理論有費德勒權變模型、路徑—目標理論與情境領導理論。

## 關鍵術語

領導（leadership）　　　　　特質理論（trait theory）
行為理論（behavioral theory）　　權變理論（contingency theory）

## 複習與思考

1. 如何理解領導與管理。
2. 闡述領導者影響力的來源。
3. 請簡述三類領導理論的核心觀點並比較其異同。
4. 費德勒權變模型的主要觀點是什麼？該理論對領導者有何啟示？
5. 情境領導理論是如何解釋領導的有效性的？
6. 如果你是某一組織的領導，你會是哪一類型的領導風格？請簡單描述。
7. 如果你是某一組織的下屬，你會更欣賞哪一類型的領導風格？為什麼？
8. 你是否認同現實中會有較多領導者運用權變理論來管理下屬？請解釋原因。
9. 根據本章所述的領導有效性理論，我們應該怎麼做，才能開發和提高個體的領導能力？請列舉具體的行動或措施，並說明理由。

## 案例分析

### 領導方式的確定

根據調令，李文被公司任命為銷售服務總監，分管為銷售一線提供後臺服務的四個部門。李文上任時，聽到不少人反應其中的廣告製作部、倉儲物流部勞動紀律差，工作效率低。為了做好領導工作，李文對這兩個部門進行了調查分析，情況如下：

· 文化水準及素質。廣告製作部的員工全是大專以上文化程度，平時工作認真，有較強的創新意識和成就動機，有任務時經常加班加點，但平時比較散漫；倉儲物流部的員工文化程度普遍較低，由於工作環境分散，工作單調，員工積極性不高。

· 工作性質。廣告製作是創造性工作，工作具有獨立性，好壞的伸縮性較大，難以定量考核工作量；倉儲物流是程序化工作，內容固定且必須嚴格按規章制度執行，工作量可以定量考核。

· 工作時間。廣告製作工作有較強的連續性，同時有時間要求，有時完成一項廣告製作光靠上班8小時是不夠的；而倉儲物流8小時內的工作是關鍵，要求上下班準時、工作時間不能脫崗，否則會影響正常的貨物收發，有時還會直接影響到車間的正常生產。

資料來源：邢以群. 管理學 [M]. 4版. 杭州：浙江大學出版社，2016：252。

**思考題：**

根據以上情況，你認為李文對這兩個部門應如何實施有效領導？請選擇一種領導理論為依據，加以說明。

# 第十三章
# 控制

**學習目標**

1. 理解控制的含義與重要性
2. 掌握控制的過程與類型
3. 瞭解控制的方法與技術

**引例**

### 火災頻發！怎麼又是大連石化？

2017年8月17日18時40分左右，中石油大連石化公司140萬噸/年重油催化裝置裂化裝置分餾區域燃料泵著火。據央視新聞報導，火勢已得到控制，無人員傷亡，事故原因正在調查。

大連石化為中石油旗下最大的煉油廠，也是中國第二大煉油廠。然而，自從2008年擴產後，大連石化進入了事故高發期。據不完全統計，從2010年至今，已發生七次安全事故。

2010年7月16日，中石油大連油港的一條輸油管道發生了爆炸漏油事故，泄漏的1,500噸石油入海，造成430餘平方千米海面污染的重大損失，引起了廣泛的關注。

2010年10月24日下午，大連新港碼頭油庫「716」爆炸事故現場拆除著火油罐時，引燃罐體內殘留原油，再次發生火情。事故造成3人死亡，大火於次日凌晨被撲滅。

2011年7月16日，中石油大連石化甘井子區廠區內1,000萬噸常減壓蒸餾裝置換熱器發生泄漏起火，沒有造成人員傷亡。

2011年8月29日10時許，位於大連市甘井子區的中石油大連石化分公司儲運車間875號儲運罐起火爆炸。據現場知情人員稱，是工作人員操作過程中發生靜電起火引發爆炸。

2013年6月2日14時30分許，中石油大連石化分公司位於甘井子區廠區內一聯合車間939號罐著火，該罐用於儲存焦油等雜料。火災造成2人受傷，2人失蹤。

2014年6月30日晚7時，遼寧大連金州開發區一條石油管線發生爆裂並著火。

全國政協委員、中國工程院院士曹湘洪認為，有必要系統編製液體危化品罐區

安全規範。他指出，隨著國家石油戰略儲備庫二期工程、三期工程及商業儲備庫的加快建設，中國已有多個千萬噸級的油罐區誕生。其中大連大孤山油罐區，規劃有160座10萬立方米大型浮頂油罐，油品與其他液體化工產品的總儲量達到了1,800萬立方米。這些大型石油儲罐區，儲存大量易燃易爆介質，油罐布置相對密集；周邊石油化工企業聚集，物料流通量大，一旦發生火災、爆炸事故就有可能形成連鎖災害事故，嚴重威脅周邊區域人民的生命財產安全。

2017年8月18日，大連市政府召開「8/17」火災事故現場會。中石油大連石化公司總經理龐曉東在會場上對火災事故進行了反思。他說：「安全環保是企業生存發展的基礎，沒有安全就沒有發展。雖然這起事故未造成較大經濟損失，但在國家狠抓危化企業安全生產、全國上下全面開展安全生產大檢查、積極營造和諧穩定局面的情況下，我公司發生洩漏著火事故，造成了較大的社會影響，教訓十分深刻，表明我們的安全生產基礎依然不牢，安全管理仍然存在差距，暴露出我們在安全意識、責任落實、基礎管理等方面還存在薄弱環節。」

資料來源：根據網路資料整理。

石油石化安全一直是行業關注的重點，管道、儲運罐、生產裝置……任何一個環節出現問題都有可能釀成災難。中石油大連石化公司的事故頻發揭示出企業的安全管理問題。安全管理的問題也就是企業控制系統的問題，缺少控制或控制錯誤都將導致對組織造成不可挽回的損害，影響其持續、健康發展。不管是複雜的大型組織，還是簡單的小型組織，都會存在管理控制問題。如何實施有效的控制對於管理者而言是一項普遍且非常重要的管理挑戰。

## 第一節　控制概述

### 一、控制的含義和重要性

計劃提出了管理者追求的目標，組織提供了完成這些目標的結構、人員配備和責任，領導則是對下屬施加影響，指導他人活動以實現組織目標，而控制提供了有關偏差的知識以及確保與計劃相符的糾偏措施。控制（controlling）就是根據擬訂的計劃，對於組織績效進行衡量和糾正的過程。管理者通過控制來確保活動按照計劃來進行，缺少控制或控制錯誤將會對組織造成損害。

從控制的定義中，我們可以得出一個結論，控制之所以很重要，因為它是計劃很好被執行、目標很好被實現的保證。一旦管理者制定了計劃和戰略，就要實施計劃方案，實現組織目標，因此管理者要確保組織成員正在「正確地做事」和「做正確的事」。控制能夠為管理者提供持續的反饋（圖13-1），如果計劃沒有被很好地執行，管理者可及時採取行動對問題進行修正。因此，計劃是控制的基礎，控制是計劃實施的保證。

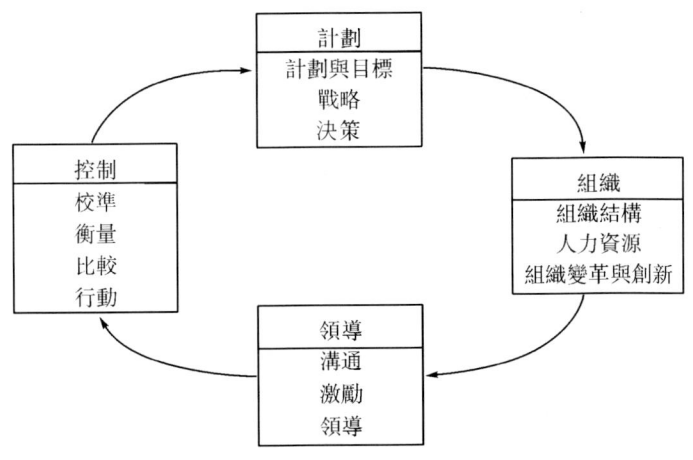

```
            ┌─────────────┐
            │    計劃      │
            │  計劃與目標   │
            │    戰略      │
            │    決策      │
            └─────────────┘
    ┌──────┐              ┌─────────────┐
    │ 控制  │              │    組織      │
    │ 校準  │              │  組織結構    │
    │ 衡量  │              │  人力資源    │
    │ 比較  │              │組織變革與創新 │
    │ 行動  │              └─────────────┘
    └──────┘
            ┌─────────────┐
            │    領導      │
            │    溝通      │
            │    激勵      │
            │    領導      │
            └─────────────┘
```

圖 13-1　計劃-控制鏈

　　控制的另一個重要性在於能夠保護組織及其資產。任何一個組織在運行過程中都會面臨著很多的風險，如財務風險、供應鏈風險、安全風險、自然災害風險等等。管理者必須在這些可能發生的情況下保護組織的資產。完善的控制系統和危機處理預案將有助於規避風險，減少風險對組織的破壞。

二、控制系統的構成

　　有效的控制系統可將組織潛在的利益最大化，將不良反應最小化，為達到這一目標，組織的控制系統應主要由以下幾個要素組成（圖 13-2）。

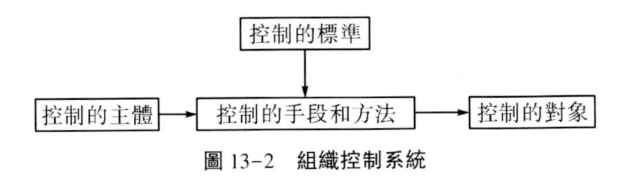

```
                    ┌──────────┐
                    │ 控制的標準 │
                    └──────────┘
                          │
                          ▼
┌──────────┐    ┌──────────────┐    ┌──────────┐
│控制的主體 │───▶│控制的手段和方法│───▶│控制的對象 │
└──────────┘    └──────────────┘    └──────────┘
```

圖 13-2　組織控制系統

　　（1）控制的對象。要建立控制體系，首先必須明確控制的對象，即控制什麼。組織活動的方方面面都可能成為控制的對象，既包括組織中的人、財、物等資源，也包括組織的各個層次、各個部門。組織活動的成果應成為控制的重點對象。管理者必須分析組織活動想要實現什麼樣的目標，分析對組織有影響的重點因素，並把這些因素作為控制的對象。一般來說，組織控制的重點包括人員、財務活動、作業、信息、組織績效等幾個方面。

　　（2）控制的標準。有效的控制系統必須建立在科學合理的控制標準的基礎上，即要求控制在怎樣的範圍以內。控制標準一般包括時間標準、質量標準、行為標準等。控制應服從組織發展的總體目標，因此，控制標準往往是根據總目標所派生出來的分目標及各項計劃指標來確定。

　　（3）控制的方法和手段。控制的方法和手段是多種多樣的，組織可以視不同的情景選用相應的控制方法和手段。

（4）控制的主體。有效的控制系統必須明確各項工作的控制主體，即由誰來履行控制的職責。組織控制系統的主體是各級管理者及其所屬的職能部門。在控制主體中，由於管理者所處的地位不同，其控制的任務也不同。一般而言，中低層管理者執行的主要是例行的程序性的控制，而高層管理者履行的主要是例外的非程序性的控制。

### 三、控制的過程

控制工作的過程大致可以分為四個步驟：首先要確定標準；其次要根據標準衡量工作績效；再次要分析衡量結果；最後要針對問題採取管理行動。

#### 1. 確定標準

所謂標準，就是衡量組織中的各項工作或行為是否符合組織要求的尺度，通常表現為一些具體的衡量指標。控制標準的制定要以計劃和目標作為依據。組織的高層管理者應為組織建立一個願景並形成戰略目標，這樣各個層級的管理者才能知道設定標準的依據，否則將很難建立有意義且一致認同的績效標準。組織所建立的最佳標準應該是可考核的，就是如我們在目標管理的內容中介紹的，「能量化的一定要量化，不能量化的要具體化」。如果這些標準模糊不清，就會很難進行衡量。例如「對顧客投訴做出及時的反應」，這一標準並沒有為確定行為是否達到該目標提供有用的指導，可改為「對顧客投訴要在2個小時內進行回復處理」則可以為衡量提供標準。

然而，某些組織的績效本身就難以衡量，尤其是更高層次或更複雜的工作，如技術研發，如果每年以發明的數量或者專利數進行考核是相當不切合實際的。此外，關於前面所提到的投訴處理標準的例子，通常情況下，處理顧客投訴的質量要比速度更重要，但質量往往更難以被測量。所以在現實中，企業常常通過顧客對問題處理過程與結果的滿意度評價來對質量進行衡量。標準制定中的另一個問題是標準的難度。目標設置理論提出有難度的目標更能帶來高水準的績效。但在現實中，管理者如何制定一個有難度但可達到的標準將是一個難題。對這一問題，我們將在後面控制方法中的標杆管理繼續來討論。讓將會受到標準影響的人員參與標準的制定工作將有助於標準的實現，同時也會促進更加恰當標準的產生。因為這些人員參與進來後，通過信息和專業知識的深入交流，將會制定出更有效的標準，而且他們也會致力於達到這些標準。

控制標準的類型有很多，比較常見的是時間標準、數量標準、質量標準和成本標準。時間標準是指完成一定工作所需花費的時間限度，如項目的工期是6個月。數量標準是指在規定時間裡所完成的工作量，如預期增長10%的市場份額。質量標準是指工作應達到的要求，或是產品或服務所應達到的品質標準，如樹脂車間卷材樹脂的成品率要達到93%以上。成本標準是指完成一定工作所需的有關消耗，如人工成本要降低5%。

**管理實踐 13-1**

得到（知識服務 App）的品控（節選）

4. 內容結構

4.1 單個非日更類產品總時長不等，通常由若干個小節組成。

4.2 每小節的主題和內容相對獨立，可以解決一個相對獨立的小問題，時長 10～15 分鐘（2,500～4,000 字）。

4.3【試聽】給出足夠吸引人的洞察和內容價值，簡單介紹課程結構。

● 給出理念：關於主題，給出洞察和判斷；
● 需求分析：為什麼用戶應該聽；
● 產品優勢：課程能提供什麼樣的亮點和差異化內容；
● 簡單結構：接下來的內容分成哪些主題，做簡單介紹。

4.4 勾引好奇心：開頭點題並且從勾起好奇心開始，給聽眾一個聽下去的理由，可以設計一些有共鳴的生活、工作場景，觸及聽眾的剛需問題。

4.5 不需要熱場，直入主題，要做到單位時間內信息量最大。

4.6 一個音頻應該只有一個中心意思，且在開頭就亮明，結尾再強調。

4.7 用單層的清單式口語講述（比如：4 招，5 原則，6 必要……），雖然結構上可能是金字塔形（「一、二、三」下再分「1、2、3」的多層邏輯），但口語上一定要形成單層的清單結構，多層邏輯可以處理成「一、…比如…再比如…」「二、…你看…你再看…」。

4.8 方法模型+怎麼使用+案例+總結的形式呈現，場景化應用的例子最佳。

4.9 保證普通用戶能聽懂：專業詞彙要解釋，不賣弄專業理論，不假設大家都知道。

4.10 結尾簡單總結全篇主要內容，提出啟示和建議，點明價值。

5. 語言風格

5.1 總體上，語言盡量利落，盡量把一件事情講清楚。

5.2 假想面對的不是一大群人，而是一個最好的朋友，找一種促膝懇談的語言狀態，用「你」，不用「您、大家、在座的各位」等。避免講課範兒、炫耀知識、過於求趣像評書、猶豫吞吐不自信。

5.3 音頻課無法即時互動，最好不要讓聽眾看圖、看 PPT（我們技術上能做到有 PPT，但如果能讓聽眾聽聽，就盡量不要讓他們看，以適用更多使用場景）。

5.4 不要念稿，在提綱和關鍵詞的提示下，用口語直接「說」。

5.5 積極自信，放掉表達的包袱，不端著，所有口誤、碎話、口頭語都可以剪輯掉。

5.6 正常語速，語音語調應抑揚頓挫，帶有情感，避免平緩乏味。

5.7 遇到如下情況需要暫停錄制，調整後重錄或補錄：口誤、內容錯誤、重複說辭、忘詞停頓、錄制現場干擾等。

資料來源：《得到品控手冊》，有刪減。

2. 衡量工作績效

標準的制定是為了衡量實際績效，所以第二步工作就是要獲取實際工作的數據，瞭解和掌握工作的實際情況。在衡量工作中，衡量什麼以及如何去衡量是兩大核心問題。事實上，衡量什麼的問題在衡量工作之前就已經得到瞭解決，因為管理者在確立標準時，隨著標準的制定，衡量對象、衡量方式以及統計口徑等也就相應地被確立下來，所以簡單地說，要衡量的是實際工作中與已制定的標準所對應的要素。

管理者在衡量實際工作績效時，通常可以採取個人觀察、統計數據、口頭匯報和書面報告等方式。

（1）個人觀察。此方法能夠提供一手的詳盡的信息，同時善於觀察的管理者可能會有意想不到的發現，如員工的面部表情、現場的氣氛等。但是，個人觀察存在個人主觀性的影響，而且較為耗時，也會對員工的日常工作帶來困擾。

（2）統計報告。主要是將在實際工作中採集到的數據以一定的統計方法進行加工處理後而得到的報告。報告中可以通過折線圖、柱狀圖或各種數據顯示，形象直觀，能夠有效說明事物之間的聯繫。這是非常常見的一種衡量績效的手段，得益於計算機的數據採集和分析能力越來越強且價格越來越低。但統計報告的內容也僅限於少數的一些領域，而且可能會忽略一些主觀的因素。

（3）口頭匯報。通過會議、面談或電話等方式來獲得信息。這種方式的優缺點與個人觀察較為相似，通過語言或非語言的溝通，能夠快速地獲得信息，並可以雙向溝通，及時獲得反饋。但這種信息容易被過濾，不便於完整地獲取。

（4）書面報告。這種方式需要較長的準備時間，但更為正式、全面，易於歸類和查閱。

上述四種衡量績效的方式各有優缺點（表13-1）。管理者可結合起來使用，將有助於增加信息的來源並提高信息的可信程度。

表 13-1　衡量工作績效的方式

|  | 優點 | 缺點 |
| --- | --- | --- |
| 個人觀察 | 獲得一手資料；信息沒有被過濾；對工作活動的關注度高 | 受到個人偏見的影響；耗費時間；可能過於冒失 |
| 統計報告 | 很直觀；可以有效說明聯繫 | 只能提供有限的信息；忽視主觀因素 |
| 口頭匯報 | 快速獲取信息；可以提供語言和非語言的反饋 | 信息容易被過濾 |
| 書面報告 | 全面；正式；容易存檔和查找 | 需要很多時間來準備 |

3. 分析衡量結果

分析衡量結果是指通過比較工作績效與標準，發現兩者之間的差異。兩者的差異幾乎存在於所有的活動中，但並不是所有的差異都需要管理者加以關注，因此，確定一個可接受的偏差範圍（range of variation）至關重要（圖13-3），超過這個範圍的差異要引起重視。偏差可分為正偏差和負偏差，過高或過低的偏差可能都需要引起管理者的關注。

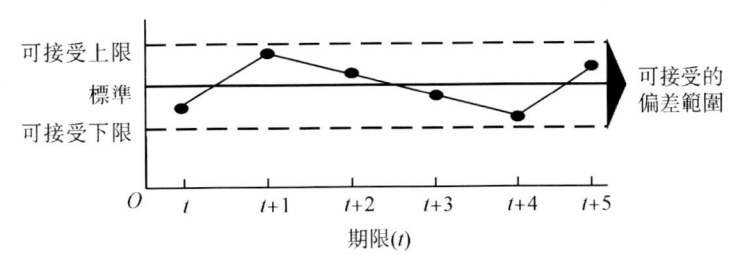

圖 13-3　可接受的偏差範圍

一般來講，偏差出現的原因不外乎三種：一是計劃或標準脫離實際，太高或太低；二是由於組織內部因素導致，如行銷工作的組織不力、生產工作人員的懈怠等等；三是由於組織外部環境的影響，如經濟政策的調整、競爭對手降低價格等。必須對這三類不同性質的偏差做出準確的判斷，以便採取相應的糾偏措施。

分析衡量結果是控制過程中最需要理智對待的環節，是否要進一步採取管理行動取決於對結果的分析。如果分析結果表明偏差在允許的範圍內，那麼控制人員就可以不必再進行下一步，控制工作也就可以到此完成了。

4. 採取管理行動

控制的最後一項工作就是採取管理行動，糾正偏差。偏差是由標準與實際工作績效的差距產生的，因此，糾正偏差的方法也就有兩種：

（1）改進工作績效。如果分析衡量的結果表明，計劃是可行的，標準也是切合實際的，問題出在工作本身，管理者就應該採取行動，改進工作績效。這種糾正行動可以是組織中的任何管理行動，如管理方法的改進、技術的更新、附加的補救措施、人事方面的調整等。總之，根據偏差出現的原因分析確定問題所在，然後有針對性地採取管理行動。

按照行動效果的不同，可以把改進工作績效的行動分為兩類：立即糾正和徹底糾正。前者是指發現問題後馬上採取行動，力求以最快的速度糾正偏差；後者是指發現偏差後，分析偏差原因，然後再從產生偏差的地方入手，採取行動，力求永久性地消除偏差。可以說前者重點糾正的是偏差的結果，而後者重點糾正的是偏差產生的原因。在控制工作中，管理者應靈活地綜合應用這兩種行動方式，情況緊急時可採取「救火式」的立即糾正行動，但當危機解除時，要從問題的原因出發，採取徹底糾正行動，杜絕偏差的再次發生。在實際工作中，有些管理者熱衷於「頭痛醫頭，腳痛醫腳」式的立即糾正行動方式，這種方式也能得到一些表面的一時的成效，但由於忽視了問題發生的深層原因，沒有從根本上採取糾正行動，最終無法避免「被煮青蛙的命運」，這是值得管理者深思的。

（2）修訂標準。在某些情況下，偏差還有可能來自不切實際的標準。因為標準定得太高或太低，即使其他因素一切正常也難以避免出現偏差。不切實際的標準會給組織帶來不利影響，過高的實現不了的標準會影響員工的士氣，而過低的輕易就能實現的標準又容易導致員工產生懈怠情緒。發現標準不切實際，管理者可以修訂標準。但是管理者修訂標準決定的做出一定要非常謹慎，尤其是在出現過高的負偏

差的時候，可能會被懷疑用來為不佳的工作績效做開脫。

採取管理行動是控制過程的最終環節，也是其他各項管理工作與控制工作的連接點，很大一部分管理工作都是控制工作的結果。控制過程如圖 13-4 所示。

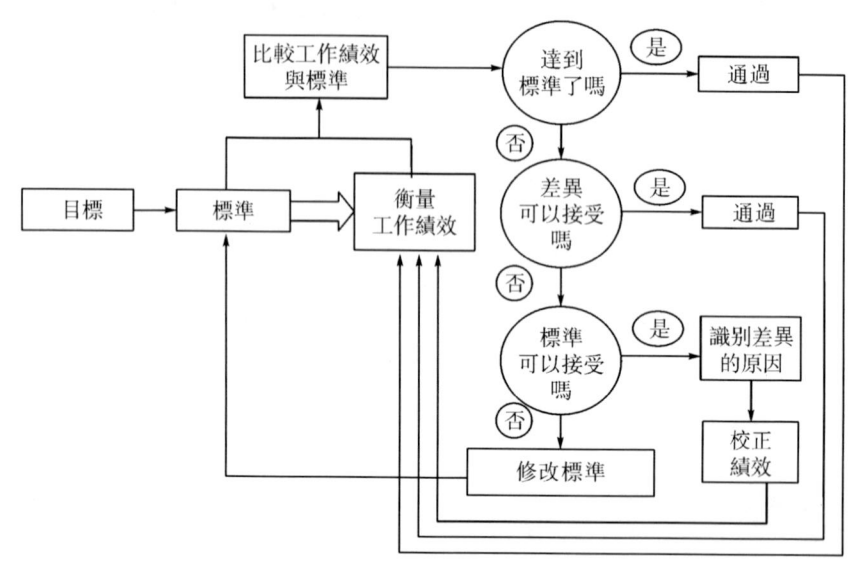

圖 13-4　控制過程

### 四、控制的基本類型

控制可以針對過程之前、之中或之後的事件。例如，旅行社針對新線路銷售之前、之中或之後的活動展開控制。對新線路的仔細論證和對銷售人員的線路知識培訓都是在銷售前確保報名人數和銷售利潤的控制措施。通過現場觀察、電話、攝像來瞭解、監督銷售人員與顧客的互動就是在銷售過程中的控制。統計報名人數或顧客滿意度調查就是在銷售之後的控制措施。這三類控制通常被稱為前饋控制、現場控制和反饋控制。

1. 前饋控制

前饋控制（feedforward control）又稱預先控制或事前控制，它是在實際工作開始之前進行的控制。前饋控制是組織最渴望採取的控制類型，因為它能避免預期出現的問題。前饋控制以未來為導向，在工作之前對工作中可能產生的問題進行預測和估計，採取防患措施，避免問題發生。例如，企業在招聘新員工時，往往通過一些測試手段來選拔組織所需要的成員；企業通過環境分析，預測市場走勢，識別風險，提前做好應對措施。這些都屬於前饋控制。

前饋控制的優點在於：是在工作開始之前進行的控制，因而能夠防患於未然，而不是損失發生後再去彌補；是針對某項計劃行動所依賴的條件進行的控制，不針對具體人員，不會造成心理衝突，易於被員工接受並付諸實施。然而，前饋控制需要及時、準確的信息，這些信息的獲取具有一定的難度。

2. 現場控制

現場控制（screening control）也叫事中控制，是在工作正在進行時進行控制。管理者親臨現場觀察就是一種最常見的現場控制行為，這種行為也被稱之為「走動式管理」。管理者直接視察下屬的工作，既可監督員工的實際工作情況，也可根據自己的經驗給員工提供指導。英特爾公司前 CEO 安迪·格魯夫非常重視走動式管理，他在制定英特爾公司的一項制度時，要求高層經理輪流檢查公司大樓的衛生。其實目的不是為了檢查衛生，而是創造機會讓這些高層經理在公司大樓裡轉一圈，這樣，他們就可能與一線員工直接交流，快速發現問題並解決問題。所有的管理者都能在現場控制中受益，但基層管理者受益尤甚，因為他們可以在重大損失發生之前及時糾正問題。

現場控制通過監督和指導，有助於提高工作人員的工作能力和自我控制能力。但是，現場控制也有很多弊端。首先，由於管理者時間、精力、業務水準等方面的限制，無法做到時時都進行現場控制。其次，現場控制的應用範圍較窄。管理者對生產工作容易進行現場控制，而對那些問題難以辨別、成果難以衡量的工作，如科研、管理工作等，幾乎無法進行現場控制。最後，現場控制中的監督和問題的糾正容易在控制者和被控制者之間形成心理上的對立，容易損害被控制者的工作積極性和主動性。如今隨著信息技術的改進，現場控制的應用範圍大大擴展了。例如，原來企業的某些生產流程無法實施現場控制，但現在可以通過遠程瞭解即時生產和預算數據，不到現場也能夠做到「現場控制」了。

3. 反饋控制

反饋控制（feedback control）又稱事後控制，是在工作結束之後進行的控制。反饋控制把注意力集中到工作結果上，通過對工作結果進行測量、比較和分析，採取措施，進而矯正今後的行動，如企業對不合格產品進行修理，發現產品銷路不暢而減產、轉產或加強促銷努力；學校對違紀學生進行處理等，都屬於反饋控制。財務報告分析、標準成本分析、質量控制分析和工作人員成績評定等都是組織中廣泛應用的反饋控制。

反饋控制類似於成語中所說的「亡羊補牢」。它的最大弊端是在實施矯正措施之前，偏差就已經產生。但是在實踐中，反饋控制是最常使用的控制方式，有些情況下，又是唯一可供選擇的控制類型。反饋控制能為管理者提供現有計劃是否有效的重要信息。如果實際工作績效與標準之間的偏差在可接受的範圍內，說明計劃是可以接受的，如果偏差過大，則管理者需要通過反饋的信息形成新的方案。這也為進一步實施前饋控制和現場控制創造條件，實現控制工作的良性循環。此外，通過對員工工作效果的評價，反饋控制也會產生激勵作用。

## 第二節　控制方法和技術

企業在管理實踐中會運用多種控制方法，在計劃與決策章節裡所介紹的 PERT 網路分析法、盈虧平衡分析、波士頓矩陣等既是計劃和決策的工具，也是企業管理控制的方法。本章將重點介紹預算控制、財務控制、質量控制等控制理論和方法。

### 一、預算控制

預算是管理控制中廣泛應用的一種手段，企業在未來的幾乎所有活動都可以利用預算進行控制。

預算（budget）是用數字形式編製出來的未來一定時期的計劃。預算是用財務術語（如在收益預算、支出預算和資本預算中）或非財務術語（如在直接工時、原材料、實物銷售量或產量等的預算中）說明預期的成果。

1. 預算形式

（1）靜態預算與彈性預算

靜態預算又稱為固定預算，是指只根據預算期內正常、可實現的某一固定業務水準作為唯一基礎來編製預算的方法。彈性預算又稱動態預算法，是在成本性態分析的基礎上，依據業務量、成本和利潤之間的聯動關係，按照預算期內可能的各種業務水準編製有伸縮性預算的方法。理論上，彈性預算法適用於編製全面預算中所有與業務量有關的預算，但實踐中主要用於編製成本費用預算和利潤預算，尤其是成本費用預算。

（2）增量預算與零基預算

增量預算又稱為基線預算，是以上一年度的實際發生數為基礎，再結合預算期的具體情況加以調整，很少考慮某項費用的列支是否有必要，或預算額是否需要那麼大。零基預算不受前一年度預算水準的影響，要求每個項目的預算費用以零為基數，通過仔細分析各項費用開支的合理性，並在成本-收益分析的基礎上確定預算。零基預算避免了增量預算中只重視前段時期變化的傾向，迫使管理者重新審視每個計劃項目及其費用開支。但由於預算從零開始，導致工作量很大，成本較高。現實中做法是，每 3~5 年編製一次零基預算，以減少浪費和提高效率。

2. 預算內容

由於不同企業的生產活動特點不同，預算表中的項目會有不同程度的差異。一般來說，預算內容主要涉及經營預算、投資預算和財務預算三個方面。

（1）經營預算

經營預算是指企業日常發生的各項基本活動的預算。它主要包括銷售預算、生產預算、直接材料採購預算、直接人工預算、製造費用預算、單位生產成本預算、推銷及管理費用預算等。其中最基本和最關鍵的是銷售預算，它是銷售預測正式的詳細的說明。由於銷售預測是計劃的基礎，加之企業主要是靠銷售產品和勞務所提

供的收入來維持經營費用的支出和獲利的，因而銷售預算也就成為預算控制的基礎。生產預算是根據銷售預算中的預計銷售量，按產品品種、數量分別編製的。在生產預算編好後，還應根據分季度的預計銷售量，對過剩生產能力進行平衡，排出分季度的生產進度日程表，或稱為生產計劃大綱。在生產預算和生產進度日程表的基礎上，可以編製直接材料採購預算、直接人工預算和製造費用預算。這三項預算構成對企業生產成本的統計。而推銷及管理費用預算，包括了製造業務範圍以外預計發生的各種費用明細項目，如銷售費用、廣告費、運輸費等。對於實行標準成本控制的企業，還需要編製單位生產成本預算。

（2）投資預算

投資預算是對企業固定資產的購置、擴建、改造、更新等在進行可行性研究的基礎上編製的預算。它具體反應了企業在何時進行投資、投資多少、資金在何處取得、何時可獲得收益、每年的現金淨流量為多少、需要多長時間回收全部投資等。由於投資的資金來源往往是企業的制約因素，而對廠房和設備等固定資產的投資又往往需要很長時間才能回收，因此，投資預算應當力求和企業的戰略以及長期計劃緊密聯繫在一起。

（3）財務預算

財務預算是指企業在計劃期內反應有關預計現金收支、經營成果和財務狀況的預算。必須指出的是，前述的各種經營預算和投資預算中的資料，都可以折算成金額反應在財務預算內。這樣，財務預算就成為各種經營業務和投資的整體計劃，故也稱「總預算」。財務預算主要包括現金預算、收益預算和資產負債預算。現金預算主要反應計劃期間預計的現金收支的詳細情況。在完成了初步的現金預算後，就可以知道企業在計劃期間需要多少資金，財務主管人員就可以預先安排和籌措，以滿足資金的需求。為了有計劃地安排和籌措資金，現金預算編製期越短越好，西方有不少企業以周為單位，逐周編製預算，甚至還有按天編製的。中國最常見的是按季和按月進行編製。收益預算是用來綜合反應企業在計劃期間生產經營的財務狀況，並作為預計企業經營活動最終成果的重要依據，是企業財務預算中最重要的預算之一。資產負債預算是用來反應企業在計劃期末那一天預計的財務狀況。它的編製需以計劃期間開始日的資產負債表為基礎，然後根據計劃期間各項預算的有關材料進行必要的調整。

3. 預算方法存在的局限性

預算使管理控制目標明確，讓管理者清楚地瞭解所擁有的資源和開支範圍，使工作更加有效，但過分依賴預算，也會存在一些問題，其主要表現在以下幾個方面：

（1）讓預算目標代替組織目標。有些管理者過分熱衷於使所轄部門的各項工作符合預算的要求，甚至忘記了自己的首要職責是保證組織目標的實現；同時，預算也會加劇各部門協調的難度。

（2）預算過於詳細。過於詳細的預算，容易抑制人們的創造力，甚至使人們產生不滿或放棄積極的努力，還會提供逃避責任的借口；同時，預算太細，帶來的預算費用將增大，這是得不償失的。

(3) 預算導致效能低下。預算帶有一種慣性，有時它會保護既得利益者。因為預算往往是根據基期的預算數據加以調整的，這樣不合理的慣例或以前合理現在已不合理的慣例會給一些人帶來利益；同時，基層預算提供者總是把數據抬高一點，以便讓高層領導在審批中削減，這樣，又增加了預算的不合理性。總之，不嚴格的預算可能成為某些無效工作的保護傘，而預算的反覆審核又將加大預算編製的工作量。

(4) 預算缺乏靈活性。在計劃執行過程中，有時一些因素的突然變化，會使一個剛制定的預算很快過時，如果在這種情況下還受預算的約束，可能會造成重大的損失。

### 二、財務控制

財務控制是當財務資源流入組織，由組織持有以及流出組織時的控制。常見的財務控制工具包括財務報表、比率分析和財務審計。

1. 財務報表

財務報表是組織財務狀況的描述。幾乎所有的組織都會使用的最基本的財務報表是資產負債表和利潤表。資產負債表反應的是一個組織在某一特定時點的財務狀況，而利潤表則描述了一段時期的財務表現。

2. 比率分析

比率分析是通過財務比率的計算評估組織的財務健康狀況。財務比率可以通過財務報表中的要素比較計算出來。表 13-2 對主要的財務比率進行了描述。

表 13-2　主要財務比率

| 比率類型 | 主要比率 | 計算方法 | 表達意義 |
| --- | --- | --- | --- |
| 盈利比率 | 投資回報率 | 稅前淨利潤/總資產 | 運用組織資源創造利潤的能力 |
|  | 銷售利潤率 | 銷售利潤總額/銷售收入總額 | 從銷售收入中獲得利潤的能力 |
| 流動比率 | 流動比率 | 流動資產/流動負債 | 是否擁有支付短期債務的能力 |
|  | 速動比率 | (流動資產-存貨)/流動負債 | 是否擁有在不出售存貨的情況下支付短期債務的能力 |
| 負債比率 | 資產負債率 | 總負債/總資產 | 採用借入資金支持投資的程度 |
| 活力比率 | 庫存週轉率 | 銷貨成本/庫存 | 控制存貨支持銷售的能力 |
|  | 總資產週轉率 | 銷售額/總資產 | 獲得給定水準銷售額所使用的資產越少，總資產的使用越有效 |

3. 財務審計

財務審計是對會計記錄和財務報表進行審核、鑒定，以判斷其真實性和可靠性，從而為控制和決策提供依據。根據財務審計主體和內容的不同，財務審計主要分為三種類型：外部審計、內部審計和管理審計。

(1) 外部審計。外部審計是由外部機構（如會計師事務所）選派的審計人員對

企業財務狀況進行獨立的評估。外部審計人員為了檢查財務報表及其反應的資產與負債的帳面情況與企業真實情況是否相符，需要抽查企業的基本財務記錄，以驗證其真實性和準確性，並分析這些記錄是否符合公認的會計準則和記帳程序。外部審計非常重要，法律規定，上市公司必須定期進行外部審計，以此向投資者保證其財務報告是可靠的。

（2）內部審計。內部審計是由企業內部的機構或由財務部門的專職人員來獨立進行的。內部審計不僅要像外部審計那樣核實財務報表的真實性和準確性，還要評估企業的財務結構是否合理、企業控制系統是否有效並提出改進措施。

## 管理實踐 13-2
### 阿里巴巴的控制系統

2012年年初，阿里巴巴成立了「阿里廉正合規部」，主要負責阿里巴巴的腐敗調查、預防和合規管理，獨立於內審部門，調查權限不限。除了這個部門和內審部門以外，阿里巴巴還設有「首席風險官」這一職位。2015年，阿里巴巴設立了「阿里首席平臺治理官」一職，這一職位由阿里的合夥人鄭俊芳擔任。2017年12月，鄭俊芳接管了首席風險官這一職位，有了這兩個職位，她開始了對外打擊假冒偽劣產品，對內打擊腐敗現象。從設立的這些部門中可以看出阿里巴巴對打擊腐敗的重視。

2011年，阿里巴巴平臺100名銷售人員與內外人員勾結進行詐騙，該次詐騙涉及1,000名客戶，金額占到阿里巴巴當年盈利的4%，阿里巴巴發現後，將他們全部開除，CEO衛哲和COO李旭輝也因責辭職。

2012年3月6日，聚劃算的總經理閻利敏因涉嫌非國家人員受賄罪被拘留調查，這次的調查其實先查到的是聚劃算部分人員的勾結受賄問題，而閻利敏的問題也被暴露出來。

2014年，阿里巴巴的人力資源部門的原副總裁王某被判處8年零6個月的有期徒刑，他涉及的受賄金額為260萬元。

2015年，阿里巴巴關掉了26家採取不正當方式牟利的店鋪。

2016年，阿里巴巴影業副總裁、淘票票總經理孔奇涉貪污受賄估計千萬元以上。

2017年4月，阿里巴巴發布公告宣布永久關閉36家不正當牟利的店鋪。

2018年12月，阿里合一集團總裁楊某被爆出由於涉及經濟問題正在配合警方調查。

資料來源：根據網路資料整理。

（3）管理審計。管理審計相對於外部審計和內部審計來說，審計的對象和範圍更廣，它是對企業所有管理工作及其績效進行全面系統的評價和鑒定的方法。管理審計可由組織內部的有關部門來進行，但出於更客觀的考慮，企業通常請外部專家來進行。管理審計是利用公開記錄的信息，從反應企業管理績效及其影響因素的若干方面與其他企業進行比較，以判斷企業經營與管理的健康程度。

### 三、質量控制

企業間的競爭離不開「產品質量」的競爭，企業如果生產不出高質量的產品，是無法在激烈的市場競爭中生存和發展的。質量控制是為使產品或服務達到質量要求而採取的技術和活動。全面質量管理曾是十分流行的一種質量管理的理念與方法，它是通過使用創新的科學方法，對質量做出全面承諾，以及每個參與產品或服務的持續改進過程的人所表達出來的態度。近年來，全面質量管理不像以前那樣引人注目了，但這並不是因為質量不重要了，而是因為質量已經成為組織營運中的一部分了，不是一個孤立因素了。很多組織都在致力追求具有挑戰性的質量目標，其中，最具有代表性的是 ISO 9000 和六西格瑪。

#### 1. ISO 9000

ISO 9000 是由國際標準化組織（ISO）建立的國際質量管理標準體系，為製造流程制定了統一的指導方針，以確保產品符合顧客的要求。ISO 9000 強調以顧客為關注焦點，滿足顧客不斷變化的需求和法律法規要求，強調質量管理的全員參與與持續改進。標準涵蓋了合同審查、產品設計以及產品交付等所有方面。獲得 ISO 9000 認證，代表企業具有了走向國際市場的通行證，融入了一體化國際經濟體系。目前全球已有幾十萬家工廠企業、政府機構、服務組織及其他各類組織導入 ISO 9000 質量管理體系並獲得第三方認證機構的認證證書。中國在 20 世紀 90 年代將 ISO 9000 系列標準轉化為國家標準，隨後，各行業也將 ISO 9000 系列標準轉化為行業標準。

#### 2. 六西格瑪

六西格瑪（6σ）概念於 1986 年由摩托羅拉公司的比爾·史密斯提出，它是重要的質量控制工具之一，旨在降低產品及流程的缺陷次數，提升品質。20 世紀 90 年代，通用電氣公司把六西格瑪幾乎運用到了其業務活動的每一個方面，將一種質量管理的方法演變成為一種高度有效的企業流程設計、改善和優化的技術，並提供了一系列同等地適用於設計、生產和服務的新產品開發工具。通用電氣開始採用這種方法時，衡量的是產品配送時間。每次發現缺陷或偏差，就會分析原因，員工團隊設計和測試新流程以減少偏差。比如，如果發現配送延誤是由生產瓶頸造成的，他們就會試圖消除這個瓶頸。採用新的流程後，員工又會對其他的缺陷進行分析，並努力減少它們。這種循環會一直持續下去，直到達到所需的質量水準。

σ（西格瑪）是希臘字母，在統計學中用來表示標準偏差或過程中的變化，它表明過程中缺陷可能發生的概率。σ 數字越小，過程中的差錯或缺陷越多；σ 數字越大，差錯或缺陷越少。例如，如表 13-3 所示，在每百萬個產品中 2σ 水準有超過 30 萬個缺陷，4σ 水準代表著每百萬個產品中含有 6,210 個缺陷，達到 99% 的精確度。看似精確度較高，但統計學上則相當於每天有 50 個新生兒死亡。6σ，即每百萬個產品的缺陷少於 3.4 個，意味著過程的準確度高達 99.999,66%，近於零缺陷。執行六西格瑪質量水準的公司不僅提供了近乎完美的產品和服務，也大幅降低了生產成本，縮短了週期，獲得了更高水準的客戶滿意度。

表 13-3　西格瑪水準與百萬產品之間的關係

| 西格瑪水準 | 每百萬產品的缺陷數/個 | 4 西格瑪意味著什麼 |
|---|---|---|
| 6 西格瑪 | 3.4 | 考慮這些 4 西格瑪質量的日常例子： |
| 5 西格瑪 | 233 | • 每小時丟失 20,000 件郵遞包裹； |
| 4 西格瑪 | 6,210 | • 每天喝 15 分鐘不安全的水； |
| 3 西格瑪 | 66,807 | • 每週 5,000 例錯誤的外科手術； |
| 2 西格瑪 | 308,537 | • 每年 200,000 例錯誤的處方； |
|  |  | • 每月有 7 小時沒有電 |

資料來源：T. Rancour and M. McCracken. Applying 6 Sigma Methods for Breakthrough Safety Performance [J]. Professional Safety, 2000 (10): 29-32.

為了達到六西格瑪，首先要制定標準，在管理中隨時跟蹤考核操作與標準的偏差，不斷改進，最終達到六西格瑪。現已形成一套使每個環節不斷改進的簡單的流程模式（DMAIC）：

（1）界定（Define）。確定需要改進的目標及進度，企業高層領導就是要確定企業的戰略目標，中層的目標可能是提高製造部門的生產量，項目層的目標可能是減少次品和提高效率。界定前，需要辨析並繪製出流程。

（2）測量（Measure）。以靈活有效的衡量標準測量和權衡現存的系統與數據，瞭解現有質量水準。

（3）分析（Analyze）。利用統計學工具對整個系統進行分析，找到影響質量的少數幾個關鍵因素。

（4）改進（Improve）。運用項目管理和其他的管理工具，針對關鍵因素確立最佳改進方案。

（5）控制（Control）。監控新的系統流程，採取措施以維持改進的結果，以期整個流程充分發揮功效。

### 四、其他控制方法

1. 標杆管理

標杆管理（benchmarking）又稱基準管理，起源於 20 世紀 70 年代末 80 年代初，在美國學習日本的運動中，首先開闢標杆管理先河的是施樂公司，後經美國生產力與質量中心系統化和規範化，被譽為 20 世紀 90 年代三大管理方法之一。標杆管理是以在某一項指標或某一方面競爭力最強的企業或行業中的領先者作為基準，將本企業的實際情況與這些基準進行定量化的比較，由此制訂改進方案並持續進行的一種管理方法。由於標杆管理與控制的內容和性質非常相似，因此，標杆管理也是一種控制方法。

標杆管理通常的步驟是：明確標杆管理的項目、標杆夥伴；進行組織內部、外部的數據分析，找出差距；提出改進方案，並加以修正和完善；實施方案，不斷對實施結果進行監控和評估，及時做出調整；制訂和實施持續的績效改進計劃；進行內部與外部數據收集。

標杆管理也有一定的局限性。一是標杆管理可能導致企業競爭戰略趨同。標杆管理主張企業間相互學習、模仿，其結果雖然提高了實施標杆管理的企業的運作效率，但企業之間的相對效率差距卻在日益縮小，可能導致各個企業在生產流程、工藝甚至銷售渠道方面大同小異，沒有本企業的任何特色，失去了實行差異化戰略的機遇。二是隨著科技的迅速發展，技術日益複雜，致使模仿障礙提高，從而對實施標杆管理的企業提出了嚴峻的挑戰：能否通過相對簡單的標杆管理活動能掌握複雜的技術？如果不能，那麼企業將會陷入「落後—標杆—又落後—再標杆」的「標杆管理陷阱」之中。

**管理實踐 13-3**

施樂公司的標杆管理

施樂公司是標杆管理的「鼻祖」。早在 1979 年，施樂公司最先提了「Benchmarking」的概念，一開始只在公司內的幾個部門做標杆管理工作，到 1980 年將此工作擴展到整個公司範圍。當時，以高技術產品複印機主宰市場的施樂公司發現，有些日本廠家以施樂公司製造成本的價格出售類似的複印設備。由於這樣的大舉進攻，施樂公司的市場佔有率幾年內從 49% 銳減到 22%。為應付挑戰，公司最高領導層決定制定一系列改進產品質量和提高勞動生產率的計劃，其中的方法之一就是標杆管理。公司的做法是，首先廣泛調查客戶公司對公司的滿意度，並比較客戶對產品的反應，將本公司的產品質量、售後服務等與本行業領先企業做對比。公司派雇員到日本的合作夥伴——富士—施樂以及其他日本公司考察，詳細瞭解競爭對手的情況，並對競爭對手的產品做反求工程。接著公司開始確定競爭對手是否領先，為什麼領先，存在的差距怎樣才能消除。對比分析的結果使公司確信從產品設計到銷售、服務和雇員參與等一系列方面都需要加以改變。最後公司為這些環節確定了改進目標，並制訂了達到這些目標的計劃。

實施標杆管理後的效果是明顯的。通過標杆管理，施樂公司使其製造成本降低了 50%，產品開發週期縮短了 25%，人均創收增加了 20%，並使公司的產品開箱合格率從 92% 上升到 99.5%。公司重新贏得了原先的市場佔有率。行業內有關機構連續數年評定，就複印機六大類產品中，施樂公司有四類在可靠性和質量方面名列第一。此後，施樂公司的標杆管理對象，不光著眼於同行業的競爭對手，而且擴大到其他行業的競爭對手，或將其他行業的產品進行比較研究。研究項目既可以某種產品為目標，也可以管理過程中的某個環節為目標，一切以改進管理水準、提高產品質量為出發點。

資料來源：根據網路資料整理。

### 2. 平衡計分卡

平衡計分卡（balanced score card，BSC）是由哈佛商學院的教授羅伯特·卡普蘭（Robert S. Kaplan）和復興全球戰略集團的創始人兼總裁戴維·諾頓（David P. Norton）在《平衡計分卡：良好的績效的評價體系》一文中提出的。平衡計分卡自誕生之日起就顯現出了強大的生命力，它能有效地幫助企業解決兩大問題：績效評

價和戰略實施。事實上，平衡記分卡不僅可以作為企業績效的評估方法、戰略管理的方法，它還是一種企業控制工具。

平衡計分卡打破了傳統的只注重財務指標的業績管理方法，它將傳統的財務評價與非財務方面的經營評價結合起來，從與企業經營成功關鍵因素相關聯的方面建立起績效評價指標。卡普蘭和諾頓認為，傳統的財務會計模式只能衡量過去發生的事情，無法評估組織前瞻性的投資。正是基於這樣的認識，二人建立了以企業戰略為核心，財務、顧客、內部流程、學習與成長四個方面環於外圍的管理系統，如圖13-5所示。平衡計分卡反應了財務、非財務衡量方法之間的平衡，長期目標與短期目標之間的平衡，外部和內部的平衡，結果和過程的平衡，管理業績和經營業績的平衡，所以能反應組織綜合經營狀況，使業績評價趨於平衡和完善，利於組織長期發展。

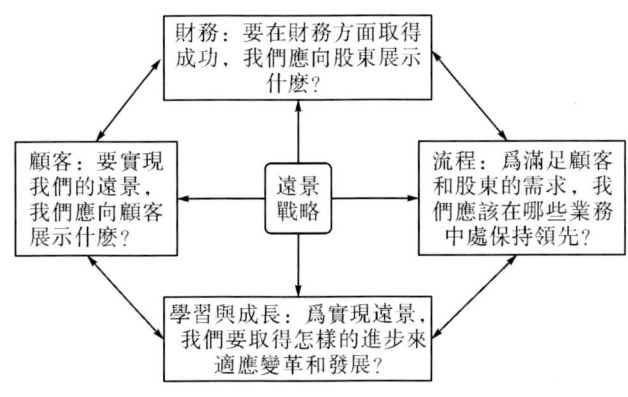

圖 13-5　平衡計分卡基本框架

財務方面的績效評價指標包括收入、利潤、資產利用率、投資回報率等；顧客方面的評價指標包括市場份額、客戶滿意度、新客戶獲得率、客戶回頭率、客戶淨產品推薦率等；在內部流程方面，通常選取成品率、次品率、返工率、開發新產品所用的時間、對產品故障反應的速度等指標作為評價指標；在學習與成長方面，評價指標包括培訓支出、培訓週期、員工滿意度、員工流失率、員工提出建議的數量、建議被採納的數量等。

平衡記分卡的實施過程分為五個階段：①公司戰略的制定。在企業的願景和價值觀的基礎上，分析企業的外部環境和自身的優劣勢，然後制定本企業的戰略。②績效指標體系的設計與建立。依據企業的戰略目標，結合企業的長短期發展的需要，為四類具體的指標找出最具有意義的績效衡量指標。③制訂營運計劃來完成上述的目標。④實施和監督該營運計劃。⑤評價戰略、分析成本、檢驗效果，然後調整戰略，準備開始新一輪的循環。

3. 信息控制

在信息時代，數據價值不斷彰顯，利用數據，企業可以洞察用戶行為，實現精準產品定位，可以進行業務轉型，不斷創新。但是，數據洩露卻成為許多企業的「重疾」。2018年8月8日，華住集團旗下所有的酒店5億條用戶數據洩露，不久，

又傳來了順豐3億條快遞物流數據被人賣到了網上。數據安全事件的頻發足以說明信息控制對企業的重要性。管理者有兩種方式來進行信息控制：一是將信息作為工具來控制其他組織活動，主要的工具就是管理信息系統；二是將信息作為他們需要加以控制的組織領域。

**管理實踐 13-4**

臉書的數據洩露事件

2018年3月19日，以臉書為首的科技股普跌。比如蘋果收跌1.53%，谷歌母公司Alphabet收跌3.03%，亞馬遜收跌1.7%，微軟收跌1.81%。不過，跌得最厲害的還是臉書，周一收盤大跌6.77%，報172.56美元，市值縮水至5,004億美元。而對臉書來說，股價大跌只是表面，真正讓其來到生死關頭的，是上周發生的事關5,000萬用戶的數據洩露事件。

據新華網3月19日援引英國《觀察家報》《衛報》及美國《紐約時報》消息報導，劍橋分析公司（Cambridge Analytica）「竊取」5,000萬臉書用戶的信息，是臉書自創建以來最大的用戶數據洩露事件之一。數據洩露的源頭，是英國劍橋大學心理學教授亞歷山大·科根（Aleksandr Kogan）2014年推出的一款應用軟件，名為「這是你的數字化生活」（this is your digital life），向臉書用戶提供個性分析測試，推介語是「心理學家用於做研究的App」。當時，共27萬名臉書用戶下載這一應用。這27萬參與有償調查的用戶，活生生地成為劍橋分析公司盜取好友信息的「幫凶」，至此，那些毫不知情的好友也成為劍橋分析獲取信息的來源，他們在臉書上的發帖、閱讀、點讚都悄悄地被劍橋分析公司所獲取。這點，也就是衛報和紐約時報所抓住的關鍵點——臉書本身的技術和管理有著巨大的漏洞，即與我有關的信息，未經我的同意，在我完全不知情的狀況下，同樣可能被第三方獲取，只要這個第三方經過我好友的同意即可！

據外媒報導，科根把數據帶到劍橋分析公司，而這家企業是英國戰略交流實驗室公司（SCL）的美國分支。美國總統特朗普競選期間的戰略顧問和2017年8月以前的首席戰略師斯蒂芬·班農曾經是劍橋分析公司董事，前白宮國家安全事務助理邁克爾·弗林2017年8月披露他也曾是這家企業的顧問。長期為美國共和黨捐款並支持特朗普競選總統的私募基金經理羅伯特·默瑟曾經向劍橋分析公司註資1,500萬美元。

儘管各方否認曾在大選期間使用相關數據，但劍橋分析公司的醜聞對臉書的公司品牌造成了巨大損害。如今要想恢復公眾對臉書在隱私保護和數據保護上的信任，需要付出更為巨大的努力。

資料來源：根據網路資料整理。

(1) 管理信息系統

信息是管理上的一項極為重要的資源，管理工作的成敗取決於管理者能否做出有效的決策，而決策的正確程度則在很大程度上取決於信息的質量。在管理控制中，管理者以信息來控制整個的生產過程、服務過程的運作，也靠信息的反饋來不斷地

修正已有的計劃，依靠信息來實施管理控制。因此管理信息是否有效成為企業的首要問題。管理信息系統（Management Information System，MIS）是一個以人為主導，利用計算機設備或其他信息處理手段，進行信息的收集、傳輸、加工、儲存、更新、拓展和維護的系統。管理信息由信息的採集、信息的傳遞、信息的儲存、信息的加工、信息的維護和信息的使用六個方面組成。完善的管理信息系統應具有以下四個標準：確定的信息需求、信息的可採集與可加工、可為管理者提供信息、可以對信息進行管理。其中，可為管理者提供信息尤為重要，強調的是管理信息系統要將收集的數據轉化為有用的信息供管理者使用。

（2）控制信息

根據《2018年數據洩露水準指數》調查報告，自2013年以來已有近150億條數據洩露。2018年上半年，每天有超過2,500萬條數據（每秒291條）遭到入侵或洩露，領域涵蓋醫療、信用卡、財務數據、個人身分信息等。最令人擔憂的是洩露的數據中只有不到百分之一的經過加密，與2017年上半年相比減少了一個半百分點。這一嚴重的狀況提醒管理者必須實施全面有效的控制來保護信息，控制的範圍可從數據加密到系統防火牆再到數據備份和其他技術。組織應該定期監督信息控制，確保所有可能的預防措施都有效地保護了重要的信息。

## 本章小結

1. 控制就是根據擬訂的計劃，對於組織績效進行衡量和糾正的過程。控制之所以很重要，因為它是計劃很好被執行、目標很好被實現的保證，而且能夠起到保護組織和組織資產的作用。

2. 控制的基本過程包括四個方面：確定標準、衡量工作績效、分析衡量結果、採取管理行動。

3. 控制工作可分為前饋控制、現場控制和反饋控制三種類型。

4. 控制方法和技術主要包括預算控制、財務控制、質量控制等，除此之外，標杆管理、平衡計分卡、管理信息系統等也是常用的控制方法。

## 關鍵術語

控制（controlling）　　　　　偏差範圍（range of variation）
前饋控制（feedforward control）　反饋控制（feedback control）
現場控制（screening control）

# 複習與思考

1. 結合實際說明控制工作的重要性。
2. 舉例說明控制工作的過程。
3. 什麼是前饋控制、現場控制與反饋控制？優缺點分別是什麼？
4. 成功的企業是如何做好控制工作的？請舉例說明。

# 案例分析

## 從內部控制角度看獐子島「黑天鵝」事件

**事件回顧**：獐子島集團股份有限公司，是中國農業產業化的重點龍頭企業，於2006年9月28日在深圳交易所上市（股票代碼002069），它曾創造了中國農業的第一個百元股。自上市之後，獐子島的經營狀況可謂一帆風順，一度成為農業行業上市公司中的典範。但2014年10月30日晚，獐子島突然發布公告稱，因北黃海遭遇幾十年一遇的冷水團，公司將2011年及2012年播撒的100多萬畝即將到收貨期的蝦夷扇貝帳面成本予以核銷，合計共7.35億元，同時計提存貨跌價準備2.83億元，計入資產減值損失，導致公司利潤巨虧8.12億元，同比下滑8,429.37%。一石激起千層浪，獐子島在2014年年末出乎意料地放出了最大的黑天鵝，相當於一夜之間虧掉了半個獐子島。獐子島此次「黑天鵝」事件最終被定性為內部控制失效。

**控制環境現狀**

**股權結構**：獐子島公司的前身是一家集體企業，後在現任董事長/總裁的領導下進行了體制改革，成為如今的上市公司。在股權結構上，至目前為止，獐子島的前三大股東均為集體企業，持股比例約為60%，其董事長/總裁持股5.3%位列第四大股東；**治理層結構**：獐子島的內控報告顯示，公司建立了一個以「股東大會為最高權力機構，董事會為決策層，總裁為執行層，監事會為監督層，領導所有員工參與」的內部控制基本組織框架，但獐子島的實際法人治理結構則是其董事長和總裁實為一人。同時根據獐子島年報中提供的數據顯示，公司的高管離職頗為頻繁，自上市以來，累計約有20名高管申請辭職；**政企關係**：獐子島公司因為其行業的特殊性與當地政府關係密切，接受政府扶持相對較多；**人力資源管理**：公司聘用員工的時候考核不嚴，在扇貝投苗的時候，因為海上作業的特殊性，只有少許是企業內部員工，很多都是來自外面臨時聘用的。

**風險評估現狀**

**存貨比例**：獐子島的主要業務為海產品養殖，存貨也主要是那些播撒在海底的蝦夷扇貝等消耗性生物資產，具有難以盤點和核算的致命弱點。但從獐子島的報表可以看出，自其上市之後，存貨占這個公司總資產的比例一直保持在50%左右，和

同行業的20%~30%相比有點偏高；融資活動：根據獐子島的年報數據顯示，其負債狀況一直處於借短期借款還短期融資債券，再發行短期債券去償還短期借款的循環之中；現金流量：根據獐子島的現金流量表，近幾年，在其半年度報表中，經營活動現金淨流量都是負數，但是到了年報的時候就會變為正值，其投資活動現金淨流量也是連續多年為負值了，但投資的整個規模卻在不斷擴大；風險提示：作為一個有多年海產品養殖經驗的企業，獐子島公司已經具備有完善的檢測系統，且其年報的風險提示中已經表明公司具有健全的監控系統並24小時持續不斷地對整個海域進行監控，但至冷水團來襲之前並未有任何跡象表明獐子島曾採取過措施來規避此次的風險。

**信息與溝通現狀**

根據獐子島的內部控制自評報告顯示，公司已經建立了良好的信息與溝通制度，但事實情況並非如此。根據《中國證券報》報導，早在2012年，獐子島管理層就意識到了深海底播蘊藏著巨大的風險，底播的面積開始大幅度縮減，然而在這三年的時間裡，公司既沒有向投資者公開揭示風險，也沒有加強深海底播檢測予以防患。且獐子島公司於2014年10月14日即宣布停牌，卻在2014年10月30日才對此次的巨虧事件予以披露。

**控制活動現狀**

根據年報中內部控制披露以及內部控制自評報告顯示，獐子島雖然建立了較為健全的內部控制系統，其年報及內部控制自評報告中也表明了其實施了內部控制並予以簡單披露，但披露的內容卻大多流於形式。以存貨的內部控制情況為例：根據獐子島內部員工透漏，播苗的過程並非公開進行的，公司內部的一般員工其實根本不清楚播到海底的到底是什麼；最後就是苗種播下去後日常的盤點和抽檢，由於海上活動的特殊性，會計師們很難全程參與進去。對於獐子島這幾百畝的海域，審計方法只能是抽樣。根據獐子島的這種難以進行核實的情況，按照中國相關的會計準則，審計機構可以給出有保留意見的審計報告，這樣能客觀地反應審計機構的態度。搞不清楚被審計單位的情況的時候，這種保留意見也並不是就意味著財務造假。但是根據獐子島近幾年來的年報顯示，審計機構都給出了標準的無保留意見的審計報告。

資料來源：中國管理案例共享中心，有刪減。

**思考題：**
1. 請分析獐子島的內部控制系統存在哪些問題。
2. 管理者對控制系統該如何調整？

# 參考文獻

1. 邢以群. 管理學［M］. 4版. 杭州：浙江大學出版社，2016.
2. 斯蒂芬·羅賓斯，等. 管理學［M］. 13版. 劉剛，等，譯. 北京：中國人民大學出版社，2017.
3. 周三多，等. 管理學——原理與方法［M］. 7版. 上海：復旦大學出版社，2018.
4. 貝特曼，等. 管理學［M］. 3版. 王雪莉，等，譯. 北京：中國人民大學出版社，2014.
5. 理查德·達夫特. 管理學［M］. 11版. 王薔，譯. 北京：中國人民大學出版社，2018.
6. 孔茨，等. 管理學：國際化與領導力的視角：精要版［M］. 9版. 馬春光，譯. 北京：中國人民大學出版社，2013.
7. 邁克爾·希特，等. 管理學［M］. 3版. 徐二明，譯. 北京：中國人民大學出版社，2018.
8. 莊貴軍. 市場調查與預測［M］. 北京：北京大學出版社，2014.
9. 趙伊川. 管理學［M］. 3版. 大連：東北財經大學出版社，2014.
10. 張明玉. 企業戰略理論與實踐［M］. 北京：科學出版社，2010.
11. 埃里克·施密特. 重新定義公司［M］. 徐二明，譯. 北京：中信出版社，2015.
12. 邁克·史密斯. 管理學原理［M］. 2版. 劉杰，等，譯. 北京：清華大學出版社，2015.
13. 米爾科維奇，等. 薪酬管理［M］. 11版. 董克禮，譯. 北京：中國人民大學出版社，2014.
14. 理查德·達夫特. 組織理論與設計［M］. 12版. 王鳳彬，等，譯. 北京：清華大學出版社，2017.
15. 韓瑞. 管理學原理［M］. 北京：中國市場出版社，2013.
16. 約瑟夫·馬爾托奇奧. 戰略性薪酬管理［M］. 劉昕，譯. 7版. 北京：中國人民大學出版社，2015.
17. 方振邦，徐東華. 管理思想史［M］. 2版. 北京：中國人民大學出版社，2014.

18. 丹尼爾·A.雷恩, 等. 管理思想史 [M]. 6版. 孫建敏, 等, 譯. 北京: 中國人民大學出版社, 2014.

19. 雷蒙德·諾伊, 等. 人力資源管理: 贏得競爭優勢 [M]. 9版. 劉昕, 譯. 北京: 中國人民大學出版社, 2018.

20. 杰拉爾德·格林伯格, 等. 組織行為學 [M]. 9版. 毛蘊詩, 等, 譯. 北京: 中國人民大學出版社, 2011.

21. 斯蒂芬·羅賓斯, 等. 組織行為學 [M]. 16版. 孫健敏, 等, 譯. 北京: 中國人民大學出版社, 2016.

22. 加里·德斯勒. 人力資源管理 [M]. 14版. 劉昕, 譯. 北京: 中國人民大學出版社, 2017.

23. 雷蒙德·諾伊, 等. 雇員培訓與開發 [M]. 6版. 徐芳, 等, 譯. 北京: 中國人民大學出版社, 2015.

24. 赫爾曼·阿吉斯. 績效管理 [M]. 3版. 劉昕, 等, 譯. 北京: 中國人民大學出版社, 2013.

25. 黛安娜·阿瑟. 員工招聘與錄用 [M]. 5版. 盧瑾, 等, 譯. 北京: 中國人民大學出版社, 2015.

26. 詹姆斯·奧羅克. 管理溝通: 以案例分析為視角 [M]. 5版. 康青, 譯. 北京: 中國人民大學出版社, 2018.

27. 康青. 管理溝通 [M]. 2版. 北京: 中國人民大學出版社, 2018.

國家圖書館出版品預行編目（CIP）資料

管理學 / 馬鶴丹, 韓曉琳, 沈璐 編著. -- 第一版.
-- 臺北市：財經錢線文化, 2020.05
　　面；　公分
POD版

ISBN 978-957-680-408-3(平裝)

1.管理科學

494　　　　　　　　　109005515

書　　名：管理學
作　　者：馬鶴丹,韓曉琳,沈璐 編著
發 行 人：黃振庭
出 版 者：財經錢線文化事業有限公司
發 行 者：財經錢線文化事業有限公司
E - m a i l：sonbookservice@gmail.com
粉 絲 頁：　　　　網　址：
地　　址：台北市中正區重慶南路一段六十一號八樓815室
8F.-815, No.61, Sec. 1, Chongqing S. Rd., Zhongzheng Dist., Taipei City 100, Taiwan (R.O.C.)
電　　話：(02)2370-3310　傳　真：(02) 2388-1990
總 經 銷：紅螞蟻圖書有限公司
地　　址：台北市內湖區舊宗路二段121巷19號
電　　話:02-2795-3656　傳真:02-2795-4100　網址：
印　　刷：京峯彩色印刷有限公司（京峰數位）

　本書版權為西南財經大學出版社所有授權崧博出版事業股份有限公司獨家發行電子書及繁體書繁體字版。若有其他相關權利及授權需求請與本公司聯繫。

定　　價：380元
發行日期：2020年05月第一版

◎ 本書以POD印製發行